美丽湾区建设评估技术方法与战略研究

王一超　朱璐平　张晓君　裴金铃　王　欣　于锡军　周丽旋　编著

中国环境出版集团·北京

图书在版编目（CIP）数据

美丽湾区建设评估技术方法与战略研究/王一超等编著. -- 北京：中国环境出版集团，2023.12
ISBN 978-7-5111-5753-9

Ⅰ. ①美… Ⅱ. ①王… Ⅲ. ①生态环境建设—研究—广东、香港、澳门 Ⅳ. ①X321.265

中国国家版本馆 CIP 数据核字（2023）第 255307 号

出 版 人　武德凯
责任编辑　董蓓蓓
封面设计　彭　杉

出版发行　中国环境出版集团
（100062　北京市东城区广渠门内大街 16 号）
网　　址：http：//www.cesp.com.cn
电子邮箱：bjgl@cesp.com.cn
联系电话：010-67112765（编辑管理部）
发行热线：010-67125803，010-67113405（传真）

印　　刷　北京中献拓方科技发展有限公司
经　　销　各地新华书店
版　　次　2023 年 12 月第 1 版
印　　次　2023 年 12 月第 1 次印刷
开　　本　787×1092　1/16
印　　张　13.75
字　　数　300 千字
定　　价　68.00 元

【版权所有。未经许可，请勿翻印、转载，违者必究。】
如有缺页、破损、倒装等印装质量问题，请寄回本集团更换。

中国环境出版集团郑重承诺：
中国环境出版集团合作的印刷单位、材料单位均具有中国环境标志产品认证。

前言

建设生态文明是中华民族永续发展的千年大计，党中央、国务院高度重视生态文明建设，着眼中国特色社会主义事业“五位一体”总体布局的战略高度，把生态文明建设摆在治国理政的突出位置，强力推进生态文明建设，引领中华民族永续发展。党的十九届五中全会将“生态文明建设实现新进步”作为“十四五”时期经济社会发展主要目标之一，为新时期生态文明建设指明了方向。在实践基础上创立的习近平生态文明思想，为推进美丽中国建设、实现人与自然和谐共生的现代化提供了科学指引和根本遵循。党的二十大报告在“推动绿色发展，促进人与自然和谐共生”专题中提出加快发展方式绿色转型，深入推进环境污染防治，提升生态系统多样性、稳定性、持续性，积极稳妥推进碳达峰碳中和等战略部署，并将“人与自然和谐共生”放在中国式现代化的突出位置，与“五位一体”总体布局相吻合，与“全面建设富强民主文明和谐美丽的社会主义现代化强国”目标相衔接。

2012 年，党的十八大把“美丽中国”作为未来生态文明建设的宏伟目标，提出“努力建设美丽中国，实现中华民族永续发展”。2017 年，党的十九大报告将“美丽”二字写入社会主义现代化强国目标。2023 年的全国生态环境保护大会强调了今后 5 年是美丽中国建设的重要时期，要把建设美丽中国摆在强国建设、民族复兴的突出位置，推动城乡人居环境明显改善、美丽中国建设取得显著成效，以高品质生态环境支撑高质量发展，加快推进人与自然和谐共生的现代化。

2019 年，中共中央、国务院印发《粤港澳大湾区发展规划纲要》，确立了“宜居宜业宜游的优质生活圈”的战略定位，要求“建设生态安全、环境优美、社会安定、文化繁荣”的美丽湾区，提出了“推进生态文明建设”的具体任务。珠江三角洲地区（以下简称珠三角地区）作为粤港澳大湾区的重要组成部分，着力推进生态文明建设，先行建成生态文明建设示范城市群，对于整体实现美丽湾区建设目标具有重要意义。在习近平生态文明思想指引下，广东省不断加快绿色发展和生态文明建设步伐，环境和发展之间的关系不断趋于协调。在开启全面建设社会主义现代化国家新征程中，广东省以新担当、新作为努力开创广东生态文明建设新局面，奋力打造美丽广东和世界一流美丽大湾区。

为进一步加强生态文明建设，推进生态环境高水平保护和经济高质量发展，高水平打造美丽湾区的珠三角城市群样板，2021 年，广东省生态环境厅着手启动“面向美丽湾区的珠三角城市群生态文明建设战略”项目。本书是该项目的研究成果之一。本书在分析美丽湾区内涵和特征的基础上，探讨明晰美丽湾区建设的目标和要求，深入比较我国粤港澳大湾区、环渤海湾区、长江口—杭州湾区、北部湾区四大湾区的生态文明建设情况，分析面向美丽湾区目标下珠三角城市群在生态文明制度、生态环境质量、生态安全格局、绿色低碳发展、绿色生产推广和生态文明培育等六大领域的建设成效与形势，构建面向美丽湾区的珠三角城市群生态文明建设水平综合评估指标体系，并开展评估，在此基础上提出珠三角城市群美丽湾区建设策略。

本书由王一超、朱璐平、张晓君等主笔，裴金铃、王欣、于锡军、周丽旋、梁明易、杨晓、罗赵慧、张余、房巧丽等参与编写。其中，第 1 章由于锡军主笔，梁明易、周丽旋参与编写；第 2 章由朱璐平主笔；第 3、第 7 章由裴金铃主笔；第 4、第 8 章由张晓君主笔；第 5 章由朱璐平主笔，杨晓、张晓君、裴金铃、王欣、罗赵慧、张余、周丽旋参与编写；第 6 章由罗赵慧主笔；第 9 章由杨晓主笔；第 10 章由王一超主笔；第 11 章由王一超主笔，梁明易、于锡军参与编写。

本书在编写过程中，得到了广东省生态环境厅和生态环境部华南环境科学研究所等单位的支持，在此表示衷心感谢。中国环境出版集团的董蓓蓓编辑为本书的编辑出版付出了辛勤劳动，在此表示感谢！

由于编著者水平有限，书中难免存在疏漏，敬请读者批评指正。

编著者

目录

第1章
绪论

1.1　美丽湾区建设的背景和意义

1.1.1　生态文明建设是关系中华民族永续发展的根本大计

党的十八大报告将生态文明建设放在突出地位，强调要将生态文明建设融入经济建设、政治建设、文化建设、社会建设各方面和全过程，推动形成人与自然和谐发展的现代化建设新格局。在 2015 年的 G20 峰会上，习近平主席指出要“坚持绿色低碳发展，改善环境质量，建设天蓝、地绿、水清的美丽中国”。2017 年，党的十九大报告中再次强调“加快生态文明体制改革，建设美丽中国”，明确了建设美丽中国总体要求，集中体现了习近平新时代中国特色社会主义思想的生态文明观①。党的二十大报告提出“推动绿色发展，促进人与自然和谐共生”“尊重自然、顺应自然、保护自然，是全面建设社会主义现代化国家的内在要求”。从加快发展方式绿色转型，深入推进环境污染防治，提升生态系统多样性、稳定性、持续性和积极稳妥推进碳达峰碳中和四个方面，对推动绿色发展作出进一步部署，为中国推进生态优先、节约集约、绿色低碳发展指明了方向、提供了遵循。党的十八大以来，美丽中国建设已经在思想认识、战略部署和改革举措等维度走向了历史高点。

从党的十八大、十九大再到党的二十大，“美丽中国”经历了从提出到加快实施的过程，已经成为国家和社会广泛关注的话题②。2018 年 5 月，全国生态环境保护大会明确了建设美丽中国的时间表和路线图，并提出要确保到 2035 年实现生态环境质量的根本好转和美丽中国目标的基本实现，在 21 世纪中叶建成美丽中国③。2023 年 7 月，全国生态环境保护大会强调了今后 5 年是美丽中国建设的重要时期，要深入贯彻习近平生态文明思想，坚持以人民为中心，牢固树立和践行绿水青山就是金山银山的理念，把建设美丽中国摆在强国建设、民族复兴的突出位置，推动城乡人居环境明显改善、美丽中国建设取得显著成效，以高品质生态环境支撑高质量发展，加快推进人与自然和谐共生的现代化。

1.1.2　推进美丽湾区建设是生态文明建设的具体实践

2019 年，中共中央、国务院印发《粤港澳大湾区发展规划纲要》，确立了粤港澳大湾区“宜居宜业宜游的优质生活圈”的战略定位，要求“建设生态安全、环境优美、社会安定、文化繁荣”的美丽湾区，提出了“推进生态文明建设”的具体任务。珠三角地区作为

---

① 杨伟民. 建设美丽中国[N]. 经济日报，2017-12-01（5）.

② 高卿，骆华松，王振波，宋金平. 美丽中国的研究进展及展望[J]. 地理科学进展，2019，38（7）：1021-1033.

③ 新华社. 习近平出席全国生态环境保护大会并发表重要讲话[EB/OL]. 中华人民共和国中央人民政府网站，（2018-05-19）https://www.gov.cn/xinwen/2018-05/19/content_5292116.htm.

粤港澳大湾区的重要组成部分，着力推进生态文明建设，先行建成生态文明建设示范城市群，对于整体实现美丽湾区建设目标具有重要意义。

《中共广东省委关于制定广东省国民经济和社会发展第十四个五年规划和二〇三五年远景目标的建议》提出，“人与自然和谐共生格局基本形成，绿色生产生活方式总体形成，碳排放率先达峰后稳中有降，生态环境根本好转，美丽广东基本建成”的 2035 年远景目标，提出深入践行习近平生态文明思想，牢固树立绿水青山就是金山银山理念，深入实施可持续发展战略，巩固污染防治攻坚战成果，打好生态文明建设持久战，建设人与自然和谐共生的现代化。珠三角九市总面积为 55 368.7 km^2，占广东省总面积不到 1/3，但却集聚了全省超过一半的人口、接近 80%的经济总量。可以说，珠三角城市群生态文明建设探索将为广东省乃至全国其他地区生态文明建设起到模范带头与经验借鉴作用。

综上所述，建设美丽湾区是美丽中国整体目标具体实现路径的重要尝试，将为全国其他地区生态文明建设提供模式和经验参考。全面推进珠三角城市群生态文明建设、助力美丽湾区目标实现是广东省及珠三角九市责任感和使命担当的体现。

1.1.3 推进美丽湾区建设是实现国际一流美丽湾区建设目标的必然选择

世界级城市群的发展经验表明，优美的生态环境及以此为依托形成的高质量经济圈和高品质生活圈，是保持持续竞争力和对人才、资本、文化等各种生产和创新要素持续吸引力的重要保障。珠三角城市群正处于生态环境质量追赶国际高阶标准的历史阶段，人与社会、人与自然、保护与发展统筹协调、加速推进，良好的生态环境和绿色发展水平为珠三角城市群打造生态环境品质一流的世界级城市群、人与自然和谐发展的现代湾区、生态文明理念交流融合的特色湾区奠定了良好基础，也为我国打造优质生态环境共同体、共建清洁美丽世界典范提供了有利条件。在“十四五”期间，迫切需要通过城市群生态文明建设成效评估，系统谋划美丽湾区建设的目标指标、战略任务和实施路径，加快制定出台珠三角城市群生态文明建设目标与指标体系，统筹美丽湾区建设总体思路，这既是对珠三角城市群生态文明建设经验成效的提炼，也是绘就当前和今后一段时期指导美丽湾区建设的行动路线图。

作为我国开放程度最高、经济最有活力、生态环境最好的城市群，粤港澳大湾区已经率先进入生态环境质量持续改善的关键期，为建设美丽湾区奠定了坚实基础。近年来，珠三角城市群九市纷纷积极推进生态文明示范建设，惠州、珠海、肇庆、东莞、佛山和深圳等 6 个城市和广州市黄埔区、江门市新会区等区（县）共计 22 个地区先后创建成为生态文明建设示范区，可以说，珠三角城市群是我国生态文明建设示范区密度最高的区域。

但是，珠三角城市群生态文明建设仍存在各市自行开展的局面，发展空间面临“瓶颈”制约、资源能源约束趋紧、生态环境压力增大等一些影响城市群生态文明建设的整体性、区域性、系统性问题仍未得到足够重视和有效解决。“十四五”时期是粤港澳大湾区建设国际一流美丽湾区的关键阶段，只有从整体上系统评估珠三角城市群生态文明建设水平，及时识别差距，方能确保珠三角城市群生态文明建设工作锚定短板，重点突破，尽快全面建成生态文明建设示范区，助力粤港澳大湾区实现国际一流美丽湾区整体目标。

1.1.4 生态文明建设是推进美丽湾区建设的具体抓手

20 世纪 90 年代以来，生态环境部门先后组织以省、市、县为单位，通过试点示范探索将生态环境保护融入“三位一体”“四位一体”建设各方面和全过程，开展了生态建设示范区（1995—1999 年）、生态示范区（2000—2013 年）的建设，取得了良好的效果[①]。

2013 年 6 月，经中央批准，“生态示范区（生态省、市、县、乡镇、村）”正式更名为“生态文明建设示范区”。为加快推动生态市、县向生态文明建设示范区的提档升级，环境保护部于 2016 年 1 月印发《国家生态文明建设示范区管理规程（试行）》《国家生态文明建设示范县、市指标（试行）》，并于 2017 年启动了第一批国家生态文明建设示范区的创建工作。2018 年，中共中央、国务院印发《中共中央国务院关于全面加强生态环境保护坚决打好污染防治攻坚战的意见》，将生态文明示范创建正式上升为国家生态文明建设战略任务，明确了生态文明示范创建的定位[②]。截至 2023 年年底，全国分 7 批共命名了 572 个生态文明建设示范区。

广东省政府一直高度重视珠三角城市群生态文明建设工作。2010 年 8 月，广东省人民政府印发《珠三角环境保护一体化规划（2009—2020 年）》，提出到 2020 年，珠三角城市群建立高效的区域环境保护一体化体制机制政策体系，环境污染得到有效控制，环境质量接近或达到世界先进水平，生态系统步入良性循环，率先建立资源节约型和环境友好型社会，建成生态文明示范区。2011 年 12 月，广东省人民政府出台《中共广东省委广东省人民政府关于进一步加强环境保护推进生态文明建设的决定》（粤发〔2011〕26 号），提出到 2020 年珠三角地区率先建成生态城市群，基本形成环境友好的产业结构、增长方式、消费模式，生态经济、生态环境和生态文明建设取得显著成效。2016 年出台的《中共广东省委广东省人民政府关于加快推进我省生态文明建设的实施意见》（粤发〔2016〕22 号）提出建设珠三角城市群生态文明示范区的要求，并设定 2020 年珠三角地区率先建成绿色生态城市群的目标。2021 年 10 月，广东省人民政府印发《广东省生态文明建设“十四五”规划》（粤府〔2021〕61 号），提出展望 2035 年，人与自然和谐共生格局基本形成，绿色生产生活方式总体形成，碳排放达峰后稳中有降，生态环境质量根本好转，美丽广东和世界一流美丽

---

① 习近平. 干在实处　走在前列：推进浙江新发展的思考与实践[M]. 北京：中共中央党校出版社，2013.

② 中共中央　国务院关于全面加强生态环境保护　坚决打好污染防治攻坚战的意见[EB/OL].中华人民共和国中央人民政府网站（2018-06-24）http：//www. gov.cn/zhengce/2018-06/24/content_5300953.htm.

大湾区基本建成，生态文明建设在全面建设社会主义现代化国家新征程中走在全国前列、创造新的辉煌。

2021 年，为进一步推进粤港澳大湾区生态文明建设，广东省人民政府与生态环境部签署共建国际一流美丽湾区合作框架协议，提出全面深化生态环境领域改革创新，加快推进珠三角城市群生态文明示范区建设，探索美丽广东实现路径。目前，珠三角九市已有珠海、惠州、深圳、肇庆、佛山和东莞等六市成功创建生态文明建设示范区，其余城市也均已启动创建工作。

1.2 美丽湾区的内涵和特征

1.2.1 美丽湾区的内涵

美丽湾区是对“美丽中国”和生态文明内涵的进一步提升。在“一国两制三法域”的粤港澳大湾区，美丽湾区是建设和谐社会的更高要求，其内涵包括科学发展、生态优良、和谐共生和永续发展。

发展是时代永恒的主题，不能以牺牲环境为代价搞发展，也不能以保护环境为名不发展。建设美丽湾区，必须按照科学发展观要求，在不同社会制度和法律制度下，坚持习近平生态文明思想，落实“五位一体”总体布局，推动粤港澳大湾区整体发展与进步，以加快转变经济发展方式、调整和优化产业结构、支持生态型产业发展为目标，在充分考虑自然生态系统环境承载力的前提下，大力发展循环经济，从根本上解决经济发展与资源环境之间的矛盾，协调好区域经济发展与资源环境之间的关系。

自然环境是人类赖以生存和发展所必需的物质基础，也是美丽湾区建设不可或缺的重要内容。美丽湾区建设的初心和最终目的都是实现人、社会、自然三者的和谐共处和友好发展。优美的生态环境是美丽湾区得以实现和展现的物质载体，而区域生产空间集约高效、生活空间宜居适度、生态空间山清水秀是美丽湾区建设最直观的体现。因此，美丽湾区建设不仅揭示了当前区域社会经济发展与环境污染、生态环境破坏之间的矛盾，也体现了科学发展的内在要求，为解决当前的生态环境问题提供了理论依据，为实现人与自然和谐共处指明了方向。

坚持人与自然和谐共生不仅是新时代美丽中国建设思想的基本方略，也是建设美丽湾区的依据和理论基础。美丽湾区既指出了湾区科学发展的具体方式，又指明了经济社会发展的美好愿景，坚持发展与保护相统一的理念，坚持社会经济价值和自然生态价值、社会经济效应和生态环境效应相统一的理念，建立健全生态经济体系，不断完善和健全大湾区不同社会体制、不断调整社会结构，使和谐社会关系真正为人的全面发展提供条件，人的全面发展又进一步推动经济社会发展，最终促进物质文明与生态文明深度融合，实现人与自然、人与社会的全面、同步、和谐发展。

建设美丽湾区不仅是为了改善当代生态和生活环境，更是为了给子孙后代留下天蓝、地绿、水净的美好家园。因此，建设美丽湾区，控制开发强度，调整空间结构，给自然留下更多的修复空间；节约集约资源利用，推动资源利用方式根本转变，提高资源利用效率，大幅降低能源、水和土地的消耗强度，为后代留下环境资源和财富；确保代际公平与环境正义，为后代建设美丽湾区创造条件和空间，使美丽湾区实现永续发展。

1.2.2 美丽湾区的特征

（1）现代环境治理体系全面确立

生态环境管理制度不断健全，生态文明建设与经济建设、政治建设等诸项建设相融合，形成生态保护新体制和机制，以及政府、企业、社会组织和公众等多元共治的生态保护新格局。区域化目标协同、规划协同、政策协同、标准协同全面形成，区域大气、土壤、水、危险废物联防联控与协同处理处置制度建立并全面实施，区域生态补偿制度、生态环境保护责任追究制度和环境损害赔偿制度全面确立。

（2）生态安全屏障全面构筑

具有良好的生态结构，健全的生命维持系统，丰富的自然资源，生态安全屏障越筑越牢，绿色水网越织越密，山水林田湖草整体得到有效保护、综合治理与系统修复，生物多样性保护水平全面提升，自然保护地体系全面构建，生态系统质量和稳定性不断提升，全面建成区域生态廊道和生物多样性保护网络，实现海岸线及近岸海域生态系统跨境联合保护与修复。串联湾区海岸带，打通深港、珠澳跨界绿道，实现湾区休闲廊道的互联互通。

（3）良好生态环境全面建成

国土空间开发格局清晰合理，区域大气、水环境、土壤、噪声、海洋污染得到全面遏制，区域绿色生态水网全面构建，入海污染物总量得到有效控制，高质量的区域生态环境全面形成，区域农产品质量和人居环境得到保障，公共服务共建共享，城市和谐包容，人与自然和谐共生，宜居宜业宜游的优质生活圈全面建成，人民群众的生态环境获得感不断增强。

（4）绿色低碳循环体系全面形成

尊重自然、顺应自然、保护自然的生态理念深入人心，全社会生态环保素养全面养成。形成节约资源和保护环境的空间格局、产业结构、生产方式、生活方式和城市建设运营模式，能源消费趋于清洁化、低碳化，形成清洁、低碳、安全、高效的能源供给体系、绿色发展的政策制度体系和丰富多样的绿色发展机制和模式，实现绿色低碳循环发展的经济体系、绿色生产与消费的法律制度和政策导向。

（5）生态文化丰富繁荣

生态文明教育成为国民教育体系的重要组成部分，社会生态文明行为习惯蔚然成风。

生态文明宣传基地建设全面推进，粤港澳生态文明体验场所丰富多样。生态环境文化产品和生态文化品牌具有强大的生命力。

1.3 美丽中国建设实践概述

1.3.1 “美丽中国”的提出

2012年，党的十八大报告首次单篇论述生态文明建设，把“美丽中国”作为未来生态文明建设的宏伟目标，提出把生态文明建设摆在突出地位，融入经济建设、政治建设、文化建设、社会建设各方面和全过程，努力建设美丽中国，实现中华民族永续发展。这是“美丽中国”首次作为执政理念提出，也是中国建设“五位一体”总体布局的重要内容。2015年，“美丽中国”被纳入《中华人民共和国国民经济和社会发展第十三个五年规划纲要》，“生态环境质量总体改善”被列入2020年全面建成小康社会的新目标。

2017年，党的十九大报告将“美丽”二字写入社会主义现代化强国目标，提出到2035年，基本实现社会主义现代化，生态环境根本好转，美丽中国目标基本实现；到21世纪中叶，把我国建成富强民主文明和谐美丽的社会主义现代化强国[①]。“美丽”作为我国社会主义现代化建设的奋斗目标，既是新时代生态文明建设的总体目标，也是指导“十四五”及更长时期的中长期生态环境保护工作的新的“历史坐标”。2018年，全国生态环境保护大会进一步提出了美丽中国建设的时间表和路线图。2020年，党的十九届五中全会提出2035年基本实现社会主义现代化的远景目标，提出到2035年广泛形成绿色生产生活方式，碳排放达峰后稳中有降，生态环境根本好转，基本实现美丽中国的建设目标，并在《中华人民共和国国民经济和社会发展第十四个五年规划和2035年远景目标纲要》中进一步明确目标要求，丰富了美丽中国内涵，为生态文明建设和人与自然和谐共生的现代化描绘了美好蓝图。

党的二十大为美丽中国建设擘画新蓝图：我们要推进美丽中国建设，坚持山水林田湖草沙一体化保护和系统治理，统筹产业结构调整、污染治理、生态保护、应对气候变化，协同推进降碳、减污、扩绿、增长，推进生态优先、节约集约、绿色低碳发展。

1.3.2 美丽中国研究与实践进展

“美丽中国”被提出以来，“什么是美丽中国”“为什么建设”以及“如何建设美丽中国”等议题，成为学术界研究的热点[②]。王金南等基于“美丽中国”的目标要求研究

① 习近平. 决胜全面建成小康社会　夺取新时代中国特色社会主义伟大胜利——在中国共产党第十九次全国代表大会上的报告[EB/OL].（2017-10-18）http：//hbrb.hebnews.cn/pc/paper/c/201710/28/c29869.html.

② 万军，王金南，李新，等. 2035年美丽中国建设目标及路径机制研究[J]. 中国环境管理，2021，13（5）：29-36.DOI：10.16868/j.cnki.1674-6252.2021.05.29.

设计生态文明建设战略框架，并从基本实现现代化的进程分析美丽中国建设的战略目标与路径[①]；万军等[②]探索提出美丽城市的“六美”内涵体系，并应用于美丽杭州的建设中[③]，认为美丽中国的内涵包括“标志美、内核美、支撑美”三个层次，并进一步提出了美丽中国建设的战略目标及任务框架[④]；方创琳等[⑤]构建了包括生态环境等在内的 5 个维度的美丽中国建设评估指标体系，并对城市层面美丽建设成效进行了系统评估。朱婧等[⑥]、谢炳庚等[⑦]、陈明星等[⑧]、高卿等[⑨]相关研究学者从经济地理角度切入，与联合国可持续发展目标（SDGs）等结合，研究提出了美丽中国内涵及评价方法体系，并从省级、市级、村级等视角提出美丽中国建设的要求，这些研究为美丽中国建设的研究提供了理论方法探讨。

近年来，全国各地积极开展美丽中国建设实践（表 1.3-1），初步形成了一些典型的美丽中国实践案例。各地开展美丽中国实践有以下三个方面的基本特征：

表 1.3-1　美丽中国建设省份及城市探索实践情况（不完全统计）[⑩]

层级	省份/城市	文件名称	印发主体	印发时间
省级	天津	《美丽天津建设纲要》	市委、市政府	2013 年
	河南	《关于建设美丽河南的意见》	省委、省政府	2014 年
	海南	《中共海南省委关于进一步加强生态文明建设谱写美丽中国海南篇章的决定》	省委	2017 年
	云南	《关于努力将云南建设成为中国最美丽省份的指导意见》	省委、省政府	2019 年
	江苏	《关于深入推进美丽江苏建设的意见》	省委、省政府	2020 年
	浙江	《深化生态文明示范创建高水平建设新时代美丽浙江规划纲要（2020—2035 年）》	省委、省政府	2020 年
	山东	《美丽山东建设规划纲要（2021—2035 年）》	省委、省政府	2022 年
	四川	《美丽四川建设战略规划纲要（2021—2035 年）》	省委、省政府	2022 年
	福建	《深化生态省建设 打造美丽福建行动纲要（2021—2035 年）》	省政府	2022 年
	江西	《美丽江西建设规划纲要（2022—2035 年）》	省委、省政府	2023 年

① 王金南，蒋洪强，张惠远，等. 迈向美丽中国的生态文明建设战略框架设计[J]. 环境保护，2012，40（23）：14-18.
② 万军，李新，吴舜泽，等. 美丽城市内涵与美丽杭州建设战略研究[J]. 环境科学与管理，2013，38（10）：1-6.
③“美丽杭州”建设课题工作组. 建设美丽中国先行区——“美丽杭州”建设的研究与实践[M]. 杭州：杭州出版社，2014.
④ 万军，王倩，李新，等. 基于美丽中国的生态环境保护战略初步研究[J]. 环境保护，2018，46（22）：7-11.
⑤ 方创琳，王振波，刘海猛. 美丽中国建设的理论基础与评估方案探索[J]. 地理学报，2019，74（4）：619-632.
⑥ 朱婧，孙新章，何正. SDGs 框架下中国可持续发展评价指标研究[J]. 中国人口·资源与环境，2018，28（12）：9-18.
⑦ 谢炳庚，陈永林，李晓青. 基于生态位理论的“美丽中国”评价体系[J]. 经济地理，2015，35（12）：36-42.
⑧ 陈明星，梁龙武，王振波，等. 美丽中国与国土空间规划关系的地理学思考[J]. 地理学报，2019，74（12）：2467-2481.
⑨ 高卿，骆华松，王振波，等. 美丽中国的研究进展及展望[J]. 地理科学进展，2019，38（7）：1021-1033.
⑩ 王金南，秦昌波，苏洁琼，等. 美丽中国建设目标指标体系设计与应用[J]. 环境保护，2022，50（8）：12-17.DOI：10.14026/j.cnki.0253-9705.2022.08.008.

层级	省份/城市	文件名称	印发主体	印发时间
城市	杭州	《美丽杭州建设实施纲要（2013—2020年）》	市委、市政府	2013年
		《新时代美丽杭州建设实施纲要（2020—2035年）及行动方案（2020—2025年）》	市委、市政府	2020年
	深圳	《深圳率先打造美丽中国典范规划纲要（2020—2035年）》《深圳率先打造美丽中国典范行动方案（2020—2025年）》	深圳市推进中国特色社会主义先行示范区建设领导小组	2021年
	厦门	《美丽厦门战略规划》	市委、市政府	2014年
	烟台	《美丽烟台建设战略规划（2021—2035年）》	市委、市政府	2021年
	宁波	《美丽宁波建设规划纲要（2021—2035年）》	市委、市政府	2022年
	无锡	《美丽无锡建设总体规划（2021—2035年）》	市委、市政府	2022年

一是目标指标牵引美丽建设。例如，浙江省从美丽国土空间、美丽现代经济、美丽生态环境、美丽幸福城乡、美丽生态文化、美丽治理体系6个领域构建了35项美丽浙江建设指标体系，明确了2025年、2030年、2035年三个阶段的目标要求，力争到2035年全面建成美丽中国先行示范区；广东省提出探索建立美丽广东建设指标评估体系，分类支持深圳、粤北等地建立生态文明评价体系；深圳市从优美生态、清新环境、健康安全、绿色发展、宜居生活5个维度明确了2025年、2035年率先打造美丽中国典范的目标指标要求；浙江省玉环市从美丽绿色经济、美丽生态环境、美丽幸福城乡、美丽生态文化、美丽治理体系5个领域建立了43项美丽玉环建设指标体系，制定了2025年、2030年和2035年指标值，力争建成高质量滨海型美丽城市。

二是规划先行统筹美丽建设。浙江省发布了全国首个美丽省份建设实施纲要，深圳市发布了全国首个打造美丽中国典范规划纲要，杭州市发布了全国首个美丽城市建设实施纲要。当前，全国多数省份在本地区国民经济和社会发展第十四个五年规划和2035年远景目标中提出了美丽建设的总体目标，全国一半以上省（自治区、直辖市）还在本省（自治区、直辖市）“十四五”生态环境保护规划中明确了“十四五”和2035年两个阶段的美丽建设目标。其中，福建省提出“加快建设美丽中国示范省”，山东省提出“推进建设美丽中国齐鲁样板”，江西省提出“打造美丽中国江西样板”，四川省则明确以点带面推进美丽四川建设和建立全省生态示范建设全过程管理体系。据不完全统计，全国已有10多个省（自治区、直辖市）和数十个城市开展了本地区美丽建设研究或相关规划编制工作，初步形成党委领导、政府主导、生态环境部门统筹协调、各部门分工合作的美丽中国地方实践模式①。

三是全社会共同开展美丽建设。美丽中国建设是全社会共同参与、共同建设、共同享有的事业，需要建立党委领导，政府主导，企业主体、社会组织和公众共同参与的美丽中国建设行动体系。各地在美丽建设过程中，因地制宜，探索符合自身的有效模式。浙江省

① 生态环境部环境规划院美丽中国研究中心. 美丽中国在行动2021[R]. 2021.

通过定期开展美丽建设进机关、进学校、进社区、进家庭、进企业、进乡村等活动，激发全民参与美丽浙江建设的积极性、自觉性和主动性，广泛凝聚社会共识。山东省谋划推动形成美丽城市、美丽区县、美丽乡镇、美丽乡村、美丽园区等不同层级的美丽单元，发动群众从绿色生活方式做起，积极建言献策，监督举报环境违法行为，广泛参与美丽建设工作。福建省提出了“美丽城市—美丽乡村—美丽河湖—美丽海湾—美丽田园”的五美体系。

1.3.3　美丽中国建设评估指标体系

为贯彻落实习近平新时代中国特色社会主义思想，推动实现党的十九大提出的美丽中国目标，发挥评估工作对美丽中国建设的引导推动作用，2020 年 2 月，国家发展改革委印发《美丽中国建设评估指标体系及实施方案》（发改环资〔2020〕296 号）。该方案按照习近平总书记“努力打造青山常在、绿水长流、空气常新的美丽中国”的重要指示精神，根据“五位一体”总体布局和建成富强民主文明和谐美丽的社会主义现代化强国的奋斗目标，面向 2035 年“美丽中国目标基本实现”的愿景，按照体现通用性、阶段性、不同区域特性的要求，聚焦生态环境良好、人居环境整洁等方面，提出了美丽中国建设评估指标体系。

国家发展改革委的美丽中国建设评估指标体系包括空气清新、水体洁净、土壤安全、生态良好、人居整洁 5 类指标。按照突出重点、群众关切、数据可得的原则，注重美丽中国建设进程结果性评估，分类细化提出 22 项具体指标。其中：空气清新类指标包括地级及以上城市细颗粒物（$PM_{2.5}$）浓度、地级及以上城市可吸入颗粒物（PM_{10}）浓度、地级及以上城市空气质量优良天数比例等 3 项指标；水体洁净类指标包括地表水水质优良（达到或好于Ⅲ类）比例、地表水劣Ⅴ类水体比例、地级及以上城市集中式饮用水水源地水质达标率等 3 项指标；土壤安全类指标包括受污染耕地安全利用率、污染地块安全利用率、农膜回收率、化肥利用率、农药利用率等 5 项指标；生态良好类指标包括森林覆盖率、湿地保护率、水土保持率、自然保护地面积占陆域国土面积比例、重点生物物种种数保护率等 5 项指标；人居整洁类指标包括城镇生活污水集中收集率、城镇生活垃圾无害化处理率、农村生活污水处理和综合利用率、农村生活垃圾无害化处理率、城市公园绿地 500 m 服务半径覆盖率、农村卫生厕所普及率等 6 项指标（表 1.3-2）。

表 1.3-2　美丽中国建设评估指标体系

评估指标	序号	具体指标（单位）
空气清新	1	地级及以上城市细颗粒物（$PM_{2.5}$）浓度（$\mu g/m^3$）
	2	地级及以上城市可吸入颗粒物（PM_{10}）浓度（$\mu g/m^3$）
	3	地级及以上城市空气质量优良天数比例（%）

评估指标	序号	具体指标（单位）
水体洁净	4	地表水水质优良（达到或好于III类）比例（%）
	5	地表水劣V类水体比例（%）
	6	地级及以上城市集中式饮用水水源地水质达标率（%）
土壤安全	7	受污染耕地安全利用率（%）
	8	污染地块安全利用率（%）
	9	农膜回收率（%）
	10	化肥利用率（%）
	11	农药利用率（%）
生态良好	12	森林覆盖率（%）
	13	湿地保护率（%）
	14	水土保持率（%）
	15	自然保护地面积占陆域国土面积比例（%）
	16	重点生物物种种数保护率（%）
人居整洁	17	城镇生活污水集中收集率（%）
	18	城镇生活垃圾无害化处理率（%）
	19	农村生活污水处理和综合利用率（%）
	20	农村生活垃圾无害化处理率（%）
	21	城市公园绿地 500 m 服务半径覆盖率（%）
	22	农村卫生厕所普及率（%）

第三方机构（中国科学院）利用美丽中国建设指标，对全国及 31 个省（自治区、直辖市）开展美丽中国建设进程评估。以 2020 年为基年，以 5 年为周期开展 2 次评估。其中，结合国民经济和社会发展五年规划中期评估开展 1 次，五年规划实施完成后开展 1 次。第三方机构确定美丽中国建设评估指标体系各指标的权重系数，制定美丽中国建设进程评估技术方法，对照阶段性目标值，计算美丽中国建设综合指数，衡量美丽中国目标的实现程度。在 2020 年开展试评估，结合实践探索进一步完善指标体系和评估方法。

2023 年，深圳市完成在全国率先开展城市美丽中国典范建设水平评估。该评估基于美丽中国建设的内涵，率先在城市尺度探索构建了美丽中国典范建设评估指标体系，具体包括 5 个一级指标、12 个二级指标和 40 个三级指标。评估结果显示，深圳市 2022 年“美丽中国典范”评估得分 86.39 分，高于全国平均水平。深圳市在生态鹏城之美、创新先锋之美、宜居湾区之美、改革前沿之美和开放包容之美 5 个维度的建设水平均较高，“美丽中国”的实现水平分别达到 86.81%、90.18%、88.07%、86.79%、77.92%，均高于全国平均水平。

第2章 美丽湾区建设目标要求分析

2.1　美丽湾区建设的目标和要求

2.1.1　国家要求建设美丽中国先行区

粤港澳大湾区是我国经济社会发展、生态环境品质的高地，是率先实现“高质量发展、高水平保护”的前沿阵地，改革开放以来，特别是香港、澳门回归祖国后，粤港澳合作不断深化、实化，粤港澳大湾区经济实力、区域竞争力显著增强，已具备建成国际一流湾区和世界级城市群的基础条件。与世界其他一流湾区相比，多元、开放的制度文化是大湾区特色优势，是实现中国生态文明建设模式与道路“走出去”、建设富有活力和国际竞争力的一流湾区和世界级城市群，打造高质量发展的典范。

粤港澳大湾区建设作为习近平总书记亲自谋划、亲自部署、亲自推动的国家战略，既是新时代推动形成全面开放新格局的新尝试，也是推动“一国两制”事业发展的新实践。2019 年 1 月，中共中央、国务院印发实施《粤港澳大湾区发展规划纲要》，作为指导美丽湾区当前和今后一个时期合作发展的纲领性文件，明确定位整个大湾区未来的发展情景、整个格局等，并提出“到 2035 年，大湾区形成以创新为主要支撑的经济体系和发展模式，经济实力、科技实力大幅跃升，国际竞争力、影响力进一步增强；大湾区内市场高水平互联互通基本实现，各类资源要素高效便捷流动；区域发展协调性显著增强，对周边地区的引领带动能力进一步提升；人民生活更加富裕；社会文明程度达到新高度，文化软实力显著增强，中华文化影响更加广泛深入，多元文化进一步交流融合；资源节约集约利用水平显著提高，生态环境得到有效保护，宜居宜业宜游的国际一流湾区全面建成”的目标要求。纲要第七章以“推进生态文明建设”为主题，提出“形成节约资源和保护环境的空间格局、产业结构、生产方式、生活方式，实现绿色低碳循环发展，使大湾区天更蓝、山更绿、水更清、环境更优美”的生态文明建设目标要求。

生态环境部部长黄润秋在 2023 年全国生态环境保护工作会议上提出，聚焦区域重大战略打造美丽中国先行区，谋划以生态环境高水平保护支撑重大战略区域高质量发展的具体举措。2023 年 8 月 19 日，生态环境部召开粤港澳大湾区生态环境保护工作座谈会，强调要以建设美丽中国先行区为目标，扎实落实粤港澳大湾区生态环境保护规划，系统推进生态优美、蓝色清洁、健康安全、绿色低碳、治理创新、开放共享等六个湾区重点建设任务，不断推进生态环境共建共治、区域协同、试点示范，推进粤港澳大湾区生态环境保护工作再上新台阶。

2.1.2 广东省要求建设世界一流美丽大湾区

2021 年 10 月，广东省人民政府印发《广东省生态文明建设“十四五”规划》，作为未来五年乃至更长一段时间内推进广东生态文明建设的重要依据和行动指南。规划提出“到 2025 年，生态文明制度体系基本建成，国土空间开发保护格局清晰合理，生产生活方式绿色转型成效显著，绿色产业发展进展明显，能源资源配置更加合理、利用效率稳步提高，有条件的地区率先实现碳达峰，主要污染物排放总量持续减少，生态安全屏障质量进一步提升，绿色低碳循环发展经济体系基本建立，美丽广东建设取得显著成效。展望 2035 年，人与自然和谐共生格局基本形成，绿色生产生活方式总体形成，碳排放达峰后稳中有降，生态环境质量根本好转，美丽广东和世界一流美丽大湾区基本建成，生态文明建设在全面建设社会主义现代化国家新征程中走在全国前列、创造新的辉煌”的生态文明建设目标要求。

2.1.3 珠三角城市群均提出美丽建设目标

珠三角九市在“十四五”生态环境保护规划、生态文明建设规划等规划中提出了各市的美丽建设目标，详见表 2.1-1。

表 2.1-1 珠三角城市群美丽中国建设目标

城市	目标	出处
广州	到 2025 年，国土空间开发保护格局不断优化，绿色低碳发展水平明显提升，碳排放率先达峰，主要污染物排放总量持续减少，生态环境持续改善，生态系统安全性、稳定性显著增强，环境风险得到有效防控，生态环境治理体系和治理能力现代化加快推进，生态文明重点领域改革和制度创新取得重要进展，建设青山常在、绿水长流、空气常新的美丽广州； 展望 2035 年，人与人、人与自然和谐共生格局和绿色生产生活方式基本形成，碳排放达峰后稳中有降，生态环境根本好转，美丽广州更有魅力，云山珠水、吉祥花城之美惊艳世界。应对气候变化能力显著增强，环境空气质量根本改善，水生态环境质量全面提升，土壤环境安全得到有效保障，形成与高质量发展相适应的国土空间格局，山水林田湖海生态系统服务功能总体恢复，基本满足人民对优美生态环境的需要，生态环境保护管理制度健全高效，生态环境治理体系和治理能力现代化基本实现	《广州市生态环境保护“十四五”规划》
深圳	到 2025 年，生态环境质量达到国际先进水平，形成低消耗、少排放、能循环、可持续的绿色低碳发展方式，以先行示范标准推动碳达峰迈出坚实步伐，大气、水、近岸海域等环境质量持续提升，城市生态系统服务功能增强，基本建立完善的现代环境治理体系； 到 2035 年，建设成为可持续发展先锋，打造人与自然和谐共生的美丽中国典范，生态环境质量达到国际一流水平，“绿色繁荣、城美人和”的美丽深圳全面建成	《深圳市生态环境保护“十四五”规划》

城市	目标	出处
珠海	到 2025 年建设生态型、智慧型宜居城市取得显著成效，到 2035 年建成知名生态文明城市和社会主义现代化、国际化经济特区	《中共广东省委广东省人民政府关于支持珠海建设新时代中国特色社会主义现代化国际化经济特区的意见》
	到 2035 年，全市生态文明建设水平全国领先，生态环境质量根本改善，绿色生产生活方式总体形成，城市绿色竞争力大幅提升，人与自然和谐共生格局基本形成，基本实现生态环境治理体系和治理能力现代化，建设成为全国知名生态文明城市和新时代中国特色社会主义现代化国际化经济特区	《珠海市生态环境保护暨生态文明建设“十四五”规划》
佛山	到 2025 年，绿色产业体系基本形成，节能减排水平显著提高，环境基础设施实现城乡全覆盖，生态环境质量持续改善	《佛山国家生态文明建设示范市规划（2016—2025 年）》
惠州	到 2025 年，生态环境质量持续改善，空气质量稳居全国重点城市前列，城乡人居环境品质显著提升，碳排放控制取得成效，应对气候变化能力持续提升，生态环境治理效能明显提升，现代品质城市建设取得实质性进展，生态文明建设迈入新境界； 到 2035 年，生态环境实现根本好转，空气质量达到或接近国际一流水平，水功能区全面稳定达标，生态系统健康稳定，碳排放达峰后稳中有降，广泛形成绿色生产生活方式，生态环境保护与经济社会发展实现良性循环，基本建成美丽惠州，打造成为美丽中国和美丽广东建设新典范	《惠州市生态环境保护“十四五”规划》
东莞	到 2025 年，建成开放程度高、核心竞争力强、创新发展快、生态环境优、经济社会效益好、群众基础高的生态文明建设示范市	《东莞市生态文明建设示范市规划（2016—2025）》
中山	到 2030 年，生态文明理念深入人心，全社会形成自觉保护生态环境的良好氛围和行为习惯，生态文明制度体系健全完善，生产空间集约高效、生活空间宜居适度、生态空间山清水秀的国土空间格局得到巩固，生态经济发达、生态环境良好、生态文化繁荣、生态制度完善、目标责任体系健全的生态文明建设体系全面形成，建成“山水人文、现代精品、开放包容、和美善治”的珠江口湾区理想城市，迈上率先基本实现社会主义现代化新征程	《中山市生态文明建设规划（2018—2030 年）》
江门	到 2025 年，生态环境质量持续提升，生态系统服务功能稳步增强，生态环境风险得到全面管控，全市绿色低碳的生产、生活方式初步建立，绿色发展格局基本形成，区域协调发展水平显著提升，国家生态文明建设示范市创建工作深入推进，成为全省绿色发展典范； 展望 2035 年，绿色生产生活方式总体形成，碳排放率先达峰后稳中有降，生态环境根本好转，美丽江门基本建成，人与自然和谐共生现代化基本实现。生态环境质量显著改善，生态环境保护管理制度健全高效，生态环境治理体系和治理能力现代化基本实现	《江门市生态环境保护“十四五”规划》
肇庆	到 2025 年，国家生态文明建设示范市创建工作深入推进，进一步巩固创建成果；到 2030 年，建设成为融“山-湖-城-江”于一体、宜业宜居宜游的岭南山水生态城市	《肇庆市生态文明建设规划（2016—2030 年）》

到 2025 年，广州市要建设青山常在、绿水长流、空气常新的美丽广州；深圳市要全面建成“绿色繁荣、城美人和”的美丽深圳；珠海市建设生态型、智慧型宜居城市取得显著成效；佛山市建成绿色产业体系基本形成、节能减排水平显著提高、环境基础设施实现城乡全覆盖、生态环境质量持续改善的国家生态文明建设示范市；惠州市的现代品质城市建设取得实质性进展和生态文明建设迈入新境界；东莞市建成开放程度高、核心竞争力强、创新发展快、生态环境优、经济社会效益好、群众基础高的生态文明建设示范市；江门市通过深入推进国家生态文明建设示范市创建成为全省绿色发展典范；肇庆市国家生态文明建设示范市创建工作深入推进，进一步巩固创建成果。

中山和肇庆两市提出 2030 年美丽建设目标，其中，中山市建成“山水人文、现代精品、开放包容、和美善治”的珠江口湾区理想城市，迈上率先基本实现社会主义现代化新征程；肇庆市建设成为融“山-湖-城-江”于一体、宜业宜居宜游的岭南山水生态城市。

部分城市还展望 2035 年美丽建设，其中，广州市的美丽广州更有魅力；珠海市建成知名生态文明城市和社会主义现代化、国际化经济特区；惠州市基本建成美丽惠州，打造成为美丽中国和美丽广东建设新典范；江门市基本建成美丽江门，人与自然和谐共生现代化基本实现。

2.2 其他湾区目标

在“湾区经济”战略的推动下，我国目前除粤港澳大湾区外有 3 个湾区，即环渤海湾区、长江口—杭州湾区和北部湾湾区。我国湾区城市是社会经济发展的核心区域，其经济总量占全国的 40%以上。仅环渤海湾、长江口—杭州湾和粤港澳湾三大湾区腹地都市圈，GDP 总量就已占全国的 35%，成为引领我国经济发展的三大引擎。

2.2.1 环渤海湾区

环渤海湾区是我国三大世界级大湾区之一，作为中国北方的湾区建设，是以京、津两个直辖市为中心，包括大连、青岛、烟台、威海、沈阳、济南、石家庄等横跨京、津、冀、鲁、辽等 5 个省（直辖市）的区域。作为中国北方最重要的城市群落，环渤海湾区内人才基础雄厚、交通便利、工业基础扎实，且正处在“一带一路”建设、京津冀协同发展等多重战略机遇叠加的黄金时期。

2015 年 10 月，国家发展改革委印发《环渤海地区合作发展纲要》，提出环渤海地区加强生态环境保护联防联治，创新体制机制，强化规划引导，持续推进生态环境保护和节能减排，重点开展生态屏障建设、大气污染防治、近岸海域环境综合整治等工作，共同创建天蓝水净、人与自然和谐相融的美好家园。到 2025 年，环渤海地区生态环保一体化水平迈上新台阶；到 2030 年，环渤海地区协同发展取得明显成效，区域合作发展体制机制顺畅运行。

2021 年 6 月，天津市发布《天津市海洋经济发展“十四五”规划》，提出建设国家海洋绿色生态宜居示范区，深度融合京津冀大生态格局体系，依托河、海、湿地等生态资源，大力推进蓝色海湾修复和绿色生态屏障建设，以生态倒逼产业结构优化升级，高质量营造美丽海岸、碧净海水、洁净海滩的亲海亲水生态空间，打造京津冀地区重要的生态宜居家园、绿色发展高地、生态旅游目的地。到 2025 年，海洋绿色低碳发展取得显著成效，整治修建公共亲海岸线 15 km 以上，市民亲海亲水的获得感得到进一步提升。海洋文化和旅游深度融合，海洋文化高地基本形成，全民海洋意识水平进一步提高。

《河北省海洋经济发展“十四五”规划》提出，“十四五”期间，海洋生态环境保护进展明显，各类入海污染源排放得到有效控制，重要河口湿地、浅海滩涂等典型海洋生态系统功能基本恢复，海洋生态系统质量和稳定性明显提升。到 2025 年，海洋类型自然保护地面积达 4.84 万 hm^2，近岸海域优良水质比例达 98%。到 2035 年，美丽海洋建设目标基本实现，更好满足人民群众对蓝色家园的美好向往。

《辽宁省“十四五”海洋生态环境保护规划》提出，到 2025 年，海洋环境质量持续稳定改善，近岸海域优良水质比例达 92%；受损、退化的重要海洋生态系统得到全面保护修复，海洋生物多样性得到有效保护，海洋生态安全屏障和适应气候变化韧性不断增强；美丽海湾建设取得积极成效，海洋生态环境治理能力不断提升。到 2035 年，沿海地区绿色生产生活方式广泛形成，海洋生态环境根本好转，美丽海洋建设目标基本实现。全省近岸海域水质持续稳定向好，海洋生态系统质量和稳定性明显提升，海洋生物多样性得到有效保护，亲海空间进一步拓展，海岸带景观极大提升，80%以上大中型海湾基本建成“水清滩净、渔鸥翔集、人海和谐”的美丽海湾，人民群众对优美海洋生态环境的需求得到满足，海洋生态环境治理体系和能力基本实现现代化。

2.2.2　长江口—杭州湾区

长江口—杭州湾区区位优势明显，经济腹地较大，经济基础比较雄厚，积极赶超粤港澳大湾区。长江口—杭州湾区是长江、钱塘江入海口，港口优势突出，是我国东部沿海经济带中重要的核心之一。目前的长江口—杭州湾区有上海国际化大都市做龙头，又有杭州、宁波 2 座中心城市做支撑，还有 3 座支点城市嘉兴、绍兴、舟山，已经形成了一个城市梯度结构。

2019 年 12 月，中共中央、国务院印发《长江三角洲区域一体化发展规划纲要》，明确了坚持生态保护优先，把保护和修复生态环境摆在重要位置，加强生态空间共保，推动环境协同治理，夯实绿色发展生态本底，努力建设绿色美丽长三角。2021 年，长三角一体化发展领导小组办公室印发《长江三角洲区域生态环境共同保护规划》，明确到 2025 年，长三角一体化保护取得实质性进展，生态环境共保联治能力显著提升，绿色美丽长三角建设取得重大进展；到 2035 年，生态环境质量实现根本好转，绿色发展达到世界先进水平，区域生态环境一体化保护治理机制健全，长三角生态绿色一体化发展示范区成为我国展示生态文明建设成果的重要窗口，绿色美丽长三角建设走在全国前列。

《深化生态文明示范创建高水平建设新时代美丽浙江规划纲要（2020—2035 年）》提出，要健全长三角绿色协同机制，全面建成美丽中国先行示范区。到 2025 年，生态文明建设和绿色发展先行示范，生态环境质量在较高水平上持续改善，基本建成美丽中国先行示范区。到 2030 年，美丽中国先行示范区建设取得显著成效，为落实联合国可持续发展议程提供浙江样板。到 2035 年，高质量建成美丽中国先行示范区，天蓝水澈、海清岛秀、土净田洁、绿色循环、环境友好、诗意宜居的现代化美丽浙江全面呈现。《上海市海洋“十四五”规划》提出，到“十四五”时期末，海洋生态空间品质不断提高，全面落实海洋生态红线保护管控，大陆自然岸线保有率不低于 12%，海洋（海岸带）生态修复面积不低于 50 hm^2，海洋生态质量持续改善，海洋碳汇能力和海洋绿色发展水平不断提升。民生共享水平进一步改善，公众亲海空间进一步拓展，整治修复亲海岸线 6 km 以上，满足公众对高品质滨海空间的需求。新增海洋意识教育基地不少于 3 个，提高公众海洋意识。

2.2.3 北部湾湾区

北部湾位于我国南海的西北部，是我国西南最便捷的出海港湾。区位优势明显，是中国—东盟经贸一体化的前沿阵地，是我国对接东盟的海上桥头堡，是我国距离东南亚、非洲等 21 世纪“海上丝绸之路”沿线区域最近的地区。北部湾城市群包括广西壮族自治区南宁市、北海市、钦州市、防城港市、玉林市、崇左市，广东省湛江市、茂名市、阳江市，海南省海口市、儋州市、东方市、澄迈县、临高县、昌江县。

2021 年 12 月，广西壮族自治区印发《广西北部湾经济区高质量发展“十四五”规划》，提出到 2025 年北部湾国土空间开发保护格局进一步优化，绿色生产生活方式基本形成，资源能源配置和利用开发效率大幅提高，生态环境协同监管体系基本建立，环境污染联防联治机制有效运行，节能减排降碳完成国家和自治区指标，大气、水和土壤环境质量优良，生态环境保持全国一流，生态安全屏障更加牢固。到 2035 年，生态环境质量领先全国，全面建成宜居宜业康寿美丽湾区。

2022 年 4 月，国家发展改革委印发《北部湾城市群建设“十四五”实施方案》，提出到 2025 年北部湾蓝色海湾生态格局筑牢向好，自然岸线保有率稳步提高，近岸海域水质优良率稳定在 90%以上，整体环境质量保持在全国前列。

第3章

国内主要湾区和沿海城市群对比分析

3.1　国内主要湾区生态文明建设经验

3.1.1　环渤海湾区

环渤海湾区包括北京、天津、大连、青岛、烟台、威海、沈阳、济南、石家庄等横跨京、津、冀、鲁、辽等 5 个省（直辖市）的区域。本书以环渤海湾区中心城市北京和天津为例，介绍该湾区生态文明建设情况。

（1）北京市生态文明建设

北京市将生态文明建设作为全市重点工作。2021 年空气质量首次全面达标，细颗粒物（$PM_{2.5}$）浓度 33 μg/m^3，优良天数增加到 288 天，占全年的 78.9%；臭氧（O_3）浓度首次同步达到国家二级标准，各项大气污染物实现协同改善。密云水库蓄水量创历史新高，最高达 35.79 亿 m^3，全市森林覆盖率达 44.6%，平原地区森林覆盖率达 31.0%，森林蓄积量达到 2 690 万 m^3；城市绿化覆盖率达 49.0%，人均公园绿地面积为 16.6 m^2。2024 年 1 月，北京市成功创建“国家森林城市”，截至 2023 年 12 月，平谷区、朝阳区、门头沟区、怀柔区、密云区、延庆区 6 区获评生态文明建设示范区，昌平区、丰台区、平谷区、延庆区、怀柔区、密云区、门头沟区 7 区成功创建“绿水青山就是金山银山”实践创新基地。

推进机构优化设置，完善生态文明制度体系。北京市成立市委生态文明建设委员会，加强党对生态文明建设和大气污染防治工作的领导；开展综合执法改革，优化执法效能；成立“环保警察”，打击环境违法行为。出台超过 180 项改革方案，构建八方面制度体系，如自然资源资产产权制度、国土空间开发保护制度、资源总量管理和全面节约制度等。

坚持绿色低碳发展。发展资源消耗少、环境污染小的“高精尖”产业，第三产业比重达 83.8%；聚焦能源、建筑、交通等领域推进碳减排，2021 年万元 GDP 碳强度约为 0.41 t，比 2015 年下降 28%以上。积极推行碳交易，并承建全国温室气体自愿减排交易中心。

深入打好污染防治攻坚战。2017 年年底实现全市平原地区基本“无煤化”，机动车排放结构不断优化，新能源车保有量达 50.6 万辆，国五及以上排放标准车辆占比超过 70%。持续强化河长制，深入实施市总河长令，排查出的 1 000 余条小微水体全部完成治理，全市优良水体比例达 75.7%。全面实践“以水开路、用水引路”，永定河、潮白河等五大主干河流 26 年来全部重现“流动的河”并贯通入海，全市河流、水库等健康水体占比达 85.8%。精细开展外调水、本地地表水、地下水、再生水、雨洪水联合调度。严格管控农用地、建设用地土壤环境，化肥农药持续减量，化肥利用率、农药利用率分别从 2015 年的 29.80%、39.80%提高到 2021 年的 40.80%、45.52%，农作物病虫害绿色防控覆盖率达 74.79%，统防统治覆盖率达 54.65%。

强化“两线三区”的空间管控。印发实施《北京市生态控制线和城市开发边界管理办法》，以资源环境承载力为硬约束，划定生态控制线和城市开发边界，将市域空间划分为生态控制区、集中建设区和限制建设区，实现“两线三区”的全域空间管制。全市划定生态控制线面积占比达 73%，其中，生态保护红线超过全市面积的 26%，实施最严格的管控，原则上禁止城镇化和工业化活动。建立自然保护地体系，实施两轮百万亩造林绿化工程，恢复建设一批湿地。

推动生态涵养区生态保护和绿色发展。生态涵养区包括门头沟区、平谷区、怀柔区、密云区、延庆区，以及昌平区和房山区的山区，土地面积为 1.1 万 km^2，占全市的 68%。2018 年开始北京市先后制定《关于健全生态保护补偿机制的实施意见》《关于推动生态涵养区生态保护和绿色发展的实施意见》《北京市生态涵养区综合性生态保护补偿政策》《北京市生态涵养区生态保护和绿色发展条例》等文件，建立平原区与生态涵养区结对协作机制、生态涵养区综合性生态保护补偿机制等，鲜明提出“把守护好绿水青山当作生态涵养区的头等大事”“不让保护生态环境的吃亏”的功能导向，支持生态涵养区探索“绿水青山”向“金山银山”转化的路径。聚焦百花山等自然保护地、密云水库等重要水源地出台相关规划和方案，围绕世园会、冬奥会等重大活动落地谋划会后利用，积极探索建立生态产品价值实现机制，延庆、门头沟、平谷、密云等区率先开展 GEP 分区核算，丰富生态产品价值实现路径和实践基础。加快宜居宜业宜游新发展，在筑牢首都生态安全屏障的同时，加快“绿水青山”向“金山银山”转化。

加快形成绿色生活方式。积极推行“光盘行动”“绿色出行”；通过碳普惠项目鼓励公众积极践行绿色低碳出行。积极推行垃圾分类，节约型机关、绿色商场等绿色生活创建行动全面铺开。

（2）天津市生态文明建设

天津市深入贯彻习近平生态文明思想，践行“绿水青山就是金山银山”理念，从京津冀协同发展的大环境、大生态、大系统着眼，高标准谋划建设绿色生态屏障，完善城市布局，推动城市发展绿色转型。“十三五”期间天津市大气环境质量持续稳定向好，全市（16 个国控点位）$PM_{2.5}$ 年均浓度降至 48 $\mu g/m^3$，较“十二五”时期末下降 31.4%，重污染天数 11 天，较“十二五”时期末减少 15 天。水环境质量实现历史性好转，20 个地表水国控断面中，优良水质比例达 55%，较“十二五”时期末提高 30.0 个百分点，劣Ⅴ类水质断面首次“清零”，较“十二五”时期末下降 65 个百分点；城市建成区全部消除黑臭水体；12 条入海河流全部消劣。近岸海域水质得到突破性改善，优良水质比例达 70.4%，较“十二五”时期末提高 62.6 个百分点。土壤环境质量始终保持良好，受污染耕地安全利用率达 91%，污染地块安全利用率达 100%。噪声环境质量状况保持稳定。危险废物安全处置率保持在 100%。辐射环境质量总体情况良好。生态状况由“十二五”时期末的“一般”提升到“十三五”时期末的“良好”。超额完成国家下达的减污降碳任务，化学需氧量、氨氮、二氧化硫、氮氧化物污染物排放总量较“十二五”时期末分别下降 16.8%、18.5%、31.1%、29.4%，单位地区生产总值（GDP）、二氧化碳排放强度较“十二五”时期末下降超过 23%。西青区、蓟州区、宝坻区获评生态文明建设示范区，蓟州区、西青区辛口镇和王稳庄镇成功创建“绿水青山就是金山银山”实践创新基地。

推进生态文明体制改革，加快完善生态环境治理体系。制定生态环保责任清单，完善市级生态环保督察机制，建立群众有奖举报制度。保持“一年至少一部生态环保法规”的节奏，制定修订 6 部法规、20 余项地方标准，严厉打击生态环境违法犯罪行为。建立实施“三线一单”生态环境分区管控体系，实施生态环境损害赔偿制度，签订实施引滦入津上下游横向生态补偿协议，重点污染源在线监测基本实现全覆盖。不断提升环境治理效能，强化环保执法监管，2021 年立案 1 854 起，下达行政处罚决定 1 101 起，共处罚款 1.13 亿元，移送行政拘留案件 12 件、环境污染犯罪案件 11 件。

坚定不移调结构、促转型，推动绿色发展、高质量发展。集中破解“钢铁围城”“园区围城”，全市关停 3 家钢铁企业，整合取缔 246 个工业园区，分类整治 2.2 万家“散乱污”企业。完成 120 万户散煤取暖清洁化治理，改燃并网 1.1 万余台燃煤锅炉，实现平原地区散煤取暖、65 蒸吨以下燃煤锅炉基本清零，减少煤炭消费总量 11.5%。推动“散改集”“公转铁”，天津港全面停止接受“汽运煤”、国三及以下柴油货车集疏港，铁矿石等大宗货物铁路运输比例从 2016 年的 25%提高到 2021 年的 65%。在全国率先出台碳达峰碳中和促进条例，制定实施 118 项重点任务措施清单，绿色转型步伐不断加快。

坚定不移治污染、减排放，推动生态环境质量持续改善。建立大气污染防治网格化管理平台，实现住建、城管、交通、交管、气象、生态环境等方面信息数据实时共享，发挥平台监督、预警、指挥、考核等作用。坚持控煤、控车、控尘、控污、控新建项目污染“五控”治气，综合运用法律、经济、科技、行政“四个手段”，推行管理无死角、监察无盲区、监测无空白的网格化“三无管理”。推动燃气锅炉完成低氮改造，钢铁行业完成超低排放改造，火电、石化等 25 个重点行业完成深度治理，淘汰近百万辆黄标车、老旧车，强化施工工地“六个百分之百”控尘措施。加强城镇污水处理能力提升，农村、工业园区基本实现污水处理设施全覆盖。实行“一河一策”治理入海河流，规范整治 1 035 个入海排口。全面完成农用地土壤状况详查和质量类别划分，持续推进重点行业企业用地采样调查，建立受污染农用地、建设用地名录库，严格实施风险管控。更加聚焦群众身边的突出生态环境问题，制定实施深入打好污染防治攻坚战“1+3+8”行动方案。

持续加强生态保护与修复，提升生态系统质量和稳定性。划定并严守生态保护红线，持续开展“绿盾”自然保护地强化监督专项行动。实施“871”重大生态保护修复工程，升级保护 875 km^2 湿地自然保护区；启动建设 736 km^2 双城间绿色生态屏障，实施造林绿化、环境治理等“十大工程”；稳步提升 153 km 渤海近岸海域岸线生态功能，实施“蓝色海湾”整治修复规划，着力扩大生态空间和环境容量。

持续推进渤海综合治理。天津市 2018 年 7 月出台《天津市打好渤海综合治理攻坚战三年作战计划（2018—2020 年）》，2019 年 5 月印发《天津市打好渤海综合治理攻坚战强化作战计划》。成立了市委书记和市长领衔挂帅的渤海综合治理攻坚战指挥部，统筹推动重点任务和重大工程，研究解决重点、难点问题。将渤海综合治理纳入市委成立的生态环境保护驻区督办检查工作范围，12 个督办检查组常年驻守各区。建立实施湾长制，强化与“河长制”的衔接和联动，形成了“全面覆盖、分级履职、网格到源、责任到人”的海湾监管新模式。同时，天津市坚持陆海统筹、河海共治、标本兼治。在陆源污染治理上，紧紧抓住入海河流和入海排污口两个关键，全市 12 条河流“一河一策”，“控源、治污、扩容、严管”并举，推行工业废水、城镇生活污水、农业农村污水一体治理。深入开展入海排污口“查、测、溯、治、罚”专项行动。在海域污染治理上，深入推进港口、船舶、海水养殖和海洋垃圾等涉海污染源防治。强化治污的同时，推进海岸带生态修复。实施“蓝色海湾”整治修复规划，全面开展岸线岸滩综合整治，滨海湿地修复面积达 531.87 hm^2，整治修复岸线 4.78 km；大力养护海洋生物资源，严格落实海洋伏季休渔制度。

抓好京津冀区域协同治理任务。主动参与，积极推动，认真落实京津冀协同发展重大战略部署，与京冀两地生态环境部门密切联系，签订实施《生态环保合作专项协议》《环境保护率先突破合作框架协议》，不断推动生态环境联建联防联治，加强区域应急响应会商、监测数据和治理经验共享、联合执法等协作。坚持“同呼吸、共命运”，打破地域限制，采用集团式作战方式，统筹推进区域结构调整、污染减排，建立未来三天环境空气质量精细化预报和七天污染潜势预测平台，每天交换预报信息、每月交换空气质量监测数据。建立重污染天气联合会商机制，在遇重污染天气时统一启动应急、同步发布预警、联合采取减排措施，共同应对区域污染，实现重污染过程“削峰降速”，不断深化大气污染治理。强化执法协同，建立京津冀环境执法联动工作机制，从定期会商、联动执法、联合检查、联合督查和信息共享等方面，推进联合执法。流域水污染协同治理方面，三地协调共保饮用水安全，连续签订实施两轮《引滦入津上下游横向生态补偿协议》，有力促进了引滦入津上游地区污染治理。同时，加强重点河流协同治理和突发水污染事件应急联动，共同签订《水污染突发事件联防联控机制合作协议》《跨省流域上下游突发水污染事件联防联控框架协议》，开展联合应急演练，提升应对突发水环境事件协同指挥、联合行动、应急处置的能力。

3.1.2 长江口—杭州湾区

（1）上海市生态文明建设

上海市坚决贯彻落实习近平生态文明思想，坚定不移地走生态优先、绿色发展之路，坚持“抓环保、促发展、惠民生”工作主线，积极探索“绿水青山就是金山银山”与“人民城市人民建、人民城市为人民”等重要理念的深度融合与实践，实现了从补短板到提品质、从重点治理到综合整治、从重末端到全过程防控的转变，生态环境质量明显改善，人民群众的满意度、获得感明显增强。2020 年，上海的细颗粒物（$PM_{2.5}$）年均浓度再创新低，为 32 μg/m^3，较 2015 年下降 36.0%；环境空气质量指数（AQI）优良率为 87.2%，较 2015 年上升 11.6 个百分点；全市森林覆盖率达 18.49%，人均公园绿地面积达到 8.5 m^2。全市化学需氧量、氨氮、二氧化硫和氮氧化物等 4 项主要污染物排放量分别较 2015 年削减 68.1%、38.1%、46.6%和 28.2%。公众对上海生态环境的满意率为 78.1 分，较 2015 年有了显著提升。青浦区入选生态文明建设示范区，漕泾镇获“绿水青山就是金山银山”实践创新基地称号。

建立健全综合协调机制，形成整体合力。早在 2003 年，上海市政府就成立了由市长任主任、分管副市长任副主任、各委办局和区县政府为成员单位的环境保护和环境建设协调推进委员会，建立了目标责任、多层次协调、考核评估等工作机制，形成“责任明确、协调一致、有序高效、合力推进”的工作格局，成为地方环境保护领导和管理体制的一个创举，也成为多部门协同推动环保工作的重要基础。2019 年，在原委员会机制的基础上，成立市生态环境保护和建设工作领导小组，由市委副书记、市长任组长，分管副市长任副组长，并新增市委组织部等多家成员单位。2020 年 8 月，市委、市政府设立上海市生态文明建设领导小组，全面加强全市生态文明建设和生态环境保护工作的统一领导。领导小组办公室设在市生态环境局，以生态环境保护规划和环保三年行动计划为重要载体，负责全市生态文明建设和生态环境保护综合性工作的统筹协调和实施推进；领导小组办公室下设若干专项工作组，包括政策法规、水环境保护、大气环境保护、土壤（地下水）环境保护、固体废物污染防治、工业绿色发展和污染防治、农业农村环境保护、生态建设和保护、循环经济、生态环境损害赔偿、生态文明宣传等领域，相关委办局任专项工作组组长单位，负责组织协调全市生态文明建设和生态环境保护专项领域工作实施推进。

坚持问题导向，与时俱进滚动推进。在综合协调推进机制下，上海市按照“四个有利于”（有利于城市功能的提升、有利于产业结构的调整、有利于生态环境的优化、有利于市民生活质量的改善）和“三重三评”（重治本、重机制、重实效，社会评价、市民评判、数据评定）的指导原则，持续滚动实施了八轮环保三年行动计划，从“标本兼治”、末端污染治理为主逐步向“治本为先”、更加注重结构布局优化调整等源头防控转变，更加注重将环境保护融入社会经济发展全局，从经济发展、能源消耗、产业布局结构、生产生活方式等源头着手控制污染，坚持“在发展中保护，在保护中发展”，工作重点逐步向源头预防、全过程监管和积极推进减污降碳、绿色发展转变。坚持机制创新、制度创新和政策创新，逐步形成了“以法律法规为保障，以标准规范为工具，以政策激励为引导，以技术保障为基础，以执法监管为手段”的多手段、全方位的环境管理体系。

持续发力，深入打好污染防治攻坚战。在蓝天保卫战方面，上海市在 2017 年年底全面取消分散燃煤的基础上，全面完成中小燃气（油）锅炉的提标改造，燃煤电厂全面实现超低排放；累计完成工业企业挥发性有机物综合治理 3 262 家；实现车用柴油、普通柴油、部分船舶用油“三油并轨”，上海港率先实施船舶低排放控制措施；淘汰高污染车辆、非道路移动机械污染治理等走在全国前列。在碧水保卫战方面，全面完成水源保护区排污口调整；全面落实河（湖）长制，实施“一河一策”，建立市-区-街镇三级河长体系。3 158 条段河道 2018 年年底全面消除黑臭，4.73 万个河湖 2020 年年底基本消除劣Ⅴ类。在净土保卫战方面，完成农用地土壤详查和类别划定工作，在全国率先完成重点企业用地基础信息调查，发布《上海市建设用地土壤污染风险管控和修复名录》，完成南大、桃浦等重点区域土壤修复试点。在垃圾分类攻坚战方面，在全国率先出台实施《生活垃圾管理条例》地方性法规，推动垃圾分类成为社会新时尚，取得超预期成效。

引领生产生活方式绿色转型，大力推进“无废城市”建设。按照生态文明建设要求，对各级政府及相关部门推进“无废城市”建设情况进行综合评估，督促各级政府全面履行好法定职责。推动形成“全生命周期”的智慧监管，加强对建筑垃圾的综合治理，提升装修垃圾和拆房垃圾的资源化利用水平，推动产品应用。同时，在全市范围内不留网格化监管的死角和盲区，针对重点区域组织全面摸排和专项治理，彻底清除拆房垃圾、装修垃圾和工程渣土等违规违法堆放问题。以“严执法”倒逼“真落实”，督促各级政府依法勤勉治理，不断推动“无废城市”建设往实处抓、往深处走。

（2）浙江省生态文明建设

改革开放初期，浙江省就已经意识到保护环境的重要性，开始把生态环境治理作为一项重要任务。20 世纪 80 年代初，开展了“绿化荒山、改造疏林山”的活动；1983—1985 年，浙江省对钱塘江河源等进行考察，加强了环境监测，并建立了酸雨数据库。1983 年年底，浙江省通过了针对水系生态环境治理的一系列法律法规；1988 年关停了许多污染严重的企业；1989 年全面推行治理乡镇企业污染工作，开始实行各级政府任期内环境保护目标责任制、城市环境综合整治定量考核制，提出了“两年准备，五年消灭荒山，十年绿化浙江”的规划目标。但这一阶段的生态环境治理还处在初级阶段，主要是针对污染采取相应的措施，没有形成体系。进入 21 世纪后，浙江省采取一系列生态环境治理措施，例如，开展四轮“811”专项整治行动、“四边三化”行动、对高污染、高能耗产业进行转型升级行动，以及对农村环境进行连片整治专项行动等，生态文明建设取得了长足进步。2007 年是浙江省生态环境质量发生根本性转变的一年，在此之后，浙江省的生态环境建设一直保持着良好的发展势头，生态文明指数一直位居全国前列。《中国省域生态文明建设评价报告（2011）》显示，浙江省的生态文明指数在全国位列第三名。2017 年，我国首次公布了 2016 年度各个省区的绿色发展指数，根据国家颁布的《生态文明建设目标考核评价办法》《绿色发展指标体系》和《生态文明建设考核目标体系》的要求，浙江省的绿色发展指数位居全国第三。同时，浙江省的生态环境状况指数也居于全国前列，位居第二。34 个市、区（县）获生态文明建设示范区荣誉称号，10 个市、区（县）获“绿水青山就是金山银山”实践创新基地称号。

浙江省的生态文明建设成就离不开浙江省在生态文明建设方面的积极探索，为了实现“绿色浙江”的目标，浙江省采取了一系列行之有效的措施：

建立国家公园体制，探索全新的自然保护体系。国家公园是一种在保护生态系统完整性方面的创新模式，将传统自然保护区对自然生态环境的保护和风景旅游区对自然生态环境的展示开发两者有效结合，使生态自然系统、生态文化系统和生态经济系统得到协调发展。其中，保护生态系统的完整性是首要目标。浙江省开化县的钱江源国家公园建设是一个典型的例子，为我们提供了一个难得的样本。

浙江省开化县具有十分丰富的自然资源，森林覆盖率高，是一个宝贵的生物基因宝库。开化县还具有深厚的文化底蕴，根雕文化、钱江源文化、龙顶茶文化、红色文化等都汇聚于此。此外，开化县的生态产业也颇具规模，生态旅游、生态农业、生态工业的发展都比较迅速，一些战略性新兴产业，如硅材料高新技术产业等都取得了良好发展。丰富的自然资源、文化资源和生态经济资源为开化县建立国家公园试点奠定了基础。在建设过程中，为了更好地促进国家公园体制发展，开化县进行了一些改革：一是建立了统一管理机构。只建立钱江源国家公园管委会这一个管理机构进行集中统一管理，建立统一管理标准，大大提高了管理的质量与效率。二是寻求跨省合作。钱江源国家公园与邻近的安徽省与江西省都签订了合作保护协议，确定了跨区域合作的范围。开化县的国家公园体制探索，突破了过去的自然保护区模式对自然生态环境的封闭式被动保护，也突破了风景旅游区对自然生态环境的过度开发，建立了统一的管理机构，寻求跨省域合作，使生态自然系统、生态文化系统和生态经济系统得到协调发展，具有很重要的推广价值。

加强对人民群众的宣传教育。生态文明建设是一项复杂的、系统的社会性工程，涉及社会生活方方面面，仅依靠政府是不行的，必须将人民群众作为生态文明建设最根本的依靠力量。要调动广大人民群众的积极性，必须加强对人民群众的宣传教育，培育生态文化，大力传播生态理念，培育生态道德。

浙江省湖州市安吉县十分尊重农民的主体地位，重视对农民的生态文明观教育，并开展了全县生态文化节、建设生态文明村、创办绿色学校等活动。除了开展活动，安吉县选择对一些条件较好的村庄进行集中整治，让农民体会到实实在在的好处，让他们自觉参与到生态文明建设当中来。浙江省临安市把社会各个阶层、各个群体作为生态文明建设的最活跃的因素和最坚实的社会力量，不仅重视全方位的舆论宣传，营造保护生态环境的氛围，还十分重视对保护生态环境的宣传教育，利用教育手段普及环保知识，提高人民群众节约资源和保护环境的自觉性。浙江省湖州市利用“创建国家环保模范城市”“生态市建设”的契机，大力开展绿色学校、绿色社区、绿色企业等绿色系列创建活动。湖州市不同部门利用不同的方式，通过不同的层面，全方位、多领域地宣传生态文明理论知识，并且取得了良好的效果。

转变经济发展方式，发展绿色低碳循环经济。转变经济发展方式，大力发展绿色低碳循环经济，是建设生态文明最基本的途径和方式。浙江省在 2002 年 6 月提出了“绿色浙江”目标，2003 年 7 月，时任浙江省委书记习近平把打造“绿色浙江”纳入了“八八战略”，把生态环境保护上升到绿色发展的战略层面。“绿色浙江”的发展目标，要求坚持绿色发展，走资源低消耗、污染低排放、生产方式循环、经济效益高、环境效益高、社会效益高的“两低一循环三高”绿色发展之路。浙江省转变经济发展方式是基于浙江省现状的必然选择，浙江省是一个资源小省，不支持发展传统高污染、高能耗的产业，但是浙江省森林覆盖率高、生态环境较好。发展绿色低碳循环经济是扬长避短，是贴合浙江省实际的发展策略。浙江省坚持走资源节约型、环境友好型社会的发展道路，狠抓四轮“811”专项行动，整治提升高污染、高能耗产业，发展节能环保产业，基本形成了绿色低碳循环的产业链。

浙江省湖州市安吉县是我国的首个国家生态县，它的发展模式完美兼顾了生态环境建设与民生建设，并且把二者有机结合起来。20 世纪 80 年代，安吉县为了改变贫穷落后的局面，引进了一些如造纸厂、化工厂等资源消耗型企业。在短期内大大提高了安吉县的经济实力，让安吉从贫困县变成了小康县，摘掉了贫困的帽子。但是，粗放型的经济发展模式极大地破坏了安吉县原本山清水秀的自然环境，甚至安吉县还被列为水污染重点治理区域。安吉县痛定思痛，认识到自然环境才是他们最大的优势，所以着手治理生态环境。2001 年提出了生态立县的战略，将毛竹与白茶作为其支柱产业，对毛竹进行深加工，增加毛竹的附加值；积极打造自己的白茶品牌，挖掘白茶文化，并取得了不错的发展，毛竹与白茶成为安吉县最赚钱的两个行业。并且通过毛竹与白茶的大量种植，生态功能也凸显出来，秀丽的环境与清新的空气吸引了一大批游客，带动了旅游业的发展。安吉县的发展真正做到了在改善生态环境的同时发展了经济，改善了民生。

利用市场机制调节资源环境配置。随着资源环境产权界定技术的进步，利用市场机制调节资源环境的可能性越来越大，浙江省在这方面走在了全国前列。浙江省率先进行市场化改革，运用市场机制来调节资源环境的配置，例如，实行生态补偿制度、排污权有偿使用制度、水权交易制度，在一定程度上改变了以政府为主导配置资源环境的局面。在生态补偿制度建设方面，浙江省杭州市在 2005 年 6 月颁布了政府令，对生态补偿机制作出了具体规定，还设计了一整套生态补偿标准评价体系。2007 年 4 月，印发了《钱塘江源头地区生态环境保护省级财政专项补助暂行办法》。2005 年 8 月，浙江省人民政府颁布了《关于进一步完善生态补偿机制的若干意见》，对生态补偿制度进行了详细的规定并不断推进其发展，走在了全国前列。浙江省的排污权有偿使用制度于 2009 年开始在省级层面推广，同年出台了《关于开展排污权有偿使用和交易试点工作的指导意见》，2010 年又相继出台了《浙江省排污许可证管理暂行办法》和《浙江省排污权有偿使用和交易试点工作暂行办法》，在很大程度上推动了经济结构调整和产业升级。浙江省水权交易最早是在缺水的义乌市进行的，义乌市出资 2 亿元购买东阳市横锦水库约 5 000 万 m^3 水资源的永久使用权。水权交易制度利用市场机制实现了对水资源的优化配置，提高了水资源的利用效率。生态补偿制度、排污权有偿使用制度、水权交易制度都是利用市场机制进行环境资源配置，有效地弥补了以政府为主导配置资源的缺陷，提高了资源配置效率，是生态环境治理的创新举措。

（3）江苏省生态文明建设

江苏省始终坚持贯彻落实习近平生态文明思想，在经济快速发展、城镇化率持续提升、人民生活水平不断提高的情况下，全省生态环境质量加快由局部好转向整体好转迈进。

“十三五”时期，全省二氧化硫、氮氧化物、化学需氧量、氨氮 4 项主要污染物减排以及碳排放强度下降超额完成国家考核目标。2020 年，全省 $PM_{2.5}$ 平均浓度为 38 μg/m^3，较 2015 年下降 30.9%，优良天数比例为 81%，上升 8.9 个百分点；国考断面优良比例达 87.5%，所有重点断面均消灭劣Ⅴ类，长江干流水质稳定为优，在首轮国家污染防治攻坚战考核中获得优秀等次。建成生态文明建设示范区 22 个、“绿水青山就是金山银山”实践创新基地 4 个。

突出解决历史形成、长期困扰的生态环境问题。以中央生态环境保护督察反馈问题整改为契机，启动实施力度更大、针对性更强的“两减六治三提长”（简称“263”）专项行动。2018 年，在全国率先成立打好污染防治攻坚战指挥部。“十三五”期间，全省依法关停取缔各类“散、乱、污”企业，处置“僵尸企业”。完成火电、钢铁企业超低排放改造，压缩煤炭消费总量，积极推广新能源汽车。

积极推进基础工程建设。大力推动生态环境监测监控系统、基础设施、标准体系“三个基础性工程”建设。新建污水管网、提升城镇污水处理能力和生活垃圾焚烧处理能力，建成覆盖全省的 $PM_{2.5}$ 和 VOCs 网格化监测系统，重点乡镇空气自动监测、重点排污单位用电监控实现“全覆盖”；发布地方生态环境标准 25 项，《江苏省生态环境监测条例》成为该领域首部地方性法规，为依法治污、科学治污、精准治污提供了有力支撑。

不断强化制度创新建设。在全国率先划定省级生态保护红线，配套出台监管考核和生态补偿办法；率先开展排污权有偿使用和交易试点，发挥市场机制有效调配环境资源；率先推行水断面“双向”补偿，运用经济杠杆激发各地治污动力；率先实施企业环保信用评价，配套实施差别水价电价政策；率先启动生态环境损害赔偿制度改革；率先建成污染防治综合监管平台，省、市、县、乡四级贯通，政府相关部门全联通，纪委监委全流程嵌入式再监督，压紧压实“党政同责、一岗双责”。

3.1.3 北部湾湾区

北部湾湾区内南宁、北海、钦州、防城港、玉林、崇左、湛江、茂名、阳江、海口、儋州、东方、澄迈、临高和昌江等市（县）及其所在的广东、广西和海南等3个省（自治区）均积极践行生态文明建设。以广西为例，介绍北部湾湾区生态文明建设情况。

“十三五”时期以来，广西生态环境系统深入贯彻落实中央生态文明建设总体部署，以习近平总书记对广西的重要指示精神统揽全局，全力以赴打好污染防治攻坚战。2021 年，全区城市环境空气质量优良天数比例为95.8%，地表水考核断面水质优良比例达97.3%，近岸海域优良水质面积比例达 92.6%，入海河流 11 个断面消除劣Ⅴ类水质。全年无土壤污染环境事故发生。连续8年未发生较大及以上级别突发环境事件。全区森林覆盖率达62.5%，草原综合植被盖度达 82.8%，声环境质量昼间、夜间总达标率分别为 96.5%、84.9%。全面完成造林种草目标任务，植树造林、石漠化综合治理、草原种草面积分别达到306.17万亩①、36.7万亩、5 万亩。13 个市、区（县）获生态文明建设示范区称号，巴马瑶族自治县、南宁市邕宁区、龙胜各族自治县、金秀瑶族自治县获“绿水青山就是金山银山”实践创新基地称号。

完善生态文明建设，构建广西特色生态文明制度体系。制定《广西生态文明体制改革实施方案》，构建自然资源资产产权制度、国土空间开发保护制度、空间规划体系、资源总量管理和全面节约制度、资源有偿使用和生态补偿制度、环境治理体系、环境治理和生态保护市场体系、生态文明绩效评价考核和责任追究制度等组成的产权清晰、多元参与、激励约束并重、系统完整的广西特色生态文明制度体系。组建生态环境保护委员会，加强生态环境保护工作的组织领导和统筹协调，建立自治区有关部门生态环境保护责任清单，实施《广西壮族自治区贯彻落实〈党政领导干部生态环境损害责任追究办法（试行）〉的实施细则》《广西污染防治攻坚战成效考核实施方案》，引导各级党政领导干部树立正确的政绩观。完善环境保护的规章规范体系，制定颁发了一系列地方环保法规规章和规范性文件，包括保护和改善环境质量的《环境保护条例》《饮用水水源保护条例》《大气污染防治条例》、规范自然资源开发的《矿产资源管理条例》等，统筹推进山水林田湖草的系统保护、系统治理。坚持“守底线、优格局、提质量、保安全”的总体思路，建立覆盖全区的“生态保护红线、环境质量底线、资源利用上线和生态环境准入清单”分区管控体系，实行分区管控、差别准入，加快形成全区节约资源和保护生态环境的空间格局、产业结构、生产方式和生活方式，推动全区更快实现环境治理体系和治理能力现代化，初步建成全区生态空间管控体系。

扎实推进环境治理，深入打好污染防治攻坚战。深入实施大气污染防治攻坚，开展春

① 1 亩=1/15 hm^2。

季攻坚行动、夏季臭氧污染防治专项行动、秋冬季综合治理行动，持续实施大气污染物重点减排工程，划定设区市秸秆禁烧区。累计淘汰燃煤小锅炉，淘汰铁合金、砖瓦、煤炭等过剩产能，15 台燃煤电厂机组实现超低排放，风、光、水等可再生能源发电装机容量不断加大，2020 年年底达到 2 410.5 万 kW；淘汰黄标车和老旧车辆 45.45 万辆；有效控制城市工地和道路的扬尘、秸秆焚烧污染、烟花爆竹燃放污染以及餐饮油烟排放。大力推进水污染防治攻坚，统筹推进漓江、南流江、九洲江、钦江等重点流域保护和治理，全面取缔不符合产业政策的“十小”企业，90%以上的工业集聚区实现污水集中处理；县级以上饮用水水源地完成 1 122 个环境问题的整治，划定 334 个“千吨万人”集中式饮用水水源保护区；全区 70 段城市黑臭水体经过整治基本消除；西江流域实行水污染防治联动协作。稳步推动土壤污染防治，高标准完成农用地土壤污染详查，建立建设用地土壤污染风险管控和修复名录；持续推进重金属污染物减排，累计完成重金属减排项目 118 个，完成 17 个土壤污染治理与修复技术应用试点，河池市土壤污染综合防治先行区建设经验在国家层面得到推广；累计完成农用地安全利用面积 889 万亩，污染地块安全利用率达 100%。实施危险废物专项整治三年行动，强化危险废物环境监管。扎实推进城镇污水垃圾处理、重点排污企业和养殖业污染治理等重点减排项目，持续推进生活垃圾无害化处理设施建设，城镇生活垃圾实现 100%无害化处理；划定畜禽养殖禁养区，畜禽养殖粪污综合利用率达 85%以上。

优化调整产业与能源结构，稳步控制二氧化碳排放增长。大力调整产业结构，重点培育发展生物医药、新材料、新能源、节能环保、新一代信息技术、新能源汽车、生物农业、先进装备制造、海洋、健康养生等十大战略性新兴产业；积极引导各地结合实际确立主导产业；推动传统产业转型升级，持续壮大先进制造业和战略性新兴产业，积极打造汽车、电子信息等工业产业集群；积极发展核电和可再生能源，大力推广应用新的工业节能技术，加大对企业技术改造的支持力度，采取“上大压小”、不断淘汰落后产能等举措，推动工业节能降耗；印发《广西节能减排降碳和能源消费总量控制“十三五”规划》《广西“十三五”控制温室气体排放工作实施方案》，每年发布能耗双控及控制温室气体排放工作要点，分解落实重点任务；积极推动召开自治区应对气候变化及节能减排工作领导小组会议，定期召开厅际联席会议，研究部署重点工作；出台《广西 2019—2020 年降碳工作推进方案》《推进广西“十三五”控制温室气体排放工作攻坚行动方案》，多措并举控制二氧化碳排放过快增长。

协同推进跨区域治理，环境保护领域国际合作逐步加深。开展粤桂两省区联合执法、多部门联动执法，有效打击跨省非法转移、处置和倾倒废物行为；建立健全环境污染联防联控和应急联动机制，分别与粤、湘、滇、贵等周边省签订跨界水污染联防防控协作框架协议，粤桂两省区九洲江流域污染联合治理成功实施，逐步建立健全生态保护补偿长效机制；与泰国、加拿大、日本、韩国等国代表加强友好交往，拓展环保领域对外交流合作；推动建立中越环境治理和应急联动机制，联合防范森林火灾、林业有害生物灾害和边界水污染；参与亚洲开发银行主导的大湄公河次区域核心环境项目和生物多样性保护廊道示范项目二期建设，开展广西中越边境实施生物多样性保护机构能力建设；加强与马来西亚、越南等东盟国家环保技术和产业交流，实现生物多样性保护、城市污水处理、垃圾处理以及沿海、沿江城市水资源保护与管理经验数据的信息共享；开展面向东盟国家的环保技术转移活动，拓宽中国—东盟环保技术转移对接渠道。

3.2 沿海城市群生态环境指标对比分析

本研究综合比较了京津冀城市群、长三角城市群和珠三角城市群三大沿海城市群近年来主要生态环境指标的变化情况。其中，京津冀城市群包含北京市、天津市和河北省各城市；长三角城市群包含上海市以及江苏省、安徽省和浙江省部分城市，合计 27 个城市；珠三角城市群包含广东省内 9 个城市。本研究选取每个城市群中所有城市的中位数代表城市群整体情况。

3.2.1 建成区绿化率

本研究综合比较了三大城市群的建成区绿化率变化趋势（图 3.2-1）。结果表明，2000 年以来，京津冀城市群的建成区绿化率增长幅度最大，从 29%提升至 43%；其次是长三角城市群，从 33%提升至 43%；珠三角城市群从 38%提升至 45%。从空间上看，不同城市的差异较小，2020 年三大城市群中建成区绿化率最低的是上海市（37.32%），最高的是北京市（48.96%）。整体来看，当前三大城市群的总体建成区绿化率比较接近，珠三角城市群略好于长三角城市群和京津冀城市群。

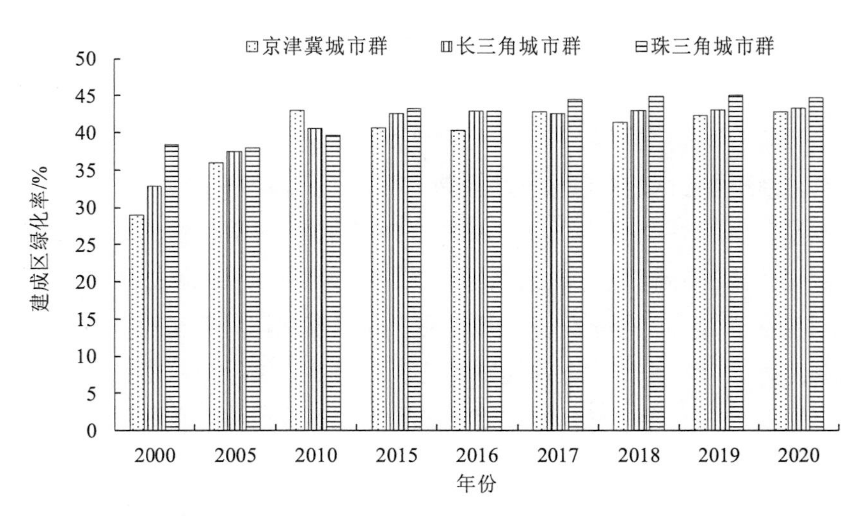

图 3.2-1 三大城市群的建成区绿化率变化趋势

3.2.2 空气环境质量与排放情况

（1）$PM_{2.5}$年均浓度水平

利用每个城市群中所有城市的中位数代表城市群整体情况，综合比较三大城市群 $PM_{2.5}$ 年均浓度的变化趋势（图 3.2-2）。其中，京津冀城市群 $PM_{2.5}$ 年均浓度从 2017 年的 64.7 μg/m^3 降至 2020 年的 48.0 μg/m^3；长三角城市群 $PM_{2.5}$ 年均浓度从 2017 年的 44 μg/m^3 降至 2020 年的 33 μg/m^3；珠三角城市群 $PM_{2.5}$ 年均浓度从 2017 年的 34 μg/m^3 降至 2020 年的 21 μg/m^3。从空间分布上看，京津冀城市群的邯郸、邢台和石家庄等城市 $PM_{2.5}$ 年均浓度较高；珠三角城市群各城市的空间差异较小，均表现为较低的 $PM_{2.5}$ 年均浓度。整体来看，珠三角城市群的大气 $PM_{2.5}$ 年均浓度优于长三角城市群和京津冀城市群，三大城市群的 $PM_{2.5}$ 年均浓度在过去一段时间都呈现出逐渐改善的态势。

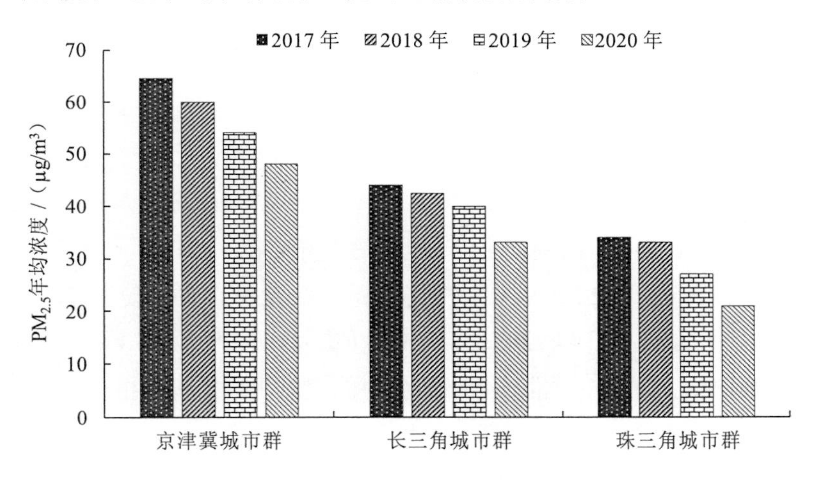

图 3.2-2 三大城市群 $PM_{2.5}$ 变化趋势

（2）二氧化硫排放量

从变化趋势上看（图 3.2-3），京津冀城市群单位 GDP 工业二氧化硫排放量从 2005 年的 78.10 t/亿元降至 2020 年的 1.84 t/亿元；长三角城市群单位 GDP 工业二氧化硫排放量从 2005 年的 59.94 t/亿元降至 2020 年的 1.03 t/亿元；珠三角城市群单位 GDP 工业二氧化硫排放量从 2005 年的 35.21 t/亿元降至 2020 年的 0.53 t/亿元。从空间分布上看，京津冀城市群中的唐山市、邯郸市，长三角城市群的苏州市等城市的二氧化硫排放量相对较高。整体来看，三大城市群的工业二氧化硫排放量大幅降低，排放效率都呈现出显著提升；珠三角城市群优于长三角城市群和京津冀城市群。

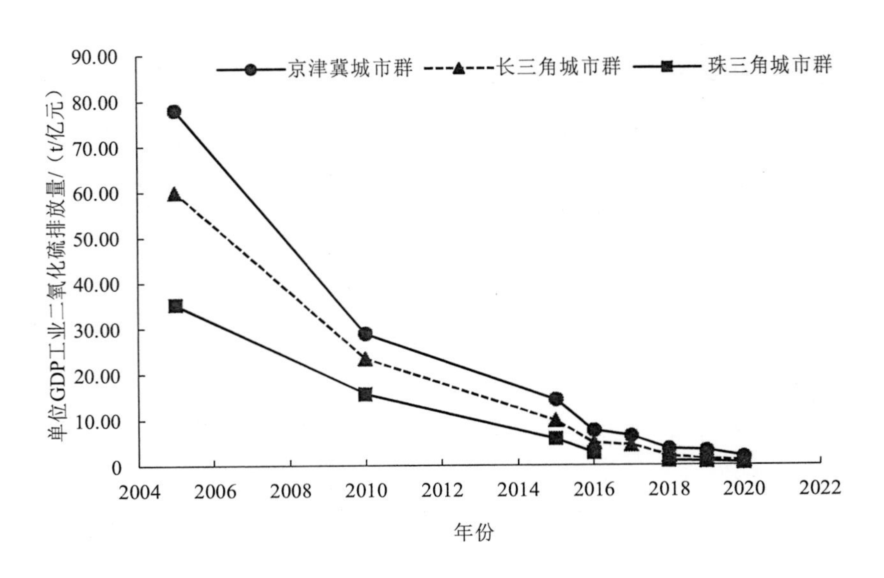

图 3.2-3 三大城市群单位 GDP 工业二氧化硫排放量趋势

（3）氮氧化物排放量

从变化趋势上看（图 3.2-4），京津冀城市群单位 GDP 工业氮氧化物排放量从 2018 年的 6.37 t/亿元降至 2020 年的 4.69 t/亿元；长三角城市群单位 GDP 工业氮氧化物排放量从 2018 年的 3.53 t/亿元降至 2020 年的 2.22 t/亿元；珠三角城市群单位 GDP 工业氮氧化物排放量从 2018 年的 1.91 t/亿元降至 2020 年的 1.18 t/亿元。从空间分布上看，京津冀城市群中的唐山市、邯郸市，长三角城市群的苏州市等城市的氮氧化物排放量相对较高。整体来看，京津冀城市群和长三角城市群的工业氮氧化物排放量大幅降低，排放效率都呈现出显著提升，珠三角城市群保持相对稳定。珠三角城市群的排放效率优于长三角城市群和京津冀城市群。

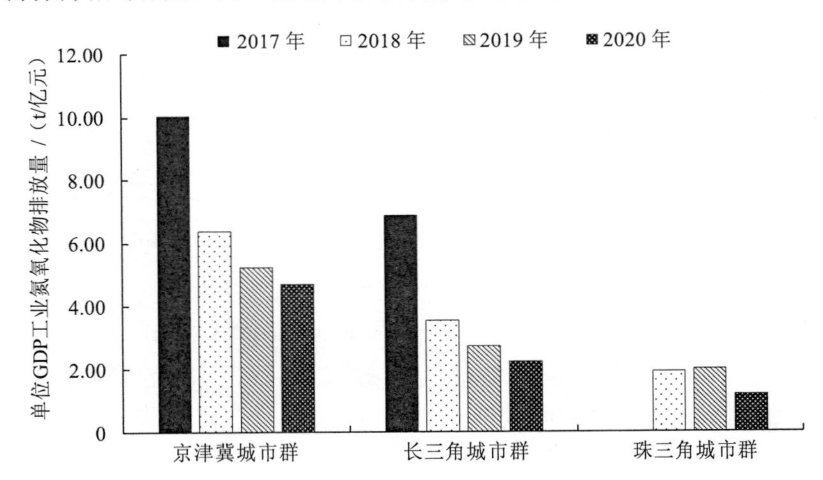

图 3.2-4 三大城市群单位 GDP 工业氮氧化物排放量趋势

3.2.3　废水排放与治理

（1）工业废水排放量

本研究综合比较了三大城市群 2005 年以来的工业废水排放量变化趋势（图 3.2-5）。结果表明，2005 年以来，京津冀城市群的单位 GDP 工业废水排放量从 8.03 万 t/亿元降至 0.67 万 t/亿元；长三角城市群的单位 GDP 工业废水排放量从 13.13 万 t/亿元降至 1.51 万 t/亿元；珠三角城市群的单位 GDP 工业废水排放量从 5.94 万 t/亿元降至 0.96 万 t/亿元。整体来看，2005 年以来，三大城市群的单位 GDP 工业废水排放量都呈现出大幅降低，当前珠三角城市群的排放效率略高于长三角城市群，低于京津冀城市群。

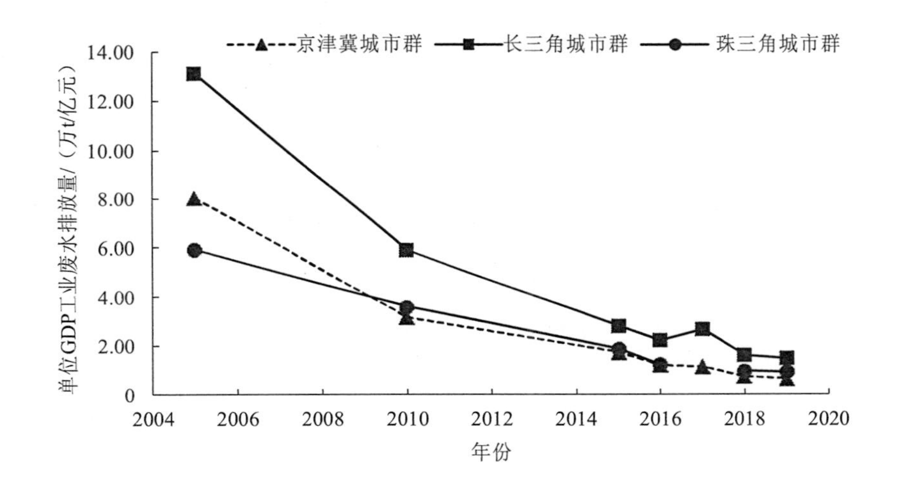

图 3.2-5　三大城市群的单位 GDP 工业废水排放量趋势

（2）污水集中处理率

本研究综合比较了三大城市群污水处理厂集中处理率的变化趋势（图 3.2-6）。选取每个城市群中所有城市的中位数代表城市群整体情况。其中，京津冀城市群污水处理厂集中处理率从 2005 年的 64.0%提升至 2020 年的 98.2%；长三角城市群污水处理厂集中处理率从 2005 年的 72.3%提升至 2020 年的 95.4%；珠三角城市群污水处理厂集中处理率从 2005 年的 52.0%提升至 2020 年的 97.2%。整体来看，三大城市群的污水处理厂集中处理率都得到了大幅提升，同时地区间差异较小。

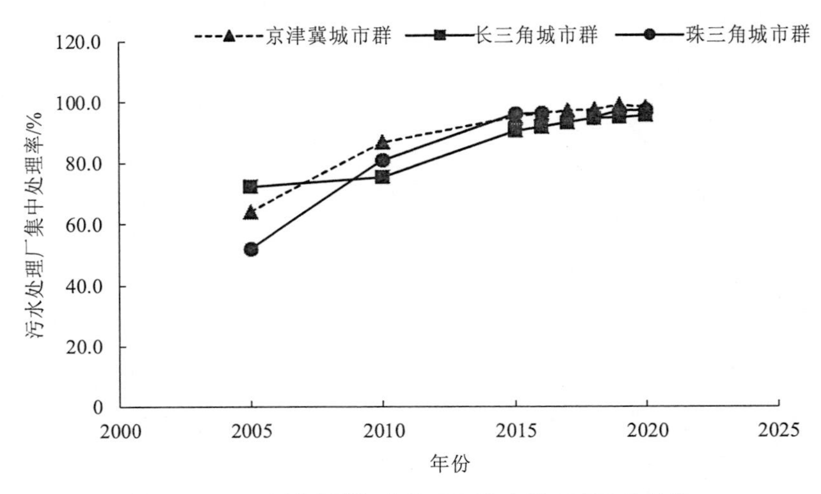

图 3.2-6 三大城市群污水处理厂集中处理率变化趋势

3.2.4 固体废物处理处置情况

（1）一般工业固体废物综合利用率

本研究综合比较了三大城市群一般工业固体废物综合利用率的变化趋势（图 3.2-7）。选取每个城市群中所有城市的中位数代表城市群整体情况。其中，京津冀城市群一般工业固体废物综合利用率从 2005 年的 84.6%降至 2019 年的 71.5%；长三角城市群一般工业固体废物综合利用率从 2005 年以来保持相对稳定，约为 96%；珠三角城市群一般工业固体废物综合利用率从 2005 年以来保持相对稳定，约为 87%。整体来看，长三角城市群的一般工业固体废物综合利用率优于珠三角城市群和京津冀城市群，京津冀城市群的一般工业固体废物综合利用率在过去一段时间出现了下降的态势。

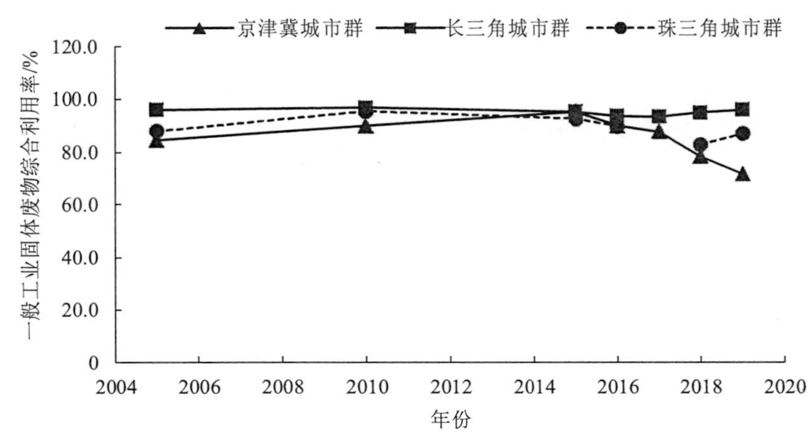

注：由于数据获取的问题，本图暂缺珠三角城市群 2017 年数据。

图 3.2-7 三大城市群一般工业固体废物综合利用率变化趋势

（2）生活垃圾处理率

本研究综合比较了三大城市群生活垃圾处理率的变化趋势（图 3.2-8）。选取每个城市群中所有城市的中位数代表城市群整体情况。其中，京津冀城市群生活垃圾处理率从2005年的91.2%提升至2020年的100.0%；长三角城市群生活垃圾处理率从2005年的95.9%提升至2020年的100.0%；珠三角城市群生活垃圾处理率从2005年的90.0%提升至2020年的100.0%。整体来看，近年来三大城市群的生活垃圾处理率都得到了提升，并且保持在100.0%的水平。

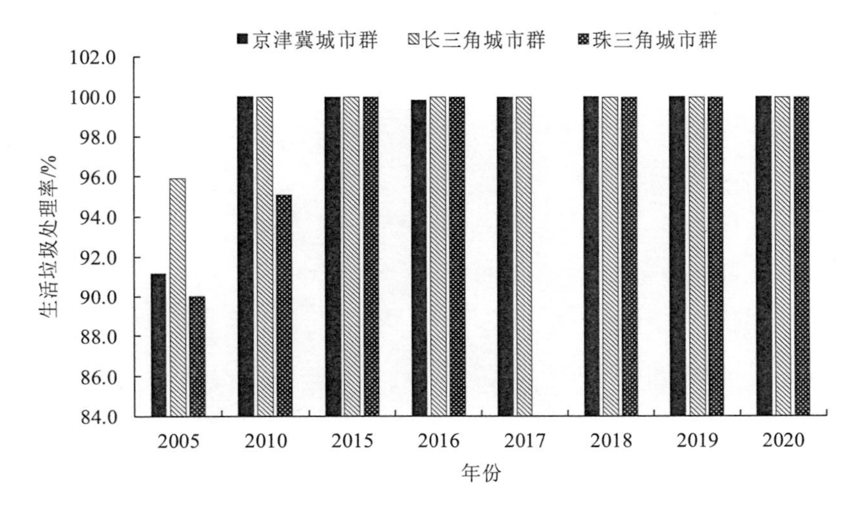

图 3.2-8　三大城市群生活垃圾处理率变化趋势

第4章 面向美丽湾区的珠三角城市群生态制度建设成效与形势分析

4.1　生态制度建设形势分析

2015 年，广东省制定并颁布了我国第一部地方性法规《广东省环境保护条例》。2017 年，广东省颁布《广东省西江水系水质保护条例》，在全国开跨省水系水质联防联治之先河[①]。

广东省委全面深化改革领导小组专门设立省生态文明体制改革专项小组，牵头推动生态文明体制改革工作。随后，印发实施《关于加快推进我省生态文明建设的实施意见》《广东省生态文明体制改革实施方案》等生态文明建设相关政策文件，出台实施生态文明建设目标评价、省级生态环境保护督查、河（湖）长制、生态保护补偿、生态环境损害赔偿、排污许可、水权交易、碳排放权交易、领导干部自然资源资产离任审计、党政领导干部生态环境损害责任追究等一系列涉及生态文明建设的改革方案。

“十三五”期间，广东省共制修订水污染防治、大气污染防治、城乡生活垃圾管理、绿色建筑、湿地保护等 90 多件次生态环境领域地方性法规。环评“放管服”、“三线一单”分区管控、执法正面清单管理等改革举措落地见效[②]。珠三角各地市在省委、省政府的坚强领导下，积极落实生态文明体制改革措施，实现制度创新落地见效。

4.1.1　生态保护工作责任有效压实

广东省在全国率先实施环保实绩考核制度，省、市、县三级全面构建高规格的生态环境保护委员会，率先制定省级生态环境保护责任清单，珠三角各市积极出台市级生态环境保护责任清单，进一步厘清党委、政府及其相关部门生态环境保护工作责任，“党政同责”“一岗双责”有效压实，生态环境管理体制运转更加顺畅。

将生态环境保护成效纳入党政领导干部年度考核。广东省出台《省管党政领导班子和领导干部年度考核办法（试行）》，将生态环境保护成效纳入年度考核测评项目，激励省管党政领导班子和领导干部在生态文明建设和生态环境保护工作中履职尽责、担当作为。珠三角各市也纷纷将生态文明建设有关指标纳入地方党政领导班子工作综合考评指标体系。2007 年，深圳市领先全国 9 年时间开始实行党政领导班子和领导干部环保实绩考核制度，2013 年升级为“生态文明建设考核”，考核范围扩展到全市 10 个区、18 个市直部门和 12 家重点企业。2015 年，深圳市获得生态环境部“绿坐标”制度创新奖，被誉为生态文明“第一考”。

落实领导干部自然资源资产离任审计。广东省出台《广东省领导干部自然资源资产离任审计实施办法（试行）》，明确主要领导干部任职期间在土地、水、森林、草原、矿产、

① 赵细康，曾云敏. 奋力打造生态文明建设的广东样板[J]. 环境，2020（8）：3.

② 陈雷刚. 新时代全面深化改革的广东实践及经验启示[N]. 南方日报，2022-05-23.

海洋等六类资源，大气、水、土壤等三大环境，森林、草原、荒漠、河流、湖泊、湿地、海洋等 7 个生态系统应当履行的责任，按规定将自然资源资产离任审计结果以及整改情况材料归入领导干部人事档案，作为考核、任免、奖惩的重要依据。

建立生态环境损害责任终身追究制。珠三角城市群各市积极落实《广东省党政领导干部生态环境损害责任追究实施细则》，强化党政领导干部生态环境和资源保护责任，严肃追究履责不力的党员干部特别是领导干部责任。

4.1.2 自然资源资产管理制度稳步实施

广东省印发《关于开展自然资源统一确权登记试点工作的通知》《广东省自然资源统一确权登记总体工作方案》，确定广州、深圳、珠海、江门、湛江等 5 市作为省自然资源统一确权登记试点，选取湿地、水流等自然资源为确权登记对象，以不动产登记为基础开展自然资源统一确权登记试点。开展国有土地资源资产核算省级试点，推动建立“全覆盖、全口径、多尺度”的核算方式，探索建立宏观与中观互补的土地资源资产核算技术方法体系。扎实开展国有自然资源资产核算，印发《广东省国有自然资源资产报告制度》，初步建立广东省国有自然资源资产报告制度。2021 年 3 月，广东省自然资源厅印发《广东省全民所有自然资源资产清查试点实施方案》（粤自然资权益〔2021〕329 号），要求各地市开展全民所有自然资源资产清查试点工作。

珠三角九市均已启动编制自然资源资产负债表相关工作。深圳市在全国率先推出了自然资源资产负债表，以生态保护为重点的大鹏新区和以工业发展为重点的宝安区，作为市生态文明体制改革综合试点开展区级自然资源资产负债表。广州市组织编制自然资源资产负债表，通过汇总、审核、评估相关部门自然资源资产存量及变动表，编制全市自然资源资产表（实物量），建立自然资源资产存量及变化统计台账。

4.1.3 资源节约利用制度深入推进

严格执行土地用途管制制度，制定《广东省土地利用年度计划管理办法》，严禁超土地利用计划批准用地。积极开展城乡建设用地增减挂钩试点，印发《广东省城乡建设用地增减挂钩试点项目实施规划编制技术指南》《关于进一步规范和完善城乡建设用地增减挂钩试点工作的通知》，积极开展城乡建设用地增减挂钩试点工作，推动乡村协调发展。落实最严格耕地保护制度，印发《广东省地级以上市人民政府耕地保护责任目标考核办法》，签订耕地保护目标责任书。完善能源消费总量管理和节约制度，印发年度能源“双控”工作方案，实行节能目标责任考核。落实最严格水资源管理制度，印发《广东省实行最严格水资源管理制度考核办法》。

4.1.4　生态补偿制度逐步推行

深入推动生态保护补偿工作，建立广东省生态保护补偿工作部门间联席会议制度，统筹推进和协调落实生态保护补偿各项工作。印发《广东省生态公益林建设管理和效益补偿办法》《广东省生态保护区财政补偿转移支付办法》《广东省人民政府办公厅关于健全生态保护补偿机制的实施意见》《广东省生态保护补偿办法》《广东省东江流域省内生态保护补偿试点实施方案》《广东省林业局关于桉树改造生态补偿的实施意见》等，推动广东省生态保护补偿力度逐年加大、补偿范围不断扩大、补偿手段逐步多元化，实现对生态公益林、生态发展区、生态保护红线区、禁止开发区及国家级海洋特别保护区全覆盖，扩展流域水环境上下游横向生态补偿，强化水污染防治区域协作。

珠三角各市从生态公益林、基本农田、生态敏感区域、流域水环境等要素出发，因地制宜开展丰富多样的生态补偿实践。广州市制定印发《广州市生态保护补偿办法（试行）》，对行政区域内因承担生态保护红线、流域、生态公益林、基本农田等领域生态保护责任和提供生态服务而经济发展受到约束的有关单位、组织和个人给予补偿。深圳市政府印发《关于大鹏半岛保护与开发综合补偿办法》，明确通过转移支付方式，对大鹏半岛原村民发放生态保护专项基本生活补助。惠州市积极探索建立水权交易机制，开展了全省首宗水权交易项目，首创“双指标交易模式”，标志着广东试点迈出实质性的步伐。中山市建立了广东首创、具有中山特色的纵横向结合的区域统筹型生态补偿模式。

4.1.5　生态环境保护奖惩制度日益健全

建立完善生态环境损害赔偿制度。成立广东省生态环境损害赔偿制度改革工作领导小组，统筹推进生态环境损害赔偿制度建设，制定《广东省生态环境损害赔偿调查工作办法（试行）》《广东省生态环境损害修复监督管理办法（试行）》《广东省生态环境损害赔偿磋商办法（试行）》《广东省生态环境损害赔偿资金管理办法（试行）》，规范办理生态环境损害案件简易磋商程序机制。2020 年，全省开展生态环境损害赔偿案例实践 83 宗，实现各地市案例全覆盖。

完善生态环境公益诉讼制度。广东省是全国检察机关提起公益诉讼试点省份。先后与广西、湖南、江西、福建、海南等地联签文件，积极构建省级检察机关公益诉讼协作平台，各市、县（区）检察院之间签订涉流域、山界和其他接壤区域跨地市公益诉讼协作机制，深圳前海、广州南沙、珠海横琴检察机关签订广东自贸试验区海洋生态环境公益诉讼协作机制，有效形成相邻 6 省全覆盖、21 个地级市全覆盖、重点区域全覆盖的公益诉讼多维协作网络。

完善环境保护信访举报工作制度。大力推进落实举报奖励，印发《关于强化生态环境违法行为举报奖励制度建设的通知》，实现 21 个地级及以上市生态环境违法行为举报奖励制度全覆盖，2020 年，开始在重污染流域试行污染举报重奖制度。2021 年，各地兑现奖励案件共 86 宗，奖励金额 126.1 万元。充分发挥社会监督作用，畅通来信来访及网络信访举报渠道（电话渠道按要求已并入“12345”政府热线），进一步规范信访举报事项办理，深挖信访举报线索“金矿”，梳理排查中央生态环境保护督察转办信访案件重复投诉问题，强化督促指导。

4.1.6 生态环境监管体系不断完善

健全以“双随机、一公开”监管为基本手段、以信用监管为基础的新型监管机制。实现环境监管网络化全覆盖管理，将发证排污单位全部纳入污染源“双随机、一公开”监管系统。建立常态化监督执法正面清单管理制度，实施包容纠错审慎监管、分类监管、差异化监管，充分利用在线监控、视频监控、无人机巡查、遥感、大数据分析等智慧技术开展非现场检查，对守法企业无事不扰。建立健全环境信用评价制度，对纳入省级信用评价范围的 1 051 家企业开展环境信用评价，评价结果通过“信用广东”向社会公布。

生态环境领域数字政府改革建设。广东省已基本建成集智慧监测、智慧监管、智慧决策、智慧政务四大应用体系于一体的生态环境智慧云平台。将原来分散在各地的信息系统汇聚至统一的生态云运行，逐步实现全省生态初步建成“一张网、一中心、一平台、四大应用体系”的生态环境智慧云平台，环境业务一体化、扁平化管理，有效提升跨部门资源整合和业务协同能力，并依托省政务大数据中心构建生态环境专题数据中心，已初步完成环境质量及污染源的数据治理，通过生态环境大数据应用不断提升精准识别、精准施策、精准治污能力水平，为打好打赢疫情防控阻击战和污染防治攻坚战提供了有效的技术支撑。

4.1.7 生态保护市场体系日益健全

加快推进环境污染第三方治理，贯彻落实《国家发展改革委办公厅生态环境部办公厅关于深入推进园区环境污染第三方治理的通知》，积极引导社会资本积极参与，建立按效付费、第三方治理、政府监管、社会监督的新机制，促进第三方治理的“市场化、专业化、产业化”，整体提升园区污染治理水平和污染物排放管控水平。截至 2019 年年底，广东省内江门市新会区崖门定点电镀工业基地、汕头潮南纺织印染环保综合处理中心等 4 个园区纳入国家试点名单。

深入推行碳排放权交易制度，贯彻落实《广东省碳排放管理试行办法》，建立了较为完善的政策法规体系、组织管理体系、信息系统体系、市场服务体系、能力建设体系等五大支撑体系，以及配额管理机制、排放报告核查机制、市场交易监管机制、激励和处罚机制等四大核心机制。截至 2021 年年底，全省碳排放配额累计成交量约 2 亿 t、累计成交金额约 46 亿元。

排污权交易试点省市试点工作取得积极进展。广东省于 2013 年正式启动排污权有偿使用和交易试点工作，二氧化硫和化学需氧量作为试点因子纳入全省排污权有偿使用和交易范围。鼓励地方开展排污权交易试点工作，推动建设项目总量指标通过交易获得。珠三角地区的佛山市顺德区以挥发性有机物（VOCs）作为污染物因子开展排污权交易试点。除佛山市外，东莞、珠海亦被纳入广东省排污权交易的地方试点。

4.1.8　绿色金融服务体系加快建立

广州市绿色金融改革创新试验区建设持续走在全国前列，广东省绿色金融体系五大支柱得以做实做强。印发《广东省广州市绿色金融改革创新试验区构建基于林业碳汇的生态补偿机制实施方案》《广东省广州市绿色金融改革创新试验区碳排放权抵质押融资实施方案》，引导金融机构开展环境权益抵质押融资创新和构建市场化生态补偿机制。广州市陆续推出“碳排放权抵押贷款”“光伏贷”“林链贷”“排污权质押融资”“生态公益林补偿收益权抵押贷款”“绿票通”等信贷产品和信贷模式，有效缓解了绿色企业融资过程中抵押物不足的问题。发行全国首单“三绿”（绿色发行主体、绿色资金用途、绿色基础资产）资产支持票据、首笔绿色建筑领域的碳中和债。推动广东省企业在香港、澳门两地同时挂牌发行大湾区首只双币种国际绿色债券。制定发布全国首个绿色供应链融资标准，并推动在汽车行业率先落地实施。制定《开展银行业存款类金融机构绿色信贷业绩评价方案》，建立健全广州试验区绿色金融考核和评价机制，从 2019 年开始对辖区内银行业存款类法人金融机构、广州地区全国性银行、区域性银行定期开展绿色信贷业绩考核评价。广州绿色金融发展获国际金融论坛（IFF）授予 2020 年全球绿色金融特别贡献奖。

印发《关于广东银行业加快发展绿色金融的实施意见》，要求广东银行业机构完善组织架构、健全制度体系、改进信贷政策、优化流程管理、加强风险防控，建立科学的绿色金融风险管理机制和预警机制。截至 2021 年年底，广东绿色信贷 1.43 万亿元，绿色债券规模 2 200 亿元，均居全国首位。

4.2　生态制度建设成效与典型做法

4.2.1　总体进展[①]

生态文明制度创新是生态文明建设路径创新的基础和根本。开展生态文明示范创建必须强化机制创新[②]。习近平总书记强调，创新是引领发展的第一动力[③]。改革开放 40 余年，

① 广东省发改委. 广东省生态文明建设总体情况（2019 年）[EB/OL].http：//drc.gd.gov.cn/ywgg/content/post _3344914.html.
② 崔书红. 生态文明示范创建实践与启示[J]. 环境保护，2021，49（12）：34-38.
③ 习近平谈治国理政（第三卷）[M]. 北京：外文出版社，2020.

创新一直是珠三角城市群的自带基因，体现在珠三角城市群在生态文明建设探索过程中，坚持以问题为导向，主动开展生态文明制度创新，以制度创新解决影响区域可持续发展的深层次问题，逐步形成丰富的生态文明制度建设成果。

4.2.2 建立健全最严格的生态环境保护制度

（1）生态环境保护法规标准体系日益健全

完善生态环境保护法规标准体系。推动修订或制定包括《广东省环境保护条例》《广东省水污染防治条例》、绿色建筑、湿地保护等30多部生态文明建设地方性法规，颁布实施了农村生活污水处理排放标准，玻璃工业、陶瓷工业大气污染物排放等系列标准。新修订的《中华人民共和国环境保护法》实施后，广东省及时修订出台省环保条例，在全国率先施行与环保法配套的省级地方性法规。截至2022年中，广东省生态环境保护领域的省级地方性法规有40余件，市级地方性法规约100件，初步形成了以省环保条例为基础，各重点领域专项立法为支撑的生态环境保护地方性法规体系。

珠三角城市群各地市积极发挥地方生态环境保护立法权，强化地方生态环境保护体系。

广州市是全国最早制定地方性法规保护生态环境的城市，2019年，《广州市环境保护条例》完成历史使命，《广州市生态环境保护条例》于2022年6月5日正式实施。深圳市生态环境立法起步早、数量多、质量高、体系化和创新性强。率先开展环境保护行政执法责任制试点，首创“按日计罚”和吊销排污许可证后处理制度，首创违法者主动公开道歉承诺从轻处罚制度；率先推动形成深圳特色的“查管分离”环境监管执法模式；率先开展环境损害鉴定评估试点并成立环境损害鉴定机构；创设了排污权交易、环境违法行为有奖举报等激励型制度，均被国家、省级立法吸收采用[①]。

佛山市在获得地方立法权后，先后颁布实施《佛山市机动车和非道路移动机械排气污染防治条例》《佛山市扬尘污染防治条例》《佛山市城镇排水管理办法》《佛山市河涌水污染防治条例（草案修改稿）》等4部环保领域地方性法规。

肇庆市先后制定配套《肇庆市西江水质保护负面清单（试行）》《肇庆市“三线一单”生态环境分区管控方案》《肇庆市主体功能区规划的配套环保政策》等10余份环境管理规定（文件），进一步完善环境污染社会化治理、扬尘治理、农村生活垃圾（污水）治理等方面的环境管理保护法规制度，为实施精细化管理提供了坚实的法治保障。

深圳市运用特区立法权，开展《深圳经济特区生态环境保护条例》立法，该条例将碳达峰、碳中和纳入生态环境建设整体布局，实现生态环境保护全链条立法，授权市生态环境主管部门根据管理实际组织制订严于国家标准的生态环境保护强制性地方标准、重点控

① 中国环境保护. 深圳构建生态环境保护法律制度框架[EB/OL]（2021-04-22）http://www.bjrd.gov.cn/wyfb/zt/sthyqstbhhlsf2t1/ts2s/202104/t20210422365839.html..

制的有毒有害物质名录。

惠州市已出台包括《惠州市西枝江水系水质保护条例》《惠州市罗浮山风景名胜区条例》《惠州西湖风景名胜区保护条例》《惠州市扬尘污染防治条例》《惠州市市容和环境卫生管理条例》5 部与生态环境保护相关的地方性法规，通过立法，用法律红线守住生态底线，用制度红利保障绿色发展行稳致远。

2015—2021 年中山市先后制定出台了《中山市水环境保护条例》《中山市供水用水条例》《中山市市容和环境卫生管理条例》《中山市排水管理办法》《中山市扬尘污染防治管理办法》《中山市生活垃圾分类管理办法》等生态环境保护地方性法规和政府规章。

早在 2015 年 5 月，江门市刚获得地方立法权，便聚焦生态文明建设，并于 2016 年出台了该市首部实体法《江门市潭江流域水质保护条例》，创新设立约谈河（段）长制度，制定广东省首部有关山体保护的地方性法规《江门市市区山体保护条例》。

（2）国土空间开发保护制度保障持续加强

广东省政府出台《关于建立国土空间规划体系并监督实施的若干措施》《广东省国土空间规划（2020—2035 年）》《广东省生态保护红线监管办法》《省管权限建设用地监督管理办法》，逐步健全国土空间开发保护制度体系。

2021 年 1 月，广东省政府发布《广东省“三线一单”生态环境分区管控方案》，全省 21 地市相继发布实施“三线一单”生态环境分区管控方案，形成一套覆盖全省的生态环境分区管控体系①。广州、佛山、惠州等市的应用案例被生态环境部作为“三线一单”应用实践典型案例推广。2021 年 2 月，广东省生态环境厅依托“数字政府”一体化平台，组织建设了广东省“三线一单”应用平台，供公众免费使用。

（3）绿色金融服务体系加快建立

印发《广东省广州市绿色金融改革创新试验区构建基于林业碳汇的生态补偿机制实施方案》《广东省广州市绿色金融改革创新试验区碳排放权抵质押融资实施方案》，引导金融机构开展环境权益抵质押融资创新和构建市场化生态补偿机制。制定《开展银行业存款类金融机构绿色信贷业绩评价方案》，建立健全广州试验区绿色金融考核和评价机制，从 2019 年开始对辖区内银行业存款类法人金融机构、广州地区全国性银行、区域性银行定期开展绿色信贷业绩考核评价。印发《关于广东银行业加快发展绿色金融的实施意见》，要求广东银行业机构完善组织架构、健全制度体系、改进信贷政策、优化流程管理、加强风险防控，建立科学的绿色金融风险管理机制和预警机制。推动银行业金融机构和非银行业金融机构创新设立绿色金融事业部或专营机构等专业化服务机构，发展银行业绿色专营机构 10 家，其中绿色分行 5 家、绿色金融事业部 3 家、绿色支行 1 家、绿色金融创新中心

① 广东省全面进入“三线一单”生态环境分区管控落地应用阶段[EB/OL].中国发展网. https：//baijiahao.baidu.com/s？id=1708231262851906388&wfr=spider&for=pc.

1 家、绿色金融科技实验室 1 家。在人民银行总行组织的全国六省九地绿色金改试验区建设成效评价中，广州连续 3 次夺得综合排名第一。

大力支持绿色项目，截至 2021 年年底，广州市累计发行各类绿色债券超过 960 亿元，广州碳排放权交易中心碳配额现货交易量累计成交 2 亿 t，位居全国第一。在全国率先开展绿色金融支持生猪“保险+期货+银行”项目、“创新型药品置换责任保险”试点、发布全国首份碳信用报告等创新探索，形成了一批全国首创案例，11 个典型案例入选人民银行首批《绿色金融改革创新案例汇编》，为全国提供一批可复制、可推广的经验。

在政策的支持下，绿色金融产品和市场体系不断丰富。广州市设立服务绿色发展的广州期货交易所。中国工商银行、中国农业银行、中国银行、中国建设银行、交通银行等国有大型银行和广州农商银行设立绿色分行，设立全国首家气候支行，设立一批绿色支行、绿色金融事业部和绿色金融创新中心。金融机构则围绕碳市场、绿色供应链、节能减排、绿色低碳和生态农业等领域创新绿色金融产品。2017 年以来，支持广州地区企业相继发行“三绿”“三标”等一批全国或行业内“首单”绿色债券，参与发行全国首批碳中和债、碳中和资产证券化产品，广州企业赴港澳成功发行境外绿色债券。

（4）生态环境治理体系

构建以排污许可制为核心的固定污染源监管制度体系。2021 年 3 月，广东省《排污许可管理条例》开始实施，从明确实行排污许可管理的范围和管理类别、规范申请与审批排污许可证的程序、加强排污管理、严格监督检查、强化法律责任等方面，全面规范排污许可管理工作。广东省生态环境厅组织印发《关于在固定污染源排污许可清理整顿和排污许可登记中加强执法工作的通知》《重点行业排污许可证执法指南》等文件，指导各地开展执法工作。相关地市在证后监管方面也先行先试。例如，深圳市早在 2017 年就将排污许可证执行落实要求纳入地方环保条例，广州、佛山等市开展了一系列执行报告提交督促抽查，东莞市结合有奖举报制度严厉打击了一批无证排污违法行为。2022 年 4 月，深圳市发布《深圳市固定污染源排污许可分类管理名录》，该名录结合深圳市实际情况进行管理类别的划分，扩大了现有排污许可制管理适用对象的范围，进一步推动固定污染源排污许可全覆盖，推进深圳市环境管理向精细化发展，同时明确了与《固定污染源排污许可分类管理名录（2019 年版）》的衔接问题。

完善污染防治区域联动机制。珠三角各城市在生态环境保护和污染治理方面积极合作，建立了高效顺畅的区域联动机制。在区域大气污染联防联控机制方面，珠三角地区形成了以区域视野城市行动为核心的区域空气质量运行管理体系和机制，被科技部认定建成了继美国加利福尼亚州和欧盟之后全球第 3 个大气污染联防联控技术示范区①。珠三角原来广佛肇、深莞惠、珠中江之间都有固体废物污染防治区域联动合作，在 2016 年进一步

① 广东省生态环境厅关于广东省十三届人大四次会议第 1021 号代表建议答复的函（粤环函〔2021〕421 号）[EB/OL]. http://gdee.gd.gov.cn/jgzy/content/post_3334778.html.

扩展成广州、佛山、肇庆、清远、云浮、韶关，组建了“广佛肇清云韶经济圈建设环保专责小组”，构建区域污染联防工作机制。广州、佛山、肇庆、清远、云浮、韶关 6 市生态环境部门联合成立打击非法跨界倾倒处置固体废物联合小组，建立广佛肇清云韶经济圈联合打击跨区域非法倾倒固体废物工作机制，开展涉嫌违法主体摸排，共享环境违法犯罪线索，共同构筑“打、防、管、控”固体废物非法跨界倾倒处置的坚实屏障①。2019 年，广东省政府建立广佛跨界河流水环境综合整治联席会议制度，强化省政府及相关部门与广州、佛山、清远的沟通对接，及时协调解决各地在污染整治过程中遇到的难点问题。广州、东莞两市生态环境执法部门建立联合执法工作机制，成立工作小组，组建执法检查小组开展经常性执法活动，推动交界区域环境质量的逐步改善。深圳市《关于支持深圳建设中国特色社会主义先行示范区的意见》要求“强化区域生态环境联防共治”，已形成了深港和深莞惠经济圈（3+2）生态环境合作定期交流机制。

完善陆海统筹的生态环境治理体系。广州市突出制度引领，探索陆海统筹，促进生态治理体制逐步完善。广州市制定印发《广州市海岸线生态整治修复工作方案》，促使多部门形成合力。《广州市近岸海域海漂垃圾治理实施方案》明确了各沿海区政府、生态环境、城市管理综合执法、港务、海事、农业农村、海洋综合执法等部门的工作机制，有效提升了近岸海域海漂垃圾处置能力，还通过建立生态环境、海洋综合执法、海警、海事等执法部门“共商共治共管”机制，补齐了海洋生态环境联合监管能力欠缺的短板。不断完善船舶与港口污染物接收、转运、处置联合监管机制，有效推进了船舶港口水环境治理。初步建立了近岸海域海漂垃圾处置工作的监管机制，提升了近岸海域海漂垃圾处置能力。海洋生态环境监测网络逐步健全，环境监测手段逐步现代化。2018 年 8 月，深圳市发布《深圳市海洋环境保护规划》，确立了陆海统筹的海洋污染治理路径，建立“海域-流域-陆域”的环境容量倒逼机制，对接海洋管理单元，划分五大流域 14 个陆域控制单元，实施差异化的环境整治措施。同时，实施河湾联治，全面削减陆域污染排海总量，重点进行海水养殖、港口航运区、底泥、海漂垃圾污染的管理与防治。

4.2.3　完善资源高效利用制度

（1）自然资源产权制度稳步实施

加快自然资源统一确权登记。印发《关于开展自然资源统一确权登记试点工作的通知》《广东省自然资源统一确权登记总体工作方案》，其中珠三角地区的广州、深圳、珠海、江门等 4 市作为全省自然资源统一确权登记试点 5 个地市名单，选取湿地、水流等自然资源为确权登记对象，以不动产登记为基础开展自然资源统一确权登记试点。2020 年 7 月，广

① 广东省生态环境厅副厅长陈金銮就珠三角无废试验区城市之间将如何建立协同机制和联动合作答记者问[EB/OL].（2021-03-26）http：//gdee.gd.gov.cn/hygq/content/post_3260470.html.

州市通过的《广州市推进自然资源资产产权制度改革工作方案》，成为全省首部市级落实自然资源资产产权制度改革的综合文件。开展国有土地资源资产核算省级试点，推动建立“全覆盖、全口径、多尺度”的核算方式，探索建立宏观与中观互补的土地资源资产核算技术方法体系。其中，珠三角九市除完成全省统一的宏观尺度核算外，进一步开展中观尺度核算，并选择一定生态空间开展生态价值核算探索。

（2）资源节约利用制度深入推进

严格执行土地用途管制制度，制定《广东省土地利用年度计划管理办法》，严禁超土地利用计划批准用地。积极开展城乡建设用地增减挂钩试点，印发《广东省城乡建设用地增减挂钩试点项目实施规划编制技术指南》《关于进一步规范和完善城乡建设用地增减挂钩试点工作的通知》，积极开展城乡建设用地增减挂钩试点工作，推动乡村协调发展。落实最严格耕地保护制度，印发《广东省地级以上市人民政府耕地保护责任目标考核办法》，实施年度耕地保护目标责任考核制度，开展对地级以上市人民政府耕地保护责任目标履行情况考核。

落实水资源总量管理和节约制度。2020 年 12 月，广东省人民政府建立广东省节约用水工作联席会议制度。实行区域和流域用水总量双控制，建立覆盖省、市、县三级的用水总量控制指标体系。从严核定许可水量，严格限制不合理用水。围绕合理分水，加快确定全省重要河湖生态流量保障目标，推进江河流域水量分配，确定地下水取用水总量、水位管控指标，建立水资源刚性约束指标体系。围绕管住用水，健全取水口监管机制，严格水资源论证和取水许可管理，大力提升水资源管控能力。

（3）健全海洋资源开发保护制度

探索建立无居民海岛管理新模式。印发《广东省无居民海岛使用权招拍挂管理办法（试行）》，优化调整了无居民海岛使用权市场化出让程序，在全国率先开展无居民海岛使用权市场化出让试点工作。强化海洋开发保护制度。

推进海岸带生态保护与可持续发展，推动海洋经济高质量发展，印发《关于推进广东省海岸带保护与利用综合示范区建设的指导意见》《广东省加快发展海洋六大产业行动方案（2019—2021 年）》《广东省美丽海湾规划（2019—2035 年）》。

开展海岸线使用指标交易试点工作，制定试点方案，明确海岸线使用指标交易试点的内容及交易指标、交易对象，规定指标交易收益的分配方法，规范指标交易的流程及交易活动的监管与维护。印发《广东省海域使用金征收使用管理办法》《广东省海域使用金征收标准》，加强海域使用金的征缴使用管理和征收规范。

（4）资源有偿使用制度加快完善

深入推动生态保护补偿工作，建立广东省生态保护补偿工作部门间联席会议制度，统筹推进和协调落实生态保护补偿各项工作。印发《广东省生态保护区财政补偿转移支付办法》，推动全省生态保护补偿力度逐年加大、补偿范围不断扩大、补偿手段逐步多元化，实现对生态发展区、生态保护红线区、禁止开发区及国家级海洋特别保护区全覆盖。珠三角九市先后建立健全生态补偿机制，2007 年，深圳市印发《关于大鹏半岛保护与开发综合补偿办法》，在全国率先实施针对生态控制区原村民的生态补偿政策。2014 年，中山市政府出台了《中山市人民政府关于进一步完善生态补偿机制工作的实施意见》，建立了广东首创、具有中山特色的纵横向结合的区域统筹型生态补偿模式。2019 年，江门市出台《江门市潭江流域生态保护补偿办法》，在广东省率先出台并实施流域生态保护补偿；广州市印发实施《广州市生态保护补偿办法（试行）》，启动生态保护红线、流域水环境补偿。

不断完善水权交易补偿机制，逐级分解下达用水总量控制指标，完成区域取用水总量的确定，基本建立全省用水总量控制体系，组织完成“广东省水权确权与交易制度体系研究”工作，2018 年 4 月，惠州市用水总量控制指标 514.6 万 m^3 和东江流域取水量分配指标 10 292 万 m^3 经广东省环境权益交易所通过协议转让给广州市政府，标志着广东省乃至华南地区水权交易项目实现零的突破[①]。

实施海洋工程建设项目生态损害补偿制度，落实增殖放流、人工鱼礁等生态修复措施，大力推动受损水域生态修复。

建立完善生态环境损害赔偿制度，成立广东省生态环境损害赔偿制度改革工作领导小组，统筹推进生态环境损害赔偿制度建设，制定《广东省生态环境损害赔偿调查工作办法（试行）》《广东省生态环境损害修复监督管理办法（试行）》《广东省生态环境损害赔偿磋商办法（试行）》《广东省生态环境损害赔偿资金管理办法（试行）》。

广州市 2020 年印发实施《广州市生态环境损害赔偿制度改革实施方案》，在上级文件尚无具体分工内容的情况下，明确市直部门的责任分工，2021 年，相关市直部门开展生态环境损害赔偿工作情况纳入广州市环境保护目标责任年度考核任务，倒逼工作推动落实。深圳市大鹏新区推动以全过程为主线的环境资源司法衔接机制，建立一体化综合执法体系与生态环境全要素监测平台，在全省率先成立环境资源“三合一”审批专门化法庭，探索生态环境损害赔偿替代性修复新模式。中山市成立了全省首个生态环境损害鉴定评估与修复效果评估评审专家库，达成了全省首宗简易程序生态环境损害赔偿协议。肇庆市出台《肇庆市生态环境损害赔偿制度改革实施方案》，会同检察机关开展了两宗案件生态环境损害赔偿磋商。其中广宁县北市案达成赔偿金额 279.463 万元。该案成为全省首例生态环境损害赔偿案件磋商成功并经司法确认，更被生态环境部选为典型案例。

（5）构建清洁低碳、安全高效的能源体系

广东省 2015—2021 年持续提出一系列的“碳达峰”与“碳中和”政策，“十三五”期间，利用《广东省节能减排“十三五”规划》《广东省应对气候变化“十三五”规划》《广东省

① 广州与惠州水权交易信息公告[EB/OL].（2018-04-17）http：//slt.gd.gov.cn/jcgk8785/content/post_912809.html.

“十三五”控制温室气体排放工作实施方案》综合统筹全省二氧化碳减排工作，围绕全省“2020 年单位 GDP 二氧化碳排放比 2015 年下降 20.5%、碳排放总量得到有效控制”的目标，分类提出地级市碳排放控制目标，即珠三角地区的广州、深圳、佛山、东莞、中山碳排放强度均下降 23.0%，珠海、惠州、江门、肇庆碳排放强度均下降 20.5%，制定了加快建设低碳能源体系、着力打造低碳产业体系、推动城镇化低碳发展、加快区域低碳发展、健全碳排放权交易机制、深化低碳试点示范、加强低碳科技创新等措施。随后，广东省重点在低碳能源体系建设、低碳产业体系建设、碳排放交易试点、城镇化与区域低碳发展等领域提供一系列政策，促进上述领域工作的不断推进。至 2020 年，全省单位生产总值能源消耗降低和非化石能源占一次能源消费比重均完成“十三五”规划目标。

广东省积极谋划“十四五”低碳发展工作，在《广东省生态文明建设“十四五”规划》《广东省培育新能源战略性新兴产业集群行动计划（2021—2025 年）》《广东省绿色建筑创建行动实施方案（2021—2023）》等规划方案中分别明确未来一个阶段的低碳发展策略。在低碳能源体系建设方面，提出到 2025 年，全省非化石能源消费约占全省能源消费总量的 30%，新能源发电装机规模约 10 250 万 kW（包括核电、气电、风电、光伏、生物质发电），天然气供应能力超过 700 亿 m^3，制氢规模约 8 万 t，氢燃料电池约 500 万 kW，储能规模约 200 万 kW。在低碳交通体系方面，提出到 2025 年，珠三角地区公共交通占机动化出行比例总体达 50%左右。在绿色建筑推进方面，提出到 2023 年，粤港澳大湾区珠三角九市按一星级及以上标准建设的绿色建筑占新建民用建筑比例达到 35%，到 2025 年，全省城镇新建建筑中绿色建筑面积占比达 100%。

4.2.4 健全生态保护和修复制度

完善自然保护地建设与规范化管理体系。广东省依据国家自然保护地发展建设政策要求，快速推进全省自然保护地转隶管理，开展自然保护地整合优化工作。组织发布了《关于建立以国家公园为主体的自然保护地体系的实施意见》，明确了广东省自然保护地体系建设的目标、工作内容和考核机制。配合开展中央生态环境保护督察和“违建别墅清理”，组织开展“自然保护地大检查”“绿剑”和“绿盾”等针对自然保护地监管的专项行动，建立常态化自然保护地监督检查机制，定期开展人类活动遥感监测和实地核查，督促违规整改，落实责任。推进实施《广东省自然保护区建设技术规范》等一系列自然保护地标准规范。快速推进信息化建设，建立了广东省自然保护监督管理平台，自然保护地监管互联互通功能基本成形。持续推进摄像头、红外相机、地面传感器等物联网监测设备的布设，初步构建了自然保护地天空地监测一体化网络体系。

谋划大湾区海岸带生态保护修复，制定出台《粤港澳大湾区海岸带生态保护修复减灾三年行动计划（2020—2022 年）》《广东万里碧道总体规划》《关于高质量建设万里碧道的意见》，水碧岸美的生态效益和水岸联动发展的经济效益全面显现。

进一步强化围填海管控，印发《广东省加强滨海湿地保护严格管控围填海实施方案》，制定《关于加快推进围填海历史遗留问题处理工作的通知》及配套工作指南。

4.2.5　严明生态环境保护责任制度

（1）实行生态文明建设目标评价考核制度

制定《广东省生态文明建设目标评价考核实施办法》《广东省绿色发展指标体系》和《广东省生态文明建设考核目标体系》，充分发挥评价考核的导向、激励和约束作用。出台《省管党政领导班子和领导干部年度考核办法（试行）》，将生态环境保护成效纳入年度考核测评项目，激励省管党政领导班子和领导干部在生态文明建设和生态环境保护工作中履职尽责、担当作为。

深圳市于 2013 年将 2007 年启动的环保工作实绩考核升级为生态文明建设考核，并将生态文明建设考核列入市委常委会议题的专项工作考核。考核对象为全市 10 个区、17 个市直部门和 12 个重点企业的一把手；考核结果作为领导干部政绩考核和选拔任用的重要依据。为探索构建以绿色发展为导向的生态文明评价体系，推进生态文明建设再上新台阶，2021 年，大鹏新区在深圳市率先将 GEP 纳入生态文明建设考核。

广州市印发实施《广州市生态文明建设目标评价考核实施办法》，对各区生态文明建设工作实行年度评价、每 5 年考核，配套印发《广州市绿色发展指标体系》《广州市生态文明建设考核目标体系》，修订《广州市环境保护目标责任考核办法》，进一步强化生态环境保护“党政同责，一岗双责”要求。

中山市持续将生态文明建设贯穿于干部考核、监督之中，严格执行环境保护“一票否决”制度，强化环境保护“党政同责”和“一岗双责”。重视实绩考核指标的更新、完善，并从客观实际出发，探索个性化考核，特别大幅调减了五桂山的经济指标考核比重，重点考核其生态文明建设和环境保护的成效，形成《中山市五桂山生态发展区绿色 GDP 考核工作方案》。

珠海市先后出台了《珠海市生态文明建设条例》《珠海市生态文明建设规划》《珠海市生态文明建设目标评价考核实施办法》，建立健全生态文明建设目标评价考核机制。

肇庆市 2018 年率先在全省提出并实施区域差异化考评，逐步构建与“一带一廊一区”区域发展格局相一致的差异化考核评价体系，端州区、鼎湖区、肇庆新区、高要城区侧重考评城市经济相关指标，高要区、四会市、肇庆高新区侧重考评产业发展相关指标，广宁县、德庆县、封开县、怀集县侧重考评生态建设等指标。

惠州市编制实施了《惠州市自然资源资产清单管理及生态资产（GEP）核算制度》《惠州市自然资源资产绩效办法》，逐步构建了 GDP 与 GEP“双核算”“双运行”的制度体系，主要考评自然资源资产实物量的增减变化情况和自然资源监督管理工作的开展情况，并将考评结果作为领导干部选拔任用的重要依据。

（2）开展领导干部自然资源资产离任审计

落实领导干部自然资源资产离任审计。2019年，广东省政府出台《广东省领导干部自然资源资产离任审计实施办法（试行）》，明确主要领导干部任职期间在土地、水、森林、草原、矿产、海洋等六类资源，大气、水、土壤等三大环境，森林、草原、荒漠、河流、湖泊、湿地、海洋等7个生态系统应当履行的责任，按规定将自然资源资产离任审计结果以及整改情况材料归入领导干部人事档案，作为考核、任免、奖惩的重要依据。2015年深圳市宝安区探索采用与经济责任审计相结合的方式，试点开展了领导干部自然资源资产审计工作。2016年，中山市政府出台《关于开展五桂山领导干部自然资源核算与资产离任审计试点工作的实施意见》，启动领导干部自然资源资产核算与离任审计改革试点。

建立环境保护督察制度，高标准推进环保督察及整改，成立省环境保护督察工作领导小组，组建生态环境保护监察办公室和4个区域监察专员办公室，开展地级以上市环境保护督察，实现省级环保督察全覆盖。佛山市不断探索形成“提醒函—督办—挂牌督办—市委书记市长督查令”四级督办体系，强化对各区各部门履职情况的监督。

建立生态环境损害责任终身追究制，2016年发布实施《广东省党政领导干部生态环境损害责任追究实施细则》后，持续落实，强化党政领导干部生态环境和资源保护责任，严肃追究履责不力的党员干部特别是领导干部责任。

4.2.6 健全生态保护市场体系

加快推进环境污染第三方治理。贯彻落实《国家发展改革委办公厅生态环境部办公厅关于深入推进园区环境污染第三方治理的通知》，积极引导社会资本积极参与，建立按效付费、第三方治理、政府监管、社会监督的新机制，促进第三方治理的“市场化、专业化、产业化”，整体提升园区污染治理水平和污染物排放管控水平。2021年，广东省在生态环境保护“十四五”规划中明确要求，健全第三方治理服务标准规范及治理效果评估机制，合理划分排污单位与第三方治理企业责任。粤港澳大湾区重点在电镀、印染等园区开展第三方治理，江门市新会区崖门定点电镀工业基地纳入国家园区环境污染第三方治理试点。广州南沙小虎化工园区有毒有害气体预警体系建设项目入选第二批工业园区环境污染第三方治理典型案例①，东莞市虎门镇电镀、印染专业基地路东污水处理厂废水治理项目和深圳市江碧工业区水污染预警溯源精细化监管系统项目入选第三批工业园区环境污染第

① 工业园区第三方治理典型案例——广州南沙小虎化工园区有毒有害气体预警体系建设项目[EB/OL].（2020-06-19）https：//www.sohu.com/a/403004451_99899283.

三方治理典型案例[①]。广州市黄埔区深化制度体系，率先建立生态环境现代化治理体系，出台绿色发展政策，连续 3 年获评“国家级经开区绿色发展最佳实践园区”。

4.2.7　生态文明制度建设典型做法

4.2.7.1　中山市探索区域综合统筹型生态补偿制度创新

为了保护绿水青山，建设生态文明，中山市按照“谁受益，谁补偿；谁保护，谁受偿”、公平公正、统筹兼顾、动态调整和比例分担五大原则，构建了“市财政主导、镇区财政支持”的纵横向结合的、基于区域综合平衡的生态补偿资金筹集模式，实现了市域范围内横向生态补偿责任的核算和落实，为践行“绿水青山就是金山银山”理念奠定了坚实的制度基础。

（1）调整前中山市生态补偿政策存在的问题

以 2014 年为例，中山市的生态公益林补偿标准为 44 元/（亩·a）；而同期东莞市则给予农村非经济林地 140 元/（亩·a）的生态补偿，广州市则将生态公益林经济补偿按照 4 个等级进行分级补偿，其中最高等级补偿标准为 80 元/（亩·a）。

2014 年，中山市已实施基本农田和生态公益林两类生态补偿。中山市拥有基本农田 62 万亩，基本农田生态补偿标准为 50 元/（亩·a），其中省财政按 15 元/（亩·a）标准下拨，其余由市财政配套。中山市拥有 25.8 万亩省级生态公益林和 18.4 万亩市级生态公益林。2014 年，生态公益林补偿标准递增至 44 元/（亩·a）。省级生态公益林生态补偿由省、市财政按 1∶1 分担；五桂山生态保护区内的市级生态公益林由市财政全额负担，保护区外的由市、所在镇区财政分担。

调整前，中山市生态补偿政策主要存在以下问题：①生态补偿范围过小，未覆盖饮用水水源保护区等重要生态功能区域；②现有生态补偿主体构成不完整，未包括全部外溢生态系统服务享受者；③受偿镇区承担市级生态公益林生态补偿配套的做法，违背“谁受益，谁补偿”原则，影响生态补偿政策公平性；④生态补偿标准明显低于周围城市，已影响受偿者保护的积极性。

（2）中山市生态补偿模式完善过程

1）第一轮调整，初步形成纵横向结合的统筹型生态补偿模式

2014 年 3 月，中山市启动生态补偿机制研究。经过广泛调查及科学论证，2014 年 7 月，中山市人民政府出台了《中山市人民政府关于进一步完善生态补偿机制工作的实施意见》（以下简称《2014 年实施意见》)，《2014 年实施意见》对全市生态补偿工作进行整体调整，具体包括：①构建了“市财政主导，镇区财政支持”的纵横向结合的统筹型资金筹集模式。

① 工业园区环境污染第三方治理典型案例（第三批）[EB/OL].（2020-11-30）https：//huanbao.bjx.com.cn/news/20201130/1118794.shtml.

纵向，市、镇区财政按比例分担生态补偿资金；横向，市、镇区两级实行均一化生态服务付费模式，各镇区根据其生态补偿责任支付生态补偿资金上缴市财政，通过市财政统筹，将生态补偿资金划拨到各镇区，从而实现镇区间的横向转移支付。②进一步扩大生态补偿范围，自 2015 年起，中山市新增市级生态公益林生态补偿和其他耕地生态补偿。③生态补偿标准一次性提高，逐年递增，提高生态补偿政策效果。

根据《2014 年实施意见》，中山市林业局于 2015 年 6 月修订后颁布实施了《中山市生态公益林效益补偿项目及资金管理办法》(2019 年 10 月，中山市自然资源局制定了规范性文件《中山市生态公益林效益补偿资金管理办法》)，中山市国土资源局于 2015 年 3 月制定了《中山市耕地保护补贴实施办法》。民众、沙溪等镇区制定了专门的耕地生态补偿资金使用规定，规范镇区耕地生态补偿资金的管理与使用。中山市生态补偿制度体系框架完善，初步形成了由市总体性文件、部门专业性文件和镇区配套文件构成的完整的全市生态补偿政策制度，为生态补偿政策的实施提供了明确的指引。

2）第二轮调整，生态补偿扩大至覆盖全市重要生态功能区

为深入贯彻落实绿色发展理念，确保中山市生态补偿工作与国家、省政策相协调，根据“动态调整”原则要求，2018 年 1 月 30 日，中山市人民政府颁布实施《中山市人民政府关于进一步完善生态补偿机制的实施意见》(以下简称《新实施意见》)。《新实施意见》进一步扩大生态补偿范围，将饮用水水源保护区纳入“区域统筹型”生态补偿体系，中山市率先于 2018 年实现森林、水流、耕地等重点领域和禁止开发区域、重点生态功能区等重要区域生态补偿全覆盖的目标。《新实施意见》摒弃生态补偿标准指数增长的模式，调整为生态补偿标准与社会经济发展相适应的联动调整机制。《新实施意见》为中山市 2018—2022 年新一轮生态补偿作出指引，通过五类补偿对象、五种补偿标准、五大基本原则、六大保障措施，纵横结合，进一步丰富完善了中山市生态补偿工作机制。

3）启动饮用水水源保护区生态补偿，引入考核机制

《新实施意见》提出 2018 年起启动饮用水水源保护区生态补偿，并明确饮用水水源保护区生态补偿的范围和未来 5 年饮用水水源一级、二级保护区的生态补偿标准。由于饮用水水源保护区生态补偿缺乏上级政策的指导，因此，2018 年，中山市启动饮用水水源保护区实施评估与生态补偿专题研究，根据中山市水源保护区管理现状与需求实际，制定饮用水水源保护区生态补偿政策的具体实施规则，并于同年 11 月 27 日印发实施。

建立中山市饮用水水源保护区生态补偿考核机制，对镇区的饮用水水源保护区生态补偿实施过程和实施效果的考核结果直接作为分配生态补偿资金的依据之一，有利于激励镇区主动落实饮用水水源保护区“属地管理”责任。根据未来几年镇区水源保护区管理资金需求，科学确定饮用水水源保护区生态补偿的资金使用主体为镇区政府，并明确规定了饮用水水源保护区生态补偿资金的使用范围和使用程序，可确保饮用水水源保护区生态补偿

资金发挥最大的保护激励作用。

（3）中山市生态补偿的特点

中山市“区域统筹型”纵横向结合生态补偿模式的特点如下：

第一，首创“市财政主导，镇区财政支持”资金筹集模式。中山市生态公益林、耕地和饮用水水源保护区生态补偿均采用市、镇共同出资的资金筹集模式。其中，生态公益林、耕地和饮用水水源保护区纳入全市生态补偿专项资金，除省财政保持现有基本农田和省级生态公益林生态补偿资金拨付模式外，市、镇区财政按 4∶6 的比例分担除省财政下拨外的生态补偿资金；横向，实行均一化生态服务付费模式，各镇区根据其生态补偿责任支付生态补偿资金上缴市财政，通过市财政统筹，将生态补偿资金划拨到各镇区，从而实现镇区间的横向转移支付，体现区域均衡与公平。

第二，首创基于区域综合平衡的生态补偿资金分担制度。采用镇区生态补偿综合责任分配系数核算各镇区应支付生态补偿资金。镇区发展受限范围面积占全镇面积的比例越小，其综合责任分配系数越大，需支付的生态补偿金越高，这一做法体现了发展与保护的协调。

第三，确立动态调整原则，构建开放、更新的政策体系。根据动态调整原则，生态补偿政策需周期性开展评估，调整后滚动实施，确保生态补偿政策契合区域生态环境保护需求。中山市生态补偿政策动态评估与调整初期 3 年开展一次，后期 5 年开展一次。针对评估中发现的影响生态补偿政策效率的问题，及时调整与优化，确保生态补偿政策契合区域生态环境保护需求。

第四，补偿范围逐步扩大，已覆盖全市生态重要区域。中山市生态补偿范围首先从基本农田和生态公益林适度扩大至全部耕地和生态公益林，经过动态评估后纳入饮用水水源一级、二级保护区。目前，中山市生态补偿范围已实现森林、水流、耕地等重点领域和禁止开发区域、重点生态功能区等重要区域生态补偿全覆盖。

第五，建立生态补偿标准与社会经济发展相适应的联动机制。2014 年首轮调整时，通过一次性提升和连续 3 年递增，解决了中山市生态公益林和耕地生态补偿标准偏低的问题。2017 年第二轮调整时，首次将饮用水水源保护区生态补偿纳入中山市生态补偿体系，实现生态补偿政策对全市森林、生态公益林和饮用水水源保护区等重要生态功能区基本覆盖。随着补偿标准的提升和补偿范围的扩大，中山市投入生态补偿资金逐年递增，2015—2021 年全市生态补偿资金规模分别达到 1.04 亿元、1.41 亿元、1.71 亿元、2.50 亿元、2.61 亿元、2.71 亿元、2.81 亿元，共计 14.79 亿元。2015—2021 年，付出生态补偿资金最多的镇街为火炬开发区，共计支出 3.11 亿元；7 年间受益生态补偿资金超过 1 亿元的镇街包括坦洲镇、民众镇、南朗镇和五桂山街道，分别获得 1.24 亿元、1.23 亿元、1.13 亿元和 1.03 亿元，满足了上述镇街生态公益林、耕地和饮用水水源生态保护投入需求。

4.2.7.2 深圳市建立完善的生态系统生产总值核算制度体系

（1）整体情况

早在2014年，深圳市就以盐田区为试点，在国内率先开展城市GEP核算，随后至少有8个区先后开展了GEP核算探索。自2017年起，深圳市综合采用遥感、地面调查、模型分析等方法，组织开展城市陆域生态调查评估，全面掌握了全市生态系统的结构、质量、功能数据，摸清了全市的生态家底，为全市的GEP核算打下了坚实的基础。在此基础上，还连续开展了年度GEP试算分析，完成了2010年和2016—2018年4年的试算。按照统计制度体系规范，组织开展了2019年度统计报表填报并初步完成核算分析。2021年9月，深圳市生态环境局会同市统计局、市发展改革委组织相关单位编制的《深圳市2020年度生态系统生产总值（GEP）核算报告》按程序发布。

2019年8月，《中共中央国务院关于支持深圳建设中国特色社会主义先行示范区的意见》明确要求深圳"探索实施生态系统服务价值核算制度"；2020年10月，中共中央办公厅、国务院办公厅印发的《深圳建设中国特色社会主义先行示范区综合改革试点实施方案（2020—2025年）》进一步要求"扩大生态系统服务价值核算范围"；2021年3月23日，深圳市发布了以GEP核算实施方案为统领，以技术规范、统计报表制度和自动核算平台为支撑的"深圳市GEP'1+3'核算制度体系"；2021年10月14日，在国务院新闻办公室举行的"深圳综合改革试点实施一周年进展成效"新闻发布会上，国家发展改革委认为"深圳率先建立了完整的生态系统生产总值（GEP）核算制度体系"。

（2）深圳市GEP"1+3"核算制度体系

深圳市建立的GEP"1+3"核算制度体系包括1个方案、1项标准、1套报表、1个平台，是全国第一个完整的生态系统生产总值核算制度体系。

《深圳市GEP核算实施方案（试行）》明确了核算方法，要求按技术规范统一进行GEP核算，按统计报表制度统一填报；规范了核算流程，确定每年核算结果于次年7月底前正式发布；厘清了部门职责，明确了GEP核算责任分工和工作要求。《深圳市生态系统生产总值（GEP）核算技术规范》，确立了GEP核算两级指标体系，以及每项指标的技术参数和核算方法。《GEP核算统计报表制度（2019年度）》将200余项核算数据分解为生态系统监测、环境与气象监测、社会经济活动与定价、地理信息4类数据，全面规范了数据来源和填报要求，数据来源涉及18个部门，共48张表单。深圳市GEP在线自动核算平台设计了部门数据的报送、一键自动计算、任意范围圈图核算、结果展示分析等功能模块，可以实现数据在线填报和核算结果一键生成，极大提高了核算效率和准确性。

（3）深圳市各区生态系统生产总值核算的探索

大鹏新区编制了深圳市首个县区级自然资源资产负债表，在全国率先构建了自然资源资产价值核算和自然资源资产负债表体系。2019年自然资源资产核算和负债表核算结果表明，大鹏新区自然资源总资产为 858.35 亿元，实物量资产为 407.87 亿元，生态系统服务资产为 450.48 亿元，为开展“绿水青山”向“金山银山”转化提供了坚实的数据支撑。

4.2.7.3　广州市开展绿色金融改革试点

2017 年，广州市获批成为全国首批绿色金融改革创新试验区，广东省启动全省范围内“一点两圈”的绿色金融改革创新探索，即以广州绿色金融改革创新试验区为中心点、以粤港澳大湾区为核心圈、以粤东西北地区为外围圈，在持续推动广州走在全国绿色金融改革创新前列的基础上，逐步将广州经验向大湾区、粤北生态发展区以及粤东、粤西沿海经济带复制推广，串点成线、以线扩面地推动全省绿色金融实现差异化、整体协调发展[①]。

2017 年试验区获批后，中央金融管理部门驻粤分支机构协同省市地方政府有关部门，通过出政策、建机制、搭平台、搞创新，逐条逐项落实试验区总体方案的工作任务，全力破解制约绿色金融发展的体制机制障碍，以试验区“小切口”实现绿色金融改革创新的“深突破”，试点示范效应持续形成。试验区绿色金融组织体系逐步完善，绿色金融产品和服务不断丰富，绿色融资渠道得以拓宽，区域试点碳市场领先地位继续巩固。

经过 5 年的探索与实践，广州绿色金融改革创新取得丰硕成果。主要表现：一是绿色金融改革创新持续走在全国前列。在人民银行总行组织的全国六省九地绿色金改试验区建设成效评价中，广州连续 3 次夺得综合排名第一，2020 年被国际金融论坛（IFF）授予全球绿色金融特别贡献奖。二是绿色金融规模持续扩大。截至 2022 年 3 月末，广州绿色信贷余额 6 471.52 亿元，5 年增长 2.4 倍。全市绿色信贷不良贷款远低于各项贷款不良率。三是绿色金融对绿色发展的支撑作用日益增强。在绿色金融的支持下，全市绿色生产方式和绿色生活方式正在加速形成。四是绿色金融示范效应逐步显现。绿色金融创新从试验区起步、复制推广到全省各地市首创落地、多点开花，全省正加快形成整体推进、各有侧重的绿色金融发展新格局。在人民银行公布的首批 52 个绿色金融改革创新案例中，广州的优秀案例达 11 个。

4.3　生态环境协同治理成效与典型做法

珠三角毗邻香港与澳门特别行政区，粤港澳之间的交流和联系日益密切。在区域环境协同治理上，不仅珠三角内部各城市环境合作共识不断增强，珠三角与港澳在环境领域的合作也不断拓展。自 2019 年 2 月印发《粤港澳大湾区发展规划纲要》以来，粤港澳大湾区环境质量持续改善。根据粤港澳珠江三角洲区域空气监测网络 2020 年空气质素报告，与 2006 年相比，珠三角区域 2020 年的二氧化硫、可吸入颗粒物和二氧化氮的浓度年均值分别下降 86%、49%和 43%。一氧化碳和细颗粒物与 2015 年相比分别下降了 16%和 31%。根据香港环境保护署数据，2021 年香港整体空气质量持续改善，是过去 10 年来最好。相

① 白鹤祥. 绿色金融改革创新的广东实践[J]. 中国金融，2021（21）：30-32.

比过去的10年，2021年香港整体空气质量改善，一般监测站录得的空气污染物减少32%～62%。粤港两地不断合作推进减排措施，如广东增加清洁能源供应、淘汰落后产能和燃煤锅炉等，香港加强对石油气和汽油车辆的废气排放管制、逐步收紧新登记车辆的排放标准等，为粤港澳大湾区空气质量持续改善奠定坚实的基础。2021年，粤港澳三方进一步加强大气污染联防联控，推动$PM_{2.5}$和臭氧协同防控。深入实施粤港珠三角空气质素行动计划，完善粤港珠三角区域空气监测网络，增加挥发性有机物浓度常规监测，加强粤港双方数据共享与分析。

4.3.1 粤港生态环境协同治理

粤港两地主要依托联席会议和环保合作小组开展环境合作。粤港双方在1998年建立合作联席会议制度，每年召开1次会议商讨环境合作事项。自1999年起，粤港两地通过粤港持续发展与环保合作小组落实联席会议成果以及协调环境合作的相关事宜，环保合作小组内设1个专家小组和8个专题小组，有针对性地推进各项环境专题合作项目。目前，粤港两地的环境合作以大气污染和水污染的治理为主，并在海洋资源保护、森林建设、企业节能和清洁生产等方面开展合作。例如，在水污染治理方面，粤港双方制订了相应的联合治理方案，重点对深圳湾、珠江口、深圳河、大鹏湾等水域开展协同治理；在大气治理方面，粤港两地在2002年实施《珠三角地区空气质素管理计划》，开启了我国大气污染联防联控先河。同时，粤港两地主要依托联席会议商讨合作事宜并签订环境协议，不断拓展环境合作的广度和深度。例如，粤港双方签订了《泛珠三角区域环境保护合作协议》《粤港环保合作协议》《粤港合作框架协议》等多项协议。在雾霾治理的联防联控方面深港很早就开始合作，2008年深港开始在区域性空气污染防治方面，如跨境车辆尾气防治方面进行合作。2017年，深港签订了《深港船舶大气污染防治工作室合作协议》，加强大气污染控制传播学方面的区域合作。

4.3.2 粤澳生态环境协同治理

自澳门回归后，粤澳两地的环境合作逐渐从建立高层会晤制度和联络小组，到合作联席会议制度，再到环保合作专题小组，合作途径不断拓展。2001—2003年，粤澳两地主要依托高层会晤制度和粤澳合作联络小组，每年召开1次会议商讨环境合作的相关事宜。粤澳两地的环境合作主要围绕大气污染治理、固体废物污染治理、环保产业建设等方面进行，通过建立环境专责小组落实各项环境合作项目。例如，2002年建立粤澳环保合作专责小组，2006年建立粤澳空气质量合作专项小组，2008年建立珠澳合作专责小组。此外，粤澳双方通过签订环境协议不断深化和拓展环境合作。例如，2013年签订《珠澳环境保护合作协议》，2017年签订《粤澳环保合作协议》。

4.3.3　珠三角九市生态环境协同治理

通过建立珠三角环境保护一体化专责工作组和工作机制，以及珠江综合整治联席会议制度，在广佛肇、深莞惠、珠中江这 3 个经济圈设立环境保护专责小组，开展经济圈环境保护工作。珠三角九市不断探索并制定区域环境标准体系以及区域环境政策法规体系，2012 年和 2013 年分别颁布《关于开展环境污染责任保险试点工作的指导意见》和《关于在我省开展排污权有偿使用和交易试点工作的实施意见》，这两项区域环境经济政策，加快了珠三角九市经济与环境协同共进步伐。珠三角九市主要围绕水污染治理、大气污染治理、区域生态体系建设等重点领域出台一系列合作方案以加强治理合作。在水污染治理方面，主要对淡水河、石马河等重点流域进行跨界河流污染综合整治；在大气污染治理方面，依托珠三角区域大气污染联防联席会议制度，出台了一系列大气污染联防联治方案，协调珠三角九市共同参与大气治理、改善空气环境。例如，深圳在 2013 年与东莞、惠州一起通过了《深莞惠区域协调发展总体规划（2012—2020）》，并签订了《深莞惠大气污染防治区域合作协议》，三地将加强高排放车辆尾气监管，在 3 个城市的交界处联合查处高污染排放车辆，加大对黄标车的淘汰力度，扩大黄标车限行范围；在区域生态体系建设方面，将沿海防护林建设以及周边连绵山体改造作为林业建设重点，并颁布《珠江三角洲绿道网总体规划纲要》，推进区域防护林体系建设。

鉴于传统水污染管理体制在应对珠三角区域水污染问题上协调性不足，珠三角地区不断探索，形成了以环境保护合作协议为基础的联席会议机制、水污染防治协作机制和河长制的五级协调机制这 3 类水污染治理合作机制。

确立以环境保护合作协议为基础形成的联席会议机制。珠三角地区早期水污染治理合作机制的构建，是由各经济圈的环境保护主管部门通过签订区域环境保护合作协议，形成联席会议机制。《珠中江环境保护区域合作协议》（2009 年）、《广佛肇经济圈建设环境保护合作协议》（2009 年）、《深圳市东莞市惠州市界河及跨界河综合治理工作协议》（2010 年）等环境合作协议的达成，是珠三角地区水污染合作治理的开端。以《珠中江环境保护区域合作协议》（2009 年）为例，2009 年 5 月，珠海、中山、江门三市环境保护局签署该协议，明确在饮用水水资源保护、跨市河流水质、环境监测数据互动机制、跨界环境违法案件区域移送机制、区域环境事故协调机制以及环境宣传工作互动等环境事务上进行行政协作。以这些环境保护合作协议为依托，珠三角各地方政府建立了一套以联席会议为平台的跨区域联防共治模式，借助召开联席会议，遵循约定的行政协作方式，针对区域内突出的水污染问题，探讨合作治理举措。珠三角各行政主体签订了环境保护合作协议，制定了合法、合理的水污染治理措施，以满足不同行政主体的治理需要，及时解决滞后性问题，同时兼顾治理上的困难和需要，找到了理想与现实的平衡点。因此，联席会议机制的革新之处在于通过协议约定各政府间行政协作的内容和方式，协调各地方政府间水污染防治的职权，使合作机制更加畅通、高效。

确立水污染防治协作机制。2015 年 12 月，为贯彻落实“水十条”，广东省环境保护厅设立珠江三角洲区域水污染防治联席会议制度。在此基础上，2016 年，广东省环境保护厅设立了珠三角区域水污染防治协作小组。协作小组在职权运行方面进行了以下探索：①创建工作协调小组。组长由中共中央政治局委员、省委书记兼任，成员包括珠三角各地级以上市和顺德区政府及各省级部门主要负责人。参与领导的高级别表明了广东省政府治理珠三角水污染的决心。②制定决策执行机制。广东省环境保护厅负责协作小组的决策落实、联络沟通、信息通报、保障服务等日常工作。③成立珠三角区域水污染防治的辅助机构。由水污染防治相关学科领域的多位专家、学者共同组成珠三角水污染防治协作专家小组，为珠三角区域水环境问题的研判、水污染防治效果的评估及综合防治政策措施的研究决策提供咨询服务。

4.3.4 粤港澳三地生态环境协同治理

依托现有的联席会议制度进行区域规划的编制和实施，不断推进环境合作。自 2003 年出台《内地与香港关于建立更紧密经贸关系的安排》（CEPA）起，粤港澳的合作不断深化和拓展。2009 年颁布的《珠江三角洲地区改革发展规划纲要》提出共建优质生活圈，首次将粤港澳紧密合作相关内容纳入其中。为创新粤港澳环境合作的主题和方式，2012 年实施《共建优质生态圈专项规划》。2017 年签订《深化粤港澳合作推进大湾区建设框架协议》，把建设绿色低碳湾区作为七大合作重点领域之一。2019 年 2 月，中共中央、国务院印发了《粤港澳大湾区发展规划纲要》，要求加强环境保护与合作，建设绿色可持续发展的国际一流湾区。随着各项区域规划的实施，粤港澳环境合作的范围日益扩大，合作关系日益密切。

第5章

面向美丽湾区的珠三角城市群生态环境质量现状与形势分析

5.1　生态环境质量现状

5.1.1　大气环境质量状况

2021 年，珠三角九市 AQI 达标率为 85.5%～96.2%，平均为 90.8%，较 2020 年下降 2.1 个百分点。首要污染物主要为 O_3（占首要污染物比例为 71.4%），其次为 NO_2（占 16.1%）和 PM_{10}（占 9.6%）。珠三角九市 AQI 在全省 21 个地市中排名均靠后，其中深圳市排名在九市中最好，也仅排全省第十（表 5.1-1）。

表 5.1-1　2021 年珠三角九市环境空气质量考核指标情况

区域	AQI 达标率/%	$PM_{2.5}$ 浓度/（μg/m³）	PM_{10} 浓度/（μg/m³）	O_3 评价浓度/（μg/m³）	AQI 在全省排名
广州	88.5	24	46	160	18
深圳	96.2	18	37	130	10
珠海	95.1	20	37	144	13
佛山	85.5	23	46	169	21
惠州	94.5	19	40	145	14
东莞	86.3	22	42	165	20
中山	89.9	20	39	154	17
江门	87.4	23	45	163	19
肇庆	87.4	23	45	163	15

2021 年，珠三角九市中除佛山、东莞、江门外其余地市二氧化硫（SO_2）、二氧化氮（NO_2）、可吸入颗粒物（PM_{10}）、细颗粒物（$PM_{2.5}$）、臭氧（O_3）、一氧化碳（CO）六项污染物评价浓度均达到二级标准。珠三角九市 SO_2 年平均浓度为 7 $\mu g/m^3$，与 2020 年持平；NO_2 年平均浓度为 27 $\mu g/m^3$，较 2020 年上升 3.8%；PM_{10} 年平均浓度为 41 $\mu g/m^3$，较 2020 年上升 7.9%；$PM_{2.5}$ 年平均浓度为 21 $\mu g/m^3$，与 2020 年持平；O_3 年评价浓度为 153 $\mu g/m^3$，较 2020 年上升 3.4%；CO 年评价浓度为 0.9 mg/m^3，与 2020 年持平。

5.1.2　水环境质量状况

5.1.2.1　饮用水水源

2021 年，珠三角九市 53 个在用地级以上城市集中式饮用水水源地水质达标率为 100%，与 2020 年持平，惠州、肇庆 2 市水质全优。53 个城市集中式饮用水水源地中有 25 个水源地水质稳定达到Ⅱ类，占比 47.2%。2021 年珠三角九市的 19 个县级集中式饮用水水源地水质达标率为 100%，与上年持平。县级集中式饮用水水源地水质以Ⅱ类水为主，水质总体优良，其中稳定达到Ⅱ类的水源地有 12 个，占比为 63.2%。

5.1.2.2 湖泊水库

2021 年，珠三角 2 个省控湖泊中，惠州西湖水质为Ⅲ类，营养状态为中营养；肇庆星湖水质为Ⅳ类，营养状态为轻度富营养。2 个湖泊均是景观用水，均达到水环境功能区划目标。3 个省控大型水库流溪河水库、杨寮水库、白盆珠水库水质为Ⅱ类，水质均优，营养状态以贫营养和中营养为主。

5.1.2.3 国考地表水

2021 年，珠三角范围共 65 个地表水国考断面，水质良好，优良比例为 89.2%（58 个），Ⅳ类断面比例为 10.8%（7 个），Ⅴ类、劣Ⅴ类断面比例为 0，各地市均达到省下达的考核目标（表 5.1-2）。

表 5.1-2 2021 年珠三角国考地表水断面水质优良率统计表

城市	国考断面数量/个	优良比例/%		劣Ⅴ类断面比例/%	
		现状	目标	现状	目标
广州	13	92.3	92.3	0	0
深圳	12	83.3	83.3	0	0
珠海	5	100.0	100.0	0	0
佛山	7	85.7	85.7	0	0
惠州	11	90.9	72.7	0	0
东莞	7	57.1	57.1	0	0
中山	4	100.0	100.0	0	0
江门	6	100.0	100.0	0	0
肇庆	8	100.0	100.0	0	0
合计	65	89.2	—	0	0

注：由于存在不同地市考核同一个断面的情况，珠三角范围国考断面合计数与各地市国考断面数量加和不相等。

珠三角地表水国考断面水质达标率为 96.9%，深圳河口（深圳）、沙田泗盛（东莞）2 个断面水质类别均为Ⅳ类，未达到考核目标Ⅲ类，深圳河口主要超标指标为溶解氧和总磷，沙田泗盛主要超标指标为溶解氧。4 个省级攻坚断面中，石角咀水闸（珠海）、沧江水闸（佛山）2 个断面阶段性达到目标Ⅲ类，深圳河口、沙田泗盛 2 个断面未达攻坚目标Ⅲ类。16 个市级攻坚断面全部达到攻坚目标（表 5.1-3）。

表 5.1-3 “十四五”期间珠三角重点攻坚断面清单

序号	责任地市	断面名称	2021—2025 年攻坚目标	2021 年水质类别	备注
1	广州	鸦岗	Ⅳ	Ⅳ	市级攻坚断面
2		墩头基	Ⅲ	Ⅲ	市级攻坚断面
3		大龙涌口	Ⅲ	Ⅱ	市级攻坚断面
4		莲花山	Ⅲ	Ⅲ	市级攻坚断面
5	广州/东莞	大墩	Ⅲ	Ⅱ	市级攻坚断面
6	深圳	深圳河口	Ⅲ	Ⅳ	省级攻坚断面
7		企坪	Ⅲ	Ⅲ	市级攻坚断面
8		鲤鱼坝	Ⅲ	Ⅲ	市级攻坚断面
9	深圳/东莞	共和村	Ⅳ*	Ⅳ	市级攻坚断面
10	珠海	石角咀水闸	Ⅲ	Ⅲ	省级攻坚断面
11	佛山	沧江水闸	Ⅲ	Ⅲ	省级攻坚断面
12		西南涌	Ⅳ	Ⅳ	市级攻坚断面
13	惠州/东莞	黄大仙	Ⅲ	Ⅱ	市级攻坚断面
14	惠州	紫溪	Ⅲ*	Ⅲ	市级攻坚断面
15		沙河河口（里波水）	Ⅲ	Ⅱ	市级攻坚断面
16		虎爪断桥	Ⅳ*	Ⅳ	市级攻坚断面
17		吉隆商贸城前	Ⅲ	Ⅲ	市级攻坚断面
18	东莞	沙田泗盛	Ⅲ	Ⅳ	省级攻坚断面
19		石龙南河	Ⅲ	Ⅱ	市级攻坚断面
20	江门	牛湾	Ⅲ	Ⅲ	市级攻坚断面

注：带*号断面攻坚目标为在完成生态环境部确定的水质目标基础上，力争实现的目标要求；灰底指未达标。

5.1.2.4 国考入海河流

2021 年，珠三角 14 个国考入海河流断面水质优良比例为 78.57%（11 个），Ⅳ类断面比例为 21.43%（3 个），无Ⅴ类和劣Ⅴ类断面（表 5.1-4）。水质达标率为 92.9%，深圳河口断面未达到考核目标Ⅲ类，主要超标指标为溶解氧和总磷。与上年相比，国考入海河流断面水质优良比例提升 8.6 个百分点，水质达标率提升 2.9 个百分点，断面水质类别基本保持稳定。

表 5.1-4 2021 年珠三角入海河流水质监测结果统计表

序号	城市	河流名称	断面名称	综合水质类别	水质目标
1	广州	虎门水道	虎门大桥	Ⅲ	Ⅲ
2	广州	蕉门水道	蕉门	Ⅱ	Ⅲ
3	广州、中山	洪奇沥	洪奇沥	Ⅱ	Ⅲ
4	深圳	深圳河	深圳河口	Ⅳ	Ⅲ
5	深圳	赤石河	小漠桥	Ⅱ	Ⅱ

序号	城市	河流名称	断面名称	综合水质类别	水质目标
6	东莞、深圳	茅洲河	共和村	Ⅳ	Ⅴ
7	珠海	鸡啼门水道	鸡啼门大桥	Ⅱ	Ⅲ
8	珠海	前山河	石角咀水闸	Ⅲ	Ⅲ
9	中山、珠海	磨刀门水道	珠海大桥	Ⅱ	Ⅱ
10	江门、珠海	虎跳门水道	西炮台	Ⅱ	Ⅲ
11	惠州	淡澳河	虎爪断桥	Ⅳ	Ⅴ
12	惠州	吉隆河	吉隆商贸城前	Ⅲ	Ⅲ
13	中山	横门水道	中山港码头	Ⅱ	Ⅱ
14	江门	潭江	苍山渡口	Ⅱ	Ⅱ

5.1.3 近岸海域生态环境质量状况

5.1.3.1 海水环境质量

2021 年，珠三角近岸海域主要监测点位 114 个，年均水质达到或优于二类的比例为 62.28%。近岸海域水质达到或优于二类比例最高的城市为惠州，达到 100.00%，其次为珠海、深圳和江门，分别为 65.96%、55.00%和 52.00%，最低为广州、东莞和中山，均为 0（表 5.1-5，图 5.1-1）。

劣四类水质主要分布在珠江口，劣四类点位比例为 26.32%，主要超标因子为无机氮和活性磷酸盐。按富营养化指数评价，114 个监测点位中，32 个点位存在富营养化的情况，占比 28.07%。其中，重度富营养化点位 18 个，占比 15.79%；中度富营养化点位 10 个，占比 8.77%；轻度富营养化点位 4 个，占比 3.51%。与上一年相比，近岸海域主要监测断面年均水质达到或优于二类的比例提升 2.63 个百分点，其中一类水质点位比例提升 18.42 个百分点；劣四类比例下降 2.63 个百分点。

表 5.1-5 2021 年珠三角近岸海域水质达到或优于二类比例

序号	城市	监测点位数量/个						优良（一类、二类）比例/%
		总数	一类	二类	三类	四类	劣四类	
1	广州	3	0	0	0	0	3	0.00
2	深圳	20	9	2	0	0	9	55.00
3	珠海	47	28	3	3	1	12	65.96
4	惠州	16	15	1	0	0	0	100.00
5	东莞	2	0	0	0	0	2	0.00
6	中山	1	0	0	0	0	1	0.00
7	江门	25	8	5	5	4	3	52.00
合计		114	60	11	8	5	30	62.28

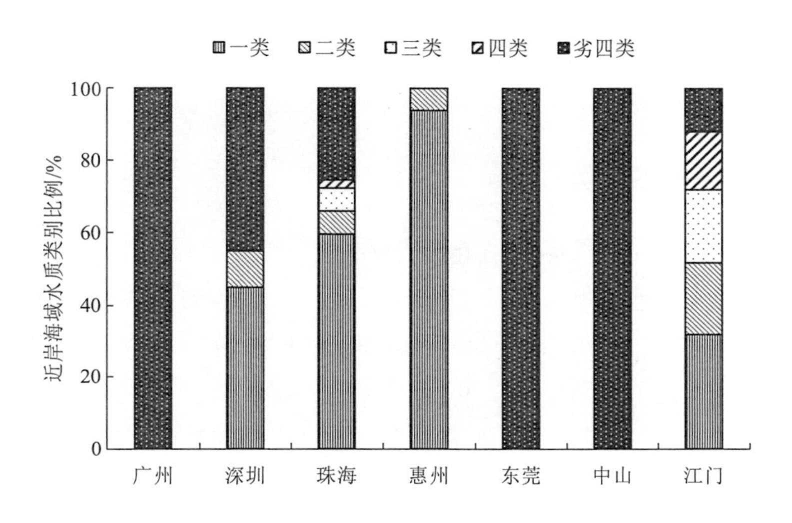

图 5.1-1　2021 年珠三角近岸海域水质类别比例

5.1.3.2　海洋生态

2021 年在珠江口、大亚湾 2 个海域开展了海域生物多样性监测，监测内容包括浮游生物、底栖生物和潮间带生物的种类组成和数量分布。珠江口、大亚湾海域分别鉴定海洋生物 360 种、352 种（图 5.1-2），海洋生物多样性指数分别为 2.46 和 2.48。珠江口、大亚湾 2 个典型海洋生态系统健康状况保持稳定，珠江口河口生态系统呈亚健康状态，海水水质状况差，海水无机氮、活性磷酸盐含量偏高，水体呈富营养化；浮游植物密度偏高，浮游动物、大型底栖生物密度和生物量、鱼卵及仔鱼密度偏低。大亚湾海湾生态系统呈亚健康状态，海水水质状况良好，沉积物质量优良；浮游植物密度偏高，浮游动物、大型底栖生物密度和生物量、鱼卵及仔鱼密度偏低。

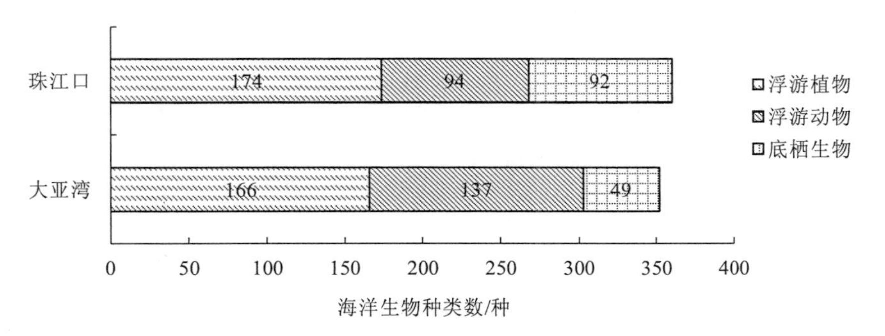

图 5.1-2　2021 年珠三角近岸海域海洋生物种类数

5.2 生态环境质量趋势及其压力

5.2.1 大气环境质量趋势

5.2.1.1 珠三角城市群大气环境质量趋势分析

“十三五”时期，珠三角九市空气质量优良天数比例保持较为稳定的动态波动。相比2016年，空气质量优良天数比例降幅最大的为2019年，达到6.8%；2020年珠三角九市AQI达标率创“十三五”时期新高，达到92.9%（表5.2-1，图5.2-1）。

珠三角九市二氧化硫（SO_2）、二氧化氮（NO_2）、可吸入颗粒物（PM_{10}）、细颗粒物（$PM_{2.5}$）、臭氧（O_3）、一氧化碳（CO）6项污染物年评价浓度除O_3外均达到二级标准（图5.2-2）。其中SO_2、CO在“十三五”期间年均浓度变化保持较为稳定的动态波动；NO_2、PM_{10}、$PM_{2.5}$均在2017年临近国家二级标准后呈逐渐改善趋势；O_3仅在2016年和2020年低于国家日均值二级标准（日最大8 h平均浓度≤160 μg/m^3），在2019年达到“十三五”时期最高值，为176 μg/m^3，比2016年增长16.6%。

表5.2-1 珠三角城市群“十三五”期间大气环境质量状况

主要指标	2016年	2017年	2018年	2019年	2020年
空气质量优良天数比例/%	89.5	84.5	85.4	83.4	92.9
SO_2年平均浓度/（μg/m^3）	11	11	9	7	7
NO_2年平均浓度/（μg/m^3）	35	37	35	33	26
PM_{10}年平均浓度/（μg/m^3）	49	53	50	47	38
$PM_{2.5}$年平均浓度/（μg/m^3）	32	34	32	28	21
O_3年评价浓度/（μg/m^3）	151	165	164	176	148
CO年评价浓度/（mg/m^3）	1.3	1.2	1.1	1.2	0.9

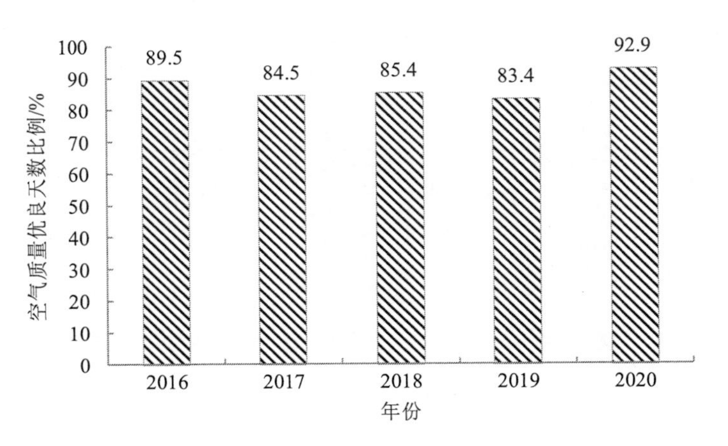

图5.2-1 珠三角城市群“十三五”期间空气质量优良天数比例

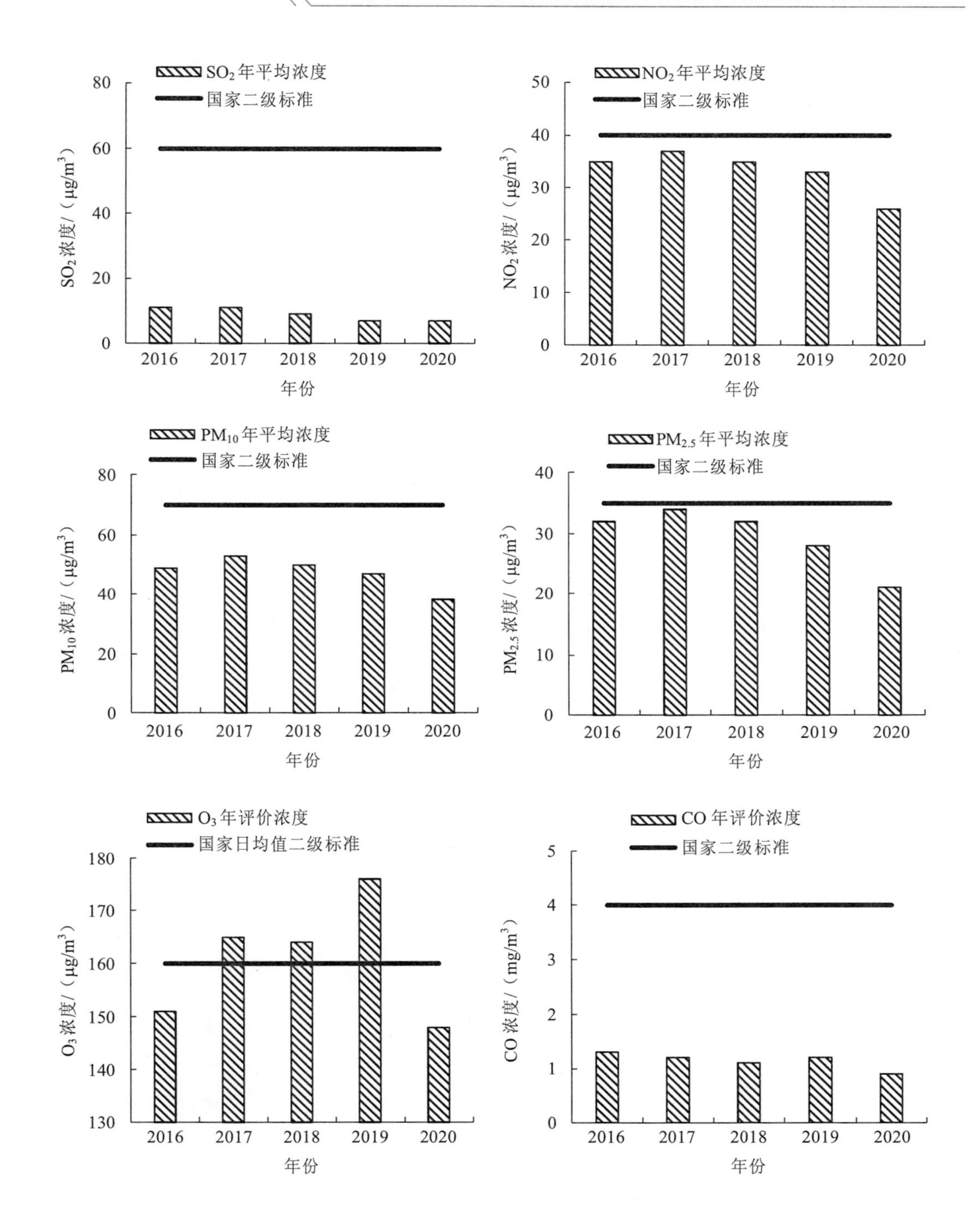

图 5.2-2　珠三角城市群“十三五”期间主要污染物排放情况

“十三五”时期，珠三角九市首要污染物主要为 NO_2、PM_{10}、O_3。其中 O_3 占比居高不下且呈逐渐升高的趋势，相比 2016 年，占比增幅达到 23.7%；NO_2 和 PM_{10} 占比呈逐步降低趋势，2016 年从 25.2%和 24.0%分别降低至 14.2%和 9.7%，分别降低了 11.0%和 14.3%（表 5.2-2，图 5.2-3）。

表 5.2-2 珠三角城市群“十三五”期间大气环境主要污染物（前 3 项）占比情况

首要污染物	占比/%				
	2016 年	2017 年	2018 年	2019 年	2020 年
O_3	43.10	46.50	55.50	60.70	66.80
NO_2	25.20	24.20	21.20	21.80	14.20
PM_{10}	24.00	23.80	17.00	9.70	9.70

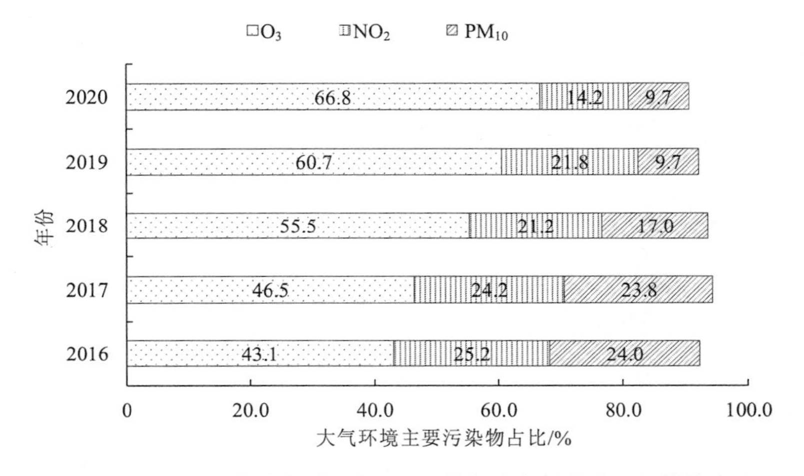

图 5.2-3 珠三角城市群“十三五”期间大气环境主要污染物占比

5.2.1.2 珠三角各地市大气环境质量趋势分析

从各地市来看，2016—2021 年中山市环境空气质量优良率总体呈上升趋势（图 5.2-4），但 2020 年后略有下降，珠海市 2016—2019 年环境空气质量优良率呈连续下降趋势，2019 年后呈显著上升趋势，环境空气质量优良率由 2019 年的 86.6%上升至 2021 年的 95.1%，而其他地市在 2016—2019 年均呈小幅下降趋势，2020 年增加后，2021 年又出现明显的下降。总体而言，2016—2021 年惠州、深圳、肇庆、珠海环境空气质量优良率高于珠三角平均值，且惠州、深圳环境空气质量优良率高于其他地市，江门、东莞、佛山和广州环境空气质量优良率低于珠三角平均值，江门市环境空气质量优良率在此期间低于其他地市。

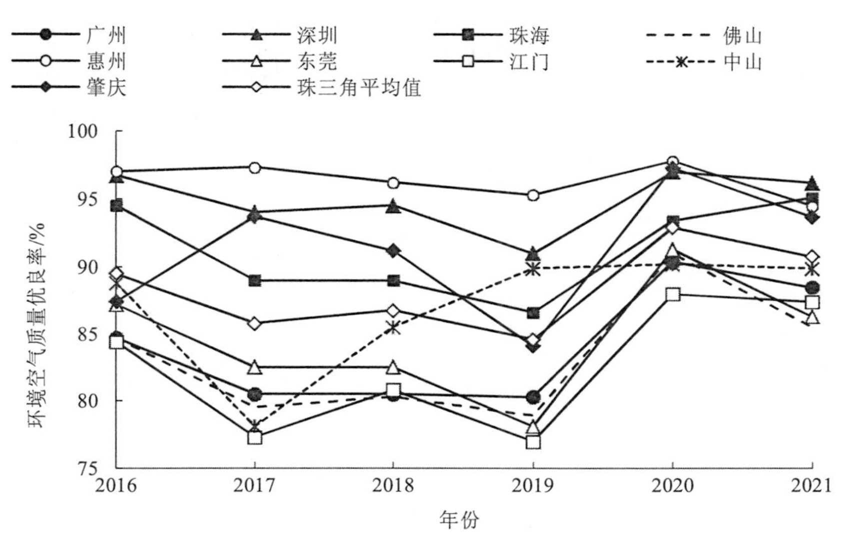

注：惠州仅包括惠城区、惠阳区和大亚湾区。

图 5.2-4　珠三角九市环境空气质量优良率变化趋势

2016—2021 年珠三角 $PM_{2.5}$ 浓度均值为 21～33 μg/m³，达到环境空气质量二级标准（35 μg/m³），且在此期间 $PM_{2.5}$ 浓度均值呈下降趋势，至 2021 年珠三角 $PM_{2.5}$ 浓度均值下降为 21.22 μg/m³。从各地市看，虽然珠三角九市 $PM_{2.5}$ 浓度均呈下降趋势，但东莞、肇庆、江门、广州、佛山 $PM_{2.5}$ 浓度高于珠三角平均值，而中山、珠海、惠州、深圳则低于珠三角平均值。2018 年前佛山、东莞、江门和肇庆 $PM_{2.5}$ 浓度均高于二级标准，惠州、深圳、珠海、中山则一直处于二级标准限值以下（图 5.2-5）。

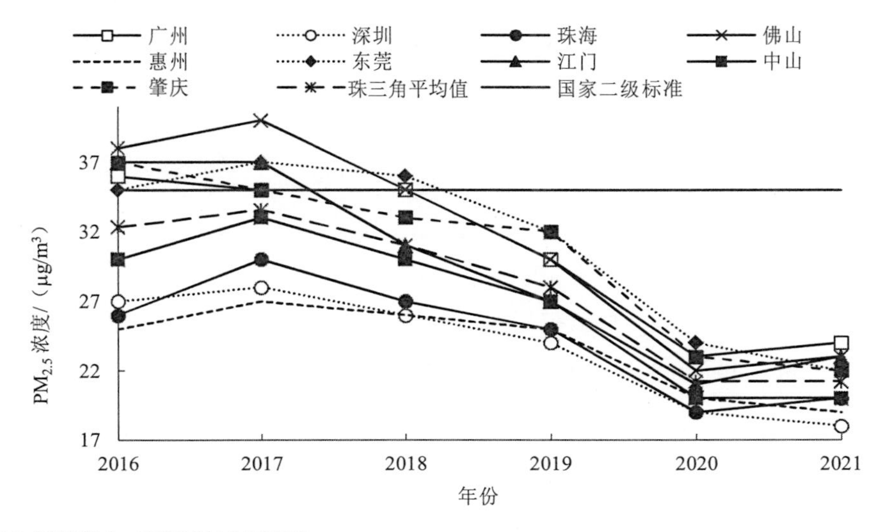

注：惠州仅包括惠城区、惠阳区和大亚湾区。

图 5.2-5　珠三角九市 $PM_{2.5}$ 浓度变化趋势

从珠三角 PM_{10} 变化趋势来看（图 5.2-6），珠三角各地市 PM_{10} 均达到环境空气质量二级标准（70 μg/m³），且 2019 年后珠海、深圳、肇庆和中山达到环境空气质量一级标准（40 μg/m³）。从变化趋势来看，珠三角九市 PM_{10} 浓度在 2016—2017 年呈上升趋势，2017—2020 年总体呈下降趋势，但 2020 年后均有回升。从各地市来看，佛山、江门、广州 PM_{10} 浓度高于其他地市，且高于珠三角平均值，中山、珠海、深圳、惠州 PM_{10} 浓度则低于珠三角平均值。

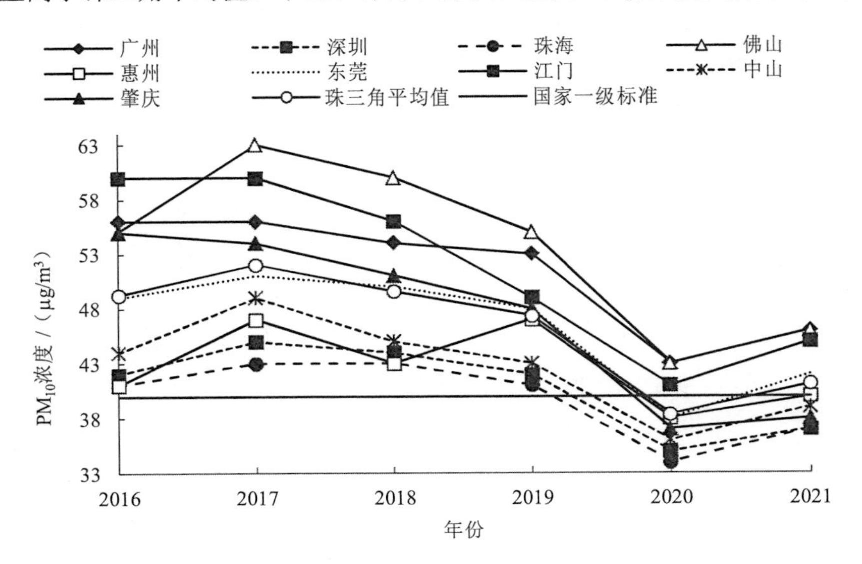

注：惠州仅包括惠城区、惠阳区和大亚湾区。

图 5.2-6 2016—2021 年珠三角九市 PM_{10} 浓度变化趋势

从珠三角 NO_2 变化趋势来看（图 5.2-7），2016—2020 年珠三角九市 NO_2 浓度总体呈下降趋势，但广州、珠海、佛山和江门 NO_2 浓度在 2020 年后有小幅回升。从各地市看，惠州、深圳、肇庆、珠海和中山 NO_2 浓度在此期间低于珠三角平均值，而江门、东莞、佛山和广州的 NO_2 浓度高于珠三角平均值，且广州、佛山 NO_2 浓度高于其他地市。惠州、肇庆、深圳、珠海、中山、江门 NO_2 浓度值均低于环境空气质量二级标准限值（40 μg/m³），东莞在 2018 年后 NO_2 浓度值低于二级标准限值，而佛山和广州则在 2020 年后低于二级标准限值。

从珠三角各地市 SO_2 浓度变化趋势来看（图 5.2-8），2016—2021 年各地市 SO_2 浓度均呈下降趋势，但广州和肇庆在 2020 年后 SO_2 浓度有小幅回升。从珠三角 SO_2 浓度均值来看，2016—2021 年珠三角 SO_2 均值为 6.8～11.1 μg/m³，且各地市 SO_2 浓度均低于环境空气质量一级标准限值（20 μg/m³）。从各地市来看，肇庆、佛山、东莞 SO_2 浓度高于珠三角平均值，而珠海、深圳和中山则低于珠三角均值。值得注意的是，惠州市 SO_2 浓度在 2017—2021 年均保持不变（8 μg/m³），2016—2018 年其 SO_2 浓度低于珠三角平均值，但 2019 年后，高于珠三角平均值。

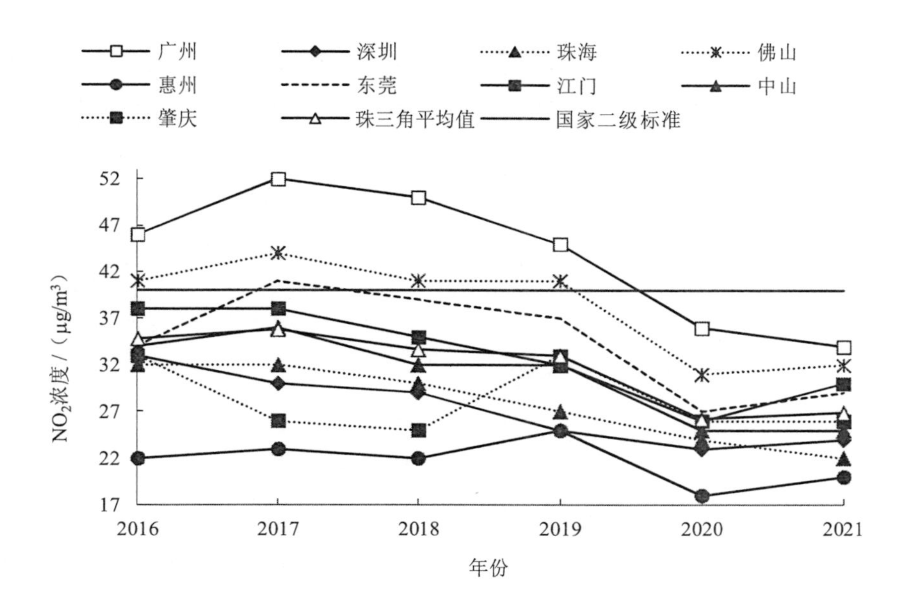

注：惠州仅包括惠城区、惠阳区和大亚湾区。

图 5.2-7　珠三角九市 NO_2 浓度变化趋势

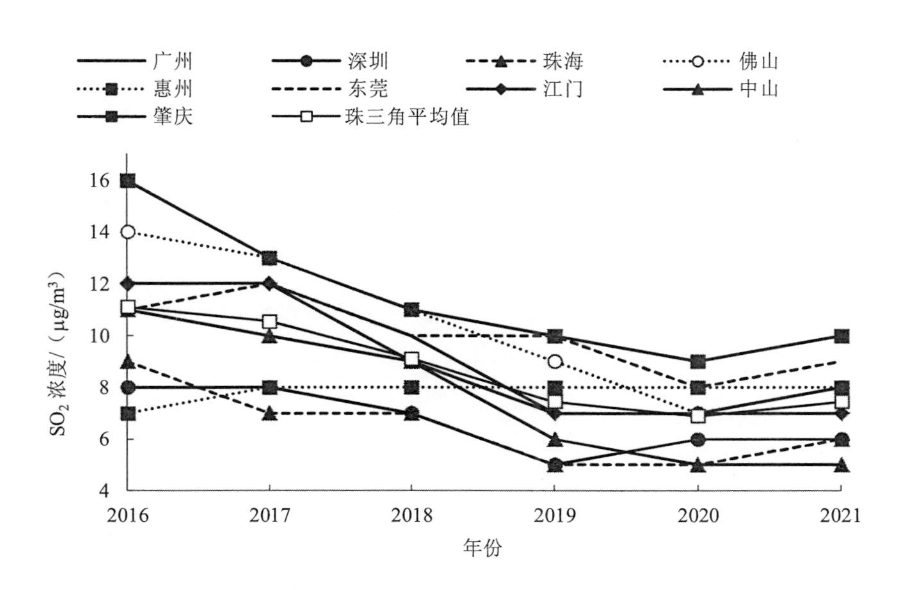

注：惠州仅包括惠城区、惠阳区和大亚湾区。

图 5.2-8　珠三角九市 SO_2 浓度变化趋势

从珠三角各地市 O_3 浓度变化来看（图 5.2-9），2016—2019 年总体呈波动增加趋势，2019—2020 年均呈下降趋势，但 2020 年后，除江门继续保持下降趋势、中山保持稳定外，其余地市均出现小幅回升。从各地市来看，江门、中山、东莞、广州、佛山 O_3 浓度均值在 157 μg/m³ 以上，高于珠三角平均值，而惠州、深圳、肇庆和珠海则低于珠三角平均值。从各地市 O_3 浓度看，2016 年除东莞和江门外，其余地市 O_3 浓度均达到环境质量二级标准（160 μg/m³），但 2017—2019 年，除惠州、深圳、肇庆等地达到二级标准外，其余地市均高于二级标准限值。2020 年除江门超出二级标准限值外，其余地市 O_3 浓度均低于 160 μg/m³，但 2021 年超出二级标准限值的地市增加到 3 个，分别为佛山、东莞和江门。

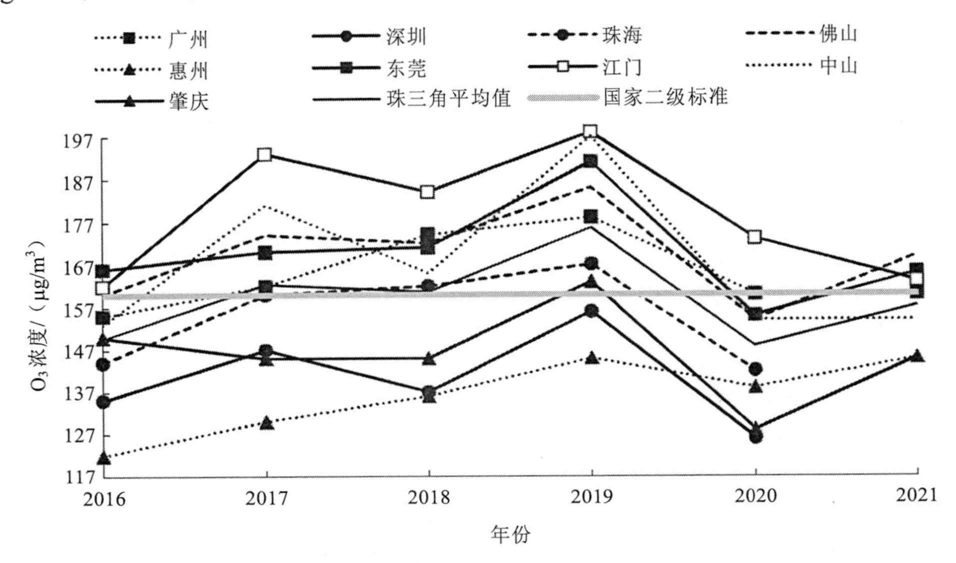

注：惠州仅包括惠城区、惠阳区和大亚湾区；O_3 浓度指日最大 8 h 滑动平均浓度的第 90 百分位数；深圳和珠海缺 2021 年数据。

图 5.2-9 珠三角九市 O_3 浓度变化趋势

5.2.1.3 小结

结合珠三角九市 2021 年大气环境质量现状以及“十三五”期间大气环境质量变化趋势，珠三角九市环境空气污染主要源于 O_3 超标，O_3 污染占比居高不下，虽然 2020 年出现大幅下降，但在 2021 年 O_3 年评价浓度为 153 μg/m³，较上年上升 3.4%，说明 O_3 管控形势依然严峻。“十三五”期间，NO_2、PM_{10}、$PM_{2.5}$ 污染防治效果明显，均在“十三五”期间呈现浓度大幅提升后逐步降低。“十四五”期间，“维稳”将成为这三类污染物管控的关键词。

5.2.2 水环境质量趋势

5.2.2.1 饮用水水源

2016—2020 年，珠三角范围除东莞市外的其他地级以上城市集中式生活饮用水水源水质均稳定达到或优于III类，达标率均为 100%。东莞市 2018 年、2019 年城市集中式饮用水水源水质达标率分别为 79.2%、83.3%，主要超标指标为溶解氧，其他年份达标率为 100.0%。

2017—2020 年珠三角范围县级集中式饮用水水源水质达标率均稳定达到 100.0%，2016 年为 94.7%，主要是由于肇庆怀集绥江怀集县城区饮用水水源存在特定项目铊超标问题。

5.2.2.2　湖泊水库

2016—2020 年，珠三角湖泊水质较稳定（表 5.2-3）。2 个省控湖泊中，惠州西湖水质从Ⅳ类改善为Ⅲ类，营养状态为中营养；肇庆星湖水质保持Ⅳ类，营养状态为轻度富营养。2 个湖泊均是景观用水，均达到水环境功能区划目标。3 个省控大型水库中，流溪河水库水质从Ⅰ类下降为Ⅱ类，杨寮水库水质保持Ⅱ类，白盆珠水库水质除 2017 年为Ⅰ类外，其他年份均为Ⅱ类。3 个省控大型水库水质均为优，营养状态以贫营养和中营养为主。

表 5.2-3　2016—2020 年珠三角省控湖泊水库水质类别

类别	名称	综合水质类别				
		2016 年	2017 年	2018 年	2019 年	2020 年
省控湖泊	西湖	Ⅳ	Ⅲ	Ⅲ	Ⅲ	Ⅲ
	星湖	Ⅳ	Ⅳ	Ⅳ	Ⅳ	Ⅳ
省控大型水库	流溪河水库	Ⅰ	Ⅰ	Ⅱ	Ⅱ	Ⅱ
	杨寮水库	Ⅱ	Ⅱ	Ⅱ	Ⅱ	Ⅱ
	白盆珠水库	Ⅱ	Ⅰ	Ⅱ	Ⅱ	Ⅱ

5.2.2.3　国考地表水

根据广东省国考断面水环境质量状况报告，2016—2020 年珠三角九市共有 37 个地表水国考断面，水质总体有较大改善。达到或优于Ⅲ类的断面比例从 72.9%上升至 86.5%，Ⅳ类断面比例从 10.8%上升至 13.5%，Ⅴ类断面比例从 2.7%下降至 0，劣Ⅴ类断面比例从 13.5%下降至 0（图 5.2-10）。

分地市来看，2016—2020 年，佛山、中山、肇庆 3 个地市地表水国考断面水质持续优良；江门市 2018 年、2019 年水质优良比例有所下降，2020 年回升至 100%；广州、珠海、惠州、东莞 4 个地市水质优良比例有较大提升，分别从 66.7%、50.0%、83.3%、0 上升至 88.9%、100.0%、100.0%和 25.0%；深圳市水质优良比例持续为 0，劣Ⅴ类断面比例从 100%下降至 0（表 5.2-4，图 5.2-11）。

2020 年珠三角 37 个地表水国考断面全面达标，6 个全面攻坚劣Ⅴ类国考断面均已消劣：茅洲河水质得到根本性改善，淡水河、东莞运河、石马河水质大幅改善，广佛跨界、深圳河水质持续改善，深圳河口、深圳-东莞共和村、东莞旗岭、东莞樟村、广州鸦岗水质达Ⅳ类，惠州紫溪水质大幅提升至Ⅲ类。4 个达优良攻坚断面均已达到攻坚目标，惠州沙河河口、珠海石角咀水闸、江门牛湾从轻度污染改善至优良，此外，广州莲花山、墩头基也从轻度污染改善至优良，助力提升全省水质优良比例（表 5.2-6，表 5.2-7）。

“十三五”期间，省级下达的考核任务珠三角九市完成情况如表 5.2-7 所示。2020 年，佛山水质优良率未达到考核目标 84.6%，其他地市均达到了省级下达的考核目标，地表水国考、省考断面全面消除劣Ⅴ类。

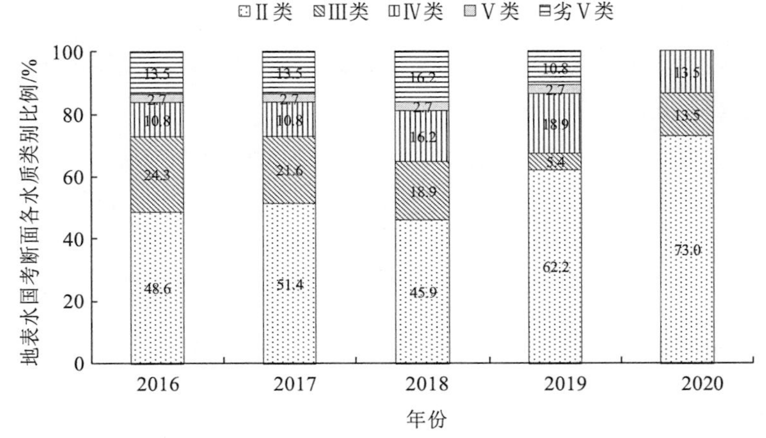

图 5.2-10　2016—2020 年珠三角地表水国考断面水质类别比例变化趋势

表 5.2-4　2016—2020 年珠三角地表水国考断面水质优良率　单位：%

	广州	深圳	珠海	佛山	惠州	东莞	中山	江门	肇庆	珠三角
2016 年	66.7	0	50.0	100	83.3	0	100	100	100	72.5
2017 年	66.7	0	50.0	100	83.3	0	100	100	100	72.5
2018 年	55.6	0	50.0	100	66.7	0	100	75.0	100	65.0
2019 年	66.7	0	50.0	100	66.7	0	100	75.0	100	67.5
2020 年	88.9	0	100.0	100	100.0	25.0	100	100.0	100	85.0
国考断面个数/个	9	2	3	4	6	4	4	4	5	37

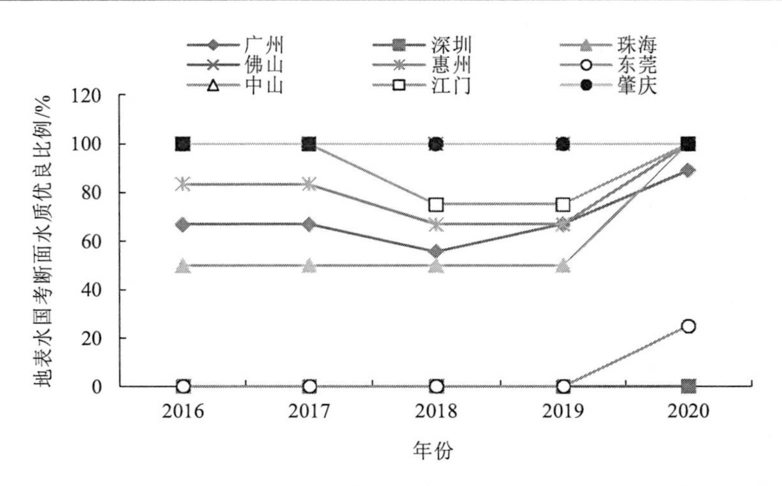

图 5.2-11　2016—2020 年珠三角九市地表水国考断面水质优良比例变化趋势

表 5.2-5　2016—2020 年珠三角地表水国考断面劣Ⅴ类比例　　单位：%

年份	广州	深圳	珠海	佛山	惠州	东莞	中山	江门	肇庆	珠三角
2016	0	100	0	0	16.7	75.0	0	0	0	15.0
2017	0	100	0	0	16.7	75.0	0	0	0	15.0
2018	11.1	100	0	0	16.7	75.0	0	0	0	17.5
2019	0	50.0	0	0	16.7	75.0	0	0	0	12.5
2020	0	0	0	0	0	0	0	0	0	0

表 5.2-6　2016—2020 年珠三角 10 个地表水攻坚国考断面水质类别变化趋势

类型	序号	考核城市	所在水体	断面名称	评价标准	水质状况				
						2016 年	2017 年	2018 年	2019 年	2020 年
达优良	1	惠州	沙河	沙河河口（里波水）	Ⅲ类	Ⅲ	Ⅲ	Ⅴ	Ⅳ	Ⅱ
	2	东莞	东江南支流	沙田泗盛		Ⅳ	Ⅳ	Ⅳ	Ⅳ	Ⅱ*
	3	江门	潭江	牛湾		Ⅲ	Ⅲ	Ⅳ	Ⅳ	Ⅲ
	4	珠海	前山水道	石角咀水闸		Ⅳ	Ⅳ	Ⅳ	Ⅳ	Ⅲ
消劣Ⅴ	5	东莞	东莞运河	樟村（家乐福）	Ⅴ类	劣Ⅴ	劣Ⅴ	劣Ⅴ	劣Ⅴ	Ⅳ
	6	广州	珠江广州河段	鸦岗		Ⅴ	Ⅴ	劣Ⅴ	Ⅳ	Ⅳ
	7	东莞	石马河	旗岭		劣Ⅴ	劣Ⅴ	劣Ⅴ	劣Ⅴ	Ⅳ
	8	深圳	深圳河	深圳河口		劣Ⅴ	劣Ⅴ	劣Ⅴ	Ⅴ	Ⅳ
	9	惠州	淡水河	紫溪		劣Ⅴ	劣Ⅴ	劣Ⅴ	劣Ⅴ	Ⅲ
	10	深圳、东莞	茅洲河	共和村		劣Ⅴ	劣Ⅴ	劣Ⅴ	劣Ⅴ	Ⅳ

*：不考虑溶解氧。

表 5.2-7　2020 年珠三角国考、省考地表水断面水质优良率统计

城市	国考、省考断面数量/个	优良率/%		劣Ⅴ类断面比例/%	
		2020 年现状	目标	2020 年现状	目标
广州	13	76.9	61.5	0	0
深圳	7	71.4	28.6	0	0
珠海	4	100.0	66.7	0	0
佛山	13	76.9	84.6	0	0
惠州	9	88.9	77.8	0	0
东莞	7	57.1	57.1	0	0
中山	6	83.3	66.7	0	0
江门	9	100.0	77.8	0	0
肇庆	12	100.0	100.0	0	0

5.2.2.4 国考入海河流

根据广东省入海河流入海断面水质监测信息（表 5.2-8，图 5.2-12），2016—2020 年珠三角入海河流入海断面监测点位 10 个，水质总体呈改善的趋势。水质优良率从 60%上升至 70%，水质达标率从 70%上升至 90%，劣Ⅴ类水体比例从 20%下降至 0，主要超标因子均为氨氮、总磷。深圳河口、虎爪断桥 2 个断面水质从不达标转为达标；沙田泗盛 1 个断面水质仍超标，其主要超标因子为溶解氧，氨氮、总磷从不达标转为达标。

表 5.2-8 2016—2020 年珠三角国考入海河流入海断面水质类别

序号	城市	河流名称	断面名称	水质目标	综合水质类别				
					2016 年	2017 年	2018 年	2019 年	2020 年
1	广州	珠江广州河段	莲花山	Ⅳ	Ⅳ	Ⅳ	Ⅳ	Ⅳ	Ⅲ
2	广州	蕉门水道	蕉门	Ⅱ	Ⅱ	Ⅱ	Ⅲ	Ⅱ	Ⅱ
3	广州	洪奇沥	洪奇沥	Ⅱ	Ⅱ	Ⅱ	Ⅲ	Ⅱ	Ⅱ
4	深圳	深圳河	深圳河口	Ⅴ	劣Ⅴ	劣Ⅴ	劣Ⅴ	Ⅴ	Ⅳ
5	珠海	磨刀门水道	珠海大桥	Ⅱ	Ⅱ	Ⅱ	Ⅱ	Ⅱ	Ⅱ
6	珠海	鸡啼门水道	鸡啼门大桥	Ⅲ	Ⅲ	Ⅱ	Ⅲ	Ⅳ	Ⅱ
7	惠州	淡澳河	虎爪断桥	Ⅴ	劣Ⅴ	劣Ⅴ	劣Ⅴ	劣Ⅴ	Ⅳ
8	东莞	东江南支流	沙田泗盛	Ⅲ	Ⅳ	Ⅳ	Ⅳ	Ⅳ	Ⅳ
9	中山	横门水道	中山港码头	Ⅱ	Ⅱ	Ⅱ	Ⅱ	Ⅱ	Ⅱ
10	江门	潭江	苍山渡口	Ⅲ	Ⅲ	Ⅱ	Ⅱ	Ⅱ	Ⅱ

注：鸡啼门大桥、虎爪断桥 2020 年开始考核，沙田泗盛 2018 年年度目标为Ⅳ类。

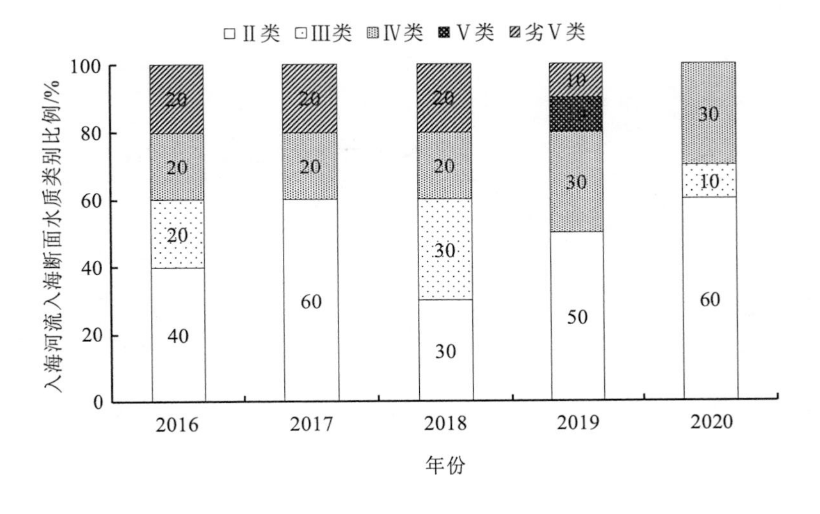

图 5.2-12 2016—2020 年珠三角入海河流入海断面水质类别比例变化趋势

5.2.3　近岸海域生态环境质量趋势

5.2.3.1　海水环境质量趋势

根据广东省近岸海域水质监测信息（表 5.2-9，图 5.2-13），2016—2018 年珠三角近岸海域主要监测点位 28 个，2019 年监测点位 121 个，2020 年监测点位 114 个。2016—2020 年，一类水质点位比例从 28.6%上升至 34.2%，二类水质点位比例从 50.0%下降至 25.44%，水质优良（一类、二类）点位比例从 78.6%下降至 59.6%，三类水质点位比例从 0 上升至 6.1%，四类水质点位比例从 0 上升至 5.3%，劣四类水质点位比例从 21.4%上升至 29.0%，主要污染因子为无机氮和活性磷酸盐。

分地市来看（表 5.2-10，图 5.2-14），广州和东莞均从 2019 年开始监测近岸海域水质，监测点位分别为 3 个和 2 个，2019—2020 年广州和东莞各点位水质类别均为劣四类。2016—2020 年，深圳市近岸海域水质监测点位从 9 个增加至 20 个，水质优良（一类、二类）点位比例从 33.33%上升至 55.00%，劣四类点位比例从 66.7%下降至 45.00%；珠海市近岸海域水质监测点位从 11 个增加至 47 个，水质优良（一类、二类）点位比例从 100%下降至 57.5%，劣四类点位比例从 0 上升至 31.9%；惠州市近岸海域水质监测点位从 4 个增加至 16 个，2016 年和 2020 年水质优良（一类、二类）点位比例均为 100%，劣四类点位比例均为 0；2016 年和 2020 年，中山市近岸海域水质监测点位均为 1 个，2016 年为二类，2020 年为劣四类；江门市近岸海域水质监测点位从 3 个增加至 25 个，水质优良（一类、二类）点位比例从 100%下降至 56.0%，劣四类点位比例从 0 上升至 12.0%。

表 5.2-9　2016—2020 年珠三角近岸海域各类水质类别点位数量及比例

年份	点位总数	一类		二类		三类		四类		劣四类	
		点位数	占比/%	点位数	占比/%	点位数	占比/%	点位数	占比/%	点位数	占比/%
2016	28	8	28.6	14	50.0	0	0	0	0	6	21.4
2017	28	4	14.3	4	14.3	0	0	3	10.7	17	60.7
2018	28	10	35.7	2	7.1	1	3.6	2	7.1	13	46.4
2019	121	13	10.7	54	44.6	10	8.3	4	3.3	40	33.1
2020	114	39	34.2	29	25.4	7	6.1	6	5.3	33	29.0

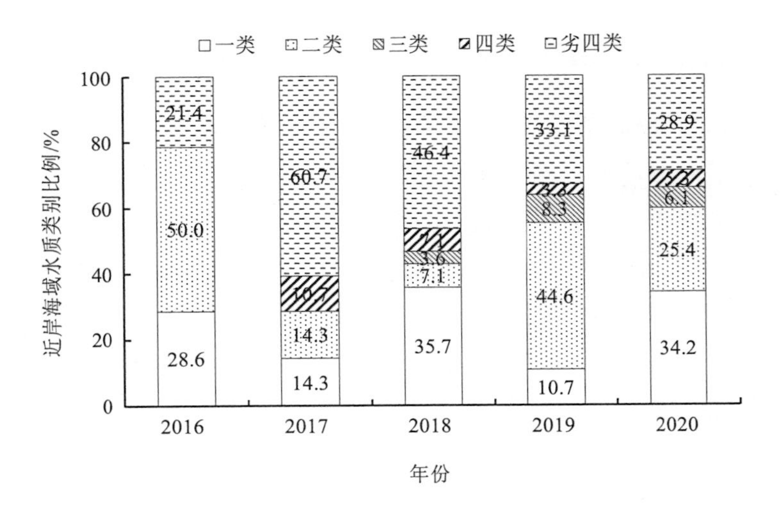

图 5.2-13　2016—2020 年珠三角近岸海域水质类别比例变化趋势

表 5.2-10　2016—2020 年珠三角近岸海域水质达到或优于二类比例　　单位：%

年份	广州	深圳	珠海	惠州	东莞	中山	江门	珠三角
2016	—	33.3	100.0	100.0	—	100	100.0	78.6
2017	—	33.3	18.2	75.0	—	0	0	28.6
2018	—	33.3	45.5	100.0	—	0	0	42.9
2019	0	45.2	50.0	89.7	0	0	50.0	55.4
2020	0	55.0	57.5	100.0	0	0	56.0	59.6

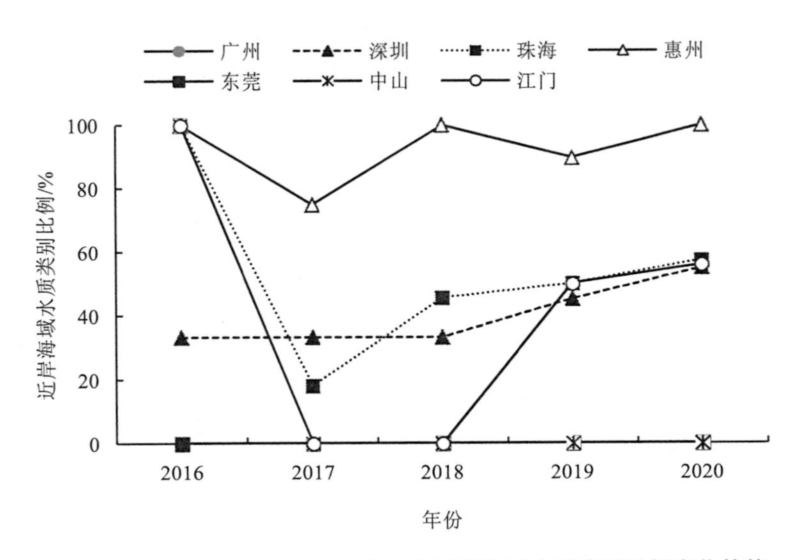

图 5.2-14　2016—2020 年珠三角 7 市近岸海域水质类别比例变化趋势

5.2.3.2　海洋生态变化趋势

夏季在珠江口、大亚湾 2 个海域开展了海洋生物多样性监测（图 5.2-15），2020 年珠江口共鉴定海洋生物 318 种，较 2017 年减少 106 种，大亚湾共鉴定海洋生物 283 种，较 2017 年增加 20 种。

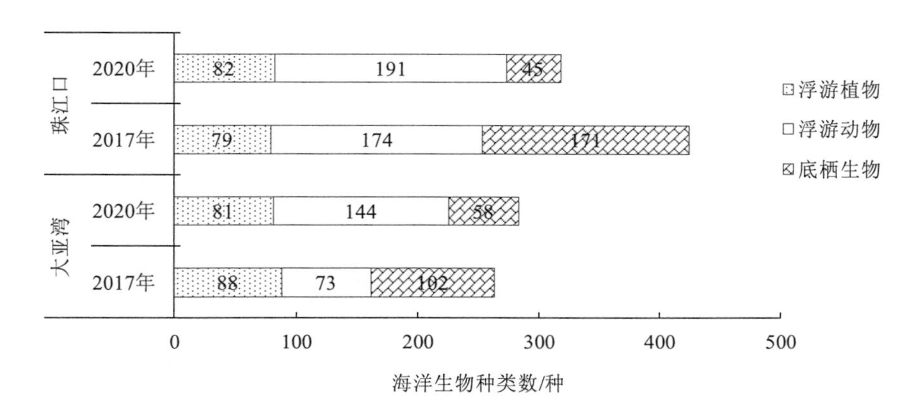

图 5.2-15　2017 年、2020 年珠三角近岸海域海洋生物种类数

5.2.4　水环境基础设施压力预测

5.2.4.1　用水量预测

采用单位人均城镇生活用水指标法预测 2025 年珠三角九市城镇生活用水量，采用万元工业增加值用水量预测 2025 年珠三角九市工业用水量。

由《2020 年广东省水资源公报》，获得珠三角九市人均城镇生活用水量；由《广东省统计年鉴》获得各地市 2020 年常住人口，结合各地市人口发展规划或国土空间总体规划，获得 2025 年规划人口或人口控制规模。预测 2025 年珠三角城市群城镇生活用水量合计为 90.05 亿 m^3，其中广州市用水量预测值最大，为 27.36 亿 m^3，其次为深圳市 15.15 亿 m^3、佛山市 11.70 亿 m^3、东莞市 11.53 亿 m^3，其他地市用水量预测值均小于 6 亿 m^3，详见表 5.2-11。

表 5.2-11　2025 年珠三角城镇生活用水量预测

区域	2020 年常住人口/万人	2025 年规划人口/万人	人均城镇生活用水量/［L/（人·d）］	2025 年城镇生活用水量预测/亿 m^3
广州	1 874.03	2 100	357	27.36
深圳	1 763.38	1 812	229	15.15
珠海	244.96	300	361	3.95
佛山	951.88	1 031	311	11.70
惠州	605.72	688	226	5.67

区域	2020 年常住人口/万人	2025 年规划人口/万人	人均城镇生活用水量/［L/（人·d）］	2025 年城镇生活用水量预测/亿 m³
东莞	1 048.36	1 140	277	11.53
中山	443.11	500	315	5.75
江门	480.41	530	281	5.44
肇庆	411.69	470	204	3.50
珠三角城市群	7 823.54	8 571	—	90.05

注：城镇生活用水量包括城乡居民生活用水和公共用水（含第三产业及建筑业等用水）。

由《2020 年广东省水资源公报》获得珠三角九市 2020 年工业增加值用水量；由《广东省“十四五”用水总量和强度管控方案》，获得珠三角九市万元工业增加值用水量较 2020 年降幅；综合“十四五”时期珠三角九市国民经济和社会发展规划、计划草案、工业和信息化发展等，设置各地市工业增加值年均增长率，或直接获得 2025 年工业增加值规划目标。预测 2025 年珠三角城市群工业用水量合计为 42.76 亿 m³，其中广州市工业用水量预测值最大，为 9.25 亿 m³，其次为东莞市 7.75 亿 m³、佛山市 5.44 亿 m³、深圳市 5.03 亿 m³，其他地市工业用水量预测值均小于 5 亿 m³，详见表 5.2-12。

表 5.2-12　2025 年珠三角工业用水量预测

区域	工业增加值/亿元		万元工业增加值用水量（不含火电）/（m³/万元）		2025 年工业用水量预测值/亿 m³
	2020 年现状	2025 年预测值	2020 年现状	2025 年预测值	
广州	5 723	8 000	14.1	11.6	9.25
深圳	9 528	12 161	4.6	4.1	5.03
珠海	1 277	2 400	11.1	9.8	2.34
佛山	5 768	7 903	8.3	6.9	5.44
惠州	1 932	3 404	17.3	14.0	4.77
东莞	4 975	6 816	13.7	11.4	7.75
中山	1 457	2 091	17.3	14.5	3.04
江门	1 168	1 881	18.6	15.4	2.90
肇庆	780	1 314	20.6	16.9	2.22
珠三角城市群	32 606	45 970	—	—	42.76

5.2.4.2　污水量预测

根据 2025 年广东省各市规划用水量，同时考虑污水收集率和地下水入渗情况，采用产污系数法预测 2025 年各市规划污水量。预测 2025 年珠三角城市群城镇污水集中处理量为 3 030.6 万 m³/d，其中广州市城镇污水集中处理量预测值最大，为 878.7 万 m³/d，其次为深圳市 475.8 万 m^3/d、东莞市 426.7 万 m^3/d、佛山市 379.8 万 m^3/d、惠州市 227.7 万 m^3/d，其他地市城镇污水集中处理量预测值均小于 200 万 m^3/d，详见表 5.2-13。

表 5.2-13 2025 年珠三角城镇污水集中处理量预测

区域	城镇生活污水集中收集率/%①	城镇生活用水折污系数②	城镇生活污水集中处理量/（万 m^3/d）③	工业废水排放量/（万 m^3/d）④	入渗地下水量/（万 m^3/d）⑤	城镇污水集中处理量/（万 m^3/d）
广州	85	0.90	573.5	177.4	127.8	878.7
深圳	85	0.88	310.1	96.6	69.2	475.8
珠海	75	0.90	73.1	45.0	21.4	139.4
佛山	75	0.90	216.4	104.4	58.9	379.8
惠州	75	0.88	102.1	91.5	34.1	227.7
东莞	75	0.90	213.2	148.6	64.9	426.7
中山	75	0.90	106.3	58.3	30.0	194.6
江门	75	0.90	100.5	55.7	28.5	184.7
肇庆	70	0.85	57.3	46.5	19.3	123.1
珠三角城市群	—	—	1752.5	823.9	454.1	3 030.6

注：①珠三角九市城镇生活污水集中收集率来源于《广东省城镇生活污水处理“十四五”规划》。

②根据《生活污染源产排污系数手册》，城镇综合生活用水折污系数为 0.8～0.9，其中人均日生活用水量≤150 L/（人·d）时，折污系数取 0.8；人均日生活用水量≥250 L/（人·d）时，取 0.9；人均日生活用水量介于 150 L/（人·d）和 250 L/（人·d）时，采用插值法确定。

③为旱天的污水处理需求，雨天截留合流污水（截留雨水+污水）通过“调蓄池+水质净化厂”协同作用，实现污水的协同处理，并未包含在预测量中。

④根据《工业源产排污核算方法和系数手册》，折污系数一般取 0.7～0.9，结合珠三角九市水资源公报工业废水排放情况确定取 0.7。

⑤根据《广州市排水工程设计技术指引》，地下水入渗量取设计污水量的 10%，在河网密集或地下水位较高的地区可取 15%。

综合珠三角九市水生态环境保护“十四五”规划、生态环境保护“十四五”规划、水务/水利发展“十四五”规划、污水系统专项规划、《广东省城镇生活污水处理“十四五”规划》等资料，获得珠三角九市 2020 年城镇污水处理设施设计规模和 2025 年规划规模，结合前述预测的 2025 年城镇污水集中处理量预测值，分析各地市城镇污水处理厂的压力。

从表 5.2-14 和图 5.2-16 可以看出，如果“十四五”时期保持 2020 年城镇污水处理设计规模，多数地市都存在较大污水处理能力缺口，仅深圳和惠州城镇污水处理能力能满足未来需求，珠三角污水处理能力亟须加强。各地均规划“十四五”时期通过新建、改建、扩建城镇生活污水处理设施等提升城镇生活污水处理能力，其中广州、深圳、珠海、惠州、东莞、中山规划的城镇污水处理规模均能满足“十四五”时期的处理需求，佛山城镇污水处理能力与需求基本相当，肇庆和江门 2 市城镇生活污水处理能力仍存在较大缺口。

表 5.2-14 珠三角城镇污水集中处理设施压力预测

区域	2025 年城镇污水集中处理量预测/（万 m^3/d）	城镇污水处理厂 2020 年现状规模/（万 m^3/d）	城镇污水处理厂 2025 年规划规模/（万 m^3/d）	城镇污水处理厂现状规模缺口/（万 m^3/d）	城镇污水处理厂规划规模缺口/（万 m^3/d）
广州	852.1	774.0	886.0	−104.7	7.3
深圳	461.3	624.5	836.5	148.7	360.7
珠海	132.7	109.7	159.3	−29.7	19.9
佛山	364.1	314.8	379.3	−65.0	−0.5
惠州	214.0	239.0	292.7	11.3	65.0
东莞	404.4	373.0	458.5	−53.7	31.8
中山	185.9	123.5	214.3	−71.1	19.7
江门	176.3	124.2	144.0	−60.5	−40.7
肇庆	112.2	78.5	94.7	−44.6	−28.4
珠三角城市群	2 903.0	2 761.2	3 465.3	−269.4	434.7

注：①城镇污水处理厂现状规模缺口，指如果维持 2020 年城镇污水处理设施设计规模，2025 年城镇污水集中处理的缺口，负值表示存在缺口，正值表示存在盈余；

②由于资料欠缺，仅部分城市城镇污水处理厂规模包含了工业废水集中处理设施的规模。

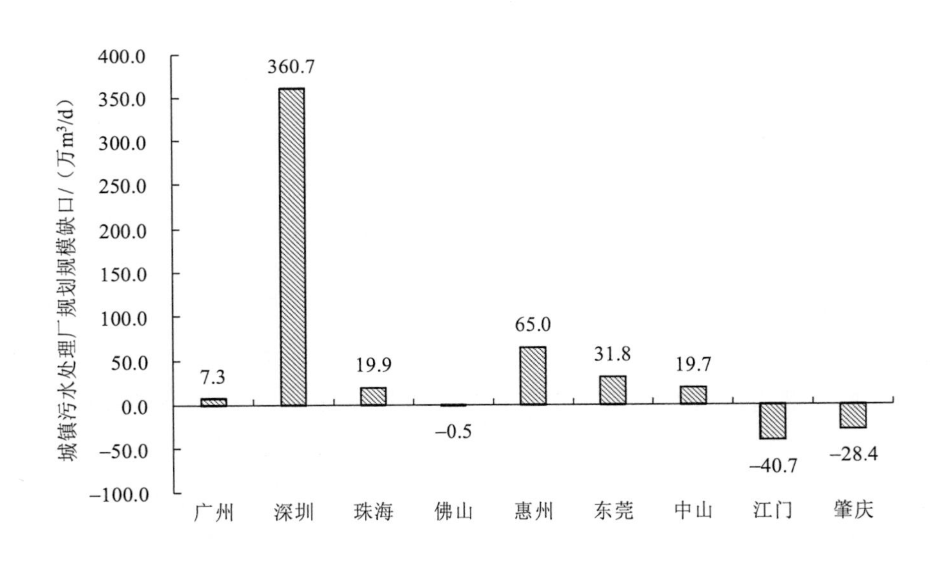

图 5.2-16 珠三角城镇污水处理厂规划规模缺口

5.2.5　固体废物处理处置能力建设与压力分析

5.2.5.1　固体废物产生及处理处置情况

（1）生活垃圾

2016—2021 年，珠三角城市生活垃圾产生量不断增长，生活垃圾无害化处理率均为100%。随着资源热力电厂的逐步投入使用，焚烧处理量逐渐提高。东莞市在全省率先实现新增生活垃圾全焚烧、“零填埋”，深圳市率先实现生活垃圾全量焚烧和趋零填埋。从处置方式来看，目前深圳、东莞、珠海及惠州已实现生活垃圾 100%焚烧处理，广州、佛山、中山、肇庆生活垃圾以焚烧发电为主、卫生填埋为辅，江门市仍以卫生填埋为主，焚烧处置设施建设滞后。

（2）一般工业固体废物

2016—2021 年，珠三角九市一般工业固体废物产生量不断增长，产生量较大的一般工业固体废物主要为粉煤灰、炉渣、冶炼废渣、脱硫石膏、污泥和其他废物等。从利用处置方式来看，综合利用是大中型工业固体废物的主要利用处置方式，在以市场为主导、政府部门监督管理的情况下，企业都能自觉对一般工业固体废物进行综合利用和处置（表 5.2-15）。

表 5.2-15　2016—2021 年珠三角地区一般工业固体废物综合利用率　单位：%

地市	2016 年	2017 年	2018 年	2019 年	2020 年	2021 年
广州	96.69	95.53	—	95.32	96.59	94.10
深圳	—	73.81	75.23	87.41	90.50	91.33
珠海	93.64	94.37	91.55	91.57	97.19	94.70
佛山	—	—	83.12	87.36	86.05	86.82
惠州	—	96.51	96.61	96.90	96.90	—
东莞	—	72.40	83.00	81.50	78.20	—
中山	72.80	85.70	77.95	78.74	78.70	—
江门	—	—	85.50	89.90	90.80	—
肇庆	41.95	56.62	90.23	—	82.63	—

（3）工业危险废物

2016—2021 年，珠三角城市工业危险废物安全处置率保持 100%，但产生量呈逐步增加趋势，产生量较多的危险废物主要是焚烧处置残渣（HW18）、表面处理废物（HW17）、含铜废物（HW22）、含铬废物（HW21）、含酚废物（HW39）、废酸（HW34）、精（蒸）馏残渣（HW11）、有色金属冶炼废物（HW48）、其他废物（HW49）等，惠州市主要危险废物种类有所不同，主要为蚀刻废液、飞灰、金属污泥、含油废物及废催化剂等。从处理方式来看，大部分地市危险废物以跨市转移处理为主。

（4）医疗废物

2016—2021 年，珠三角城市医疗废物集中无害化处置率保持 100%，处置方式主要为集中焚烧处置，处置量持续增加，各城市医疗废物无害化处置设施基本处于满负荷或超负荷运行状态。

5.2.5.2 固体废物基础设施压力预测

（1）生活垃圾

采用人均指标法预测 2025 年珠三角城市生活垃圾产生量，测算结果见表 5.2-16。

表 5.2-16 生活垃圾产生量预测情况

区域	2020 年常住人口现状值/万人	人口数量年均增长率/%	生活垃圾产生量/万 t	
			2020 年现状值	2025 年预测值
广州	1 874.03	3.28	733.76	1 008.17①
深圳	1 763.38	4.51	667.13	965.44
珠海	244.96	5.24	103.5	169.68
佛山	951.88	1.95	388.57	506.88
惠州	605.72	1.93	259.81	526.00
东莞	1 048.36	0.96	472.64	641.04
中山	443.11	2.22	198.17	239.25②
江门	480.41	0.96	175.27	551.45
肇庆	411.69	0.56	109.72	241.16
珠三角城市群	7 823.54	2.64	3 108.57	4 432.19

注：①广州市 2025 年生活垃圾产生量预测值来源于《广州市生活垃圾处理设施建设“十四五”专项规划》预测值；
②中山市 2025 年生活垃圾产生量预测值来源于《中山市生态环境保护“十四五”规划》预测值，另外以上预测并未考虑到生活垃圾分类后减量化、资源化后减少的情况。

从预测结果来看，到 2025 年，珠三角九市生活垃圾产生量仍不断增长，结合珠三角九市生态环境保护“十四五”规划、“无废城市”建设试点实施方案、生活垃圾处理设施建设“十四五”专项规划等资料，分析得出至 2025 年，各地市生活垃圾无害化处理率将持续保持 100%。

其中，广州市将按期建成新一轮生活垃圾处理设施，预计项目建成后，广州市垃圾焚烧设计处理能力可达 33 140 t/d，基本满足广州城市发展需求，生活垃圾无害化处理率保持 100%，原生生活垃圾填埋率为 0。到 2025 年，深圳市原生生活垃圾将实现全量焚烧和“零填埋”，生活垃圾分类收运系统全覆盖，生活垃圾回收利用率达 50%。到 2025 年，佛山市将实现生活垃圾“全焚烧、零填埋”的目标。中山市将推进垃圾焚烧处理设施建设，新增焚烧处理能力 2 250 t/d，到 2025 年，生活垃圾焚烧能力占比达 80%，并实现原生生活垃圾“零填埋”。肇庆市将持续提升生活垃圾焚烧处置能力，加快肇庆市环保能源发电二期工程、四会环保能源热力发电厂（二期扩建）生活垃圾焚烧发电项目建设，推动生活垃圾处理方式向“以焚烧为主，生物处理为辅，多种方式综合处理，填埋兜底”转变。截至 2020 年年底，江门市仅建有一个生活垃圾焚烧发电厂，生活垃圾处理仍以卫生填埋为主，焚烧处置设施建设滞后，根据《江门市“无废城市”建设实施方案（2021—2025 年）》，到 2025 年，江门市生活垃圾焚烧处理占比 100%。

（2）工业固体废物

采用产污系数法，引入固体废物产生当量衰减因子，结合固体废物污染防治统计数据，进行珠三角城市一般工业固体废物产生量预测，结果见表 5.2-17。

表 5.2-17　珠三角城市一般工业固体废物产生量预测

区域	2020 年工业增加值现状值/亿元	2025 年工业增加值预测值/亿元	2020 年一般工业固体废物产生量现状值/万 t	2025 年一般工业固体废物产生量预测值/万 t
广州	5 723	8 000	566.95	796.56①
深圳	9 528	12 161	241.34	247.20
珠海	1 277	2 400	284.713	429.42
佛山	5 768	7 903	447.04	491.55
惠州	1 932	3 404	183.74	259.80
东莞	4 975	6 816	668.18	734.66
中山	1 457	2 091	124.64	234.57②
江门	1 168	1 881	228.9	295.83
肇庆	780	1 314	215.67	291.57
珠三角城市群	32 606	45 970	—	—

注：①广州市 2025 年一般工业固体废物产生量预测值来源于《广州市固体废物处理设施专项规划（2020—2030）》预测值；
②中山市 2025 年一般工业固体废物产生量预测值来源于《中山市工业固体废物污染防治三年规划（2023—2025 年）》预测值。

采用产污系数法，引入危险废物产生当量衰减因子，进行珠三角城市危险废物产生量预测，结果见表 5.2-18。

表 5.2-18　珠三角城市危险废物产生量预测

区域	2020 年工业增加值现状值/亿元	2025 年工业增加值预测值/亿元	2020 年工业危险废物产生量现状值/万 t	2025 年工业危险废物产生量预测值/万 t
广州	5 723	8 000	60.78	79.24①
深圳	9 528	12 161	67.18	68.81
珠海	1 277	2 400	23.92	36.08
佛山	5 768	7 903	43.85	48.22

区域	2020 年工业增加值现状值/亿元	2025 年工业增加值预测值/亿元	2020 年工业危险废物产生量现状值/万 t	2025 年工业危险废物产生量预测值/万 t
惠州	1 932	3 404	45.68	64.59
东莞	4 975	6 816	45.259 7	49.76
中山	1 457	2 091	17.441 195	24.03[②]
江门	1 168	1 881	39.11	50.55
肇庆	780	1 314	9.69	13.10
珠三角城市群	32 606	45 970	—	—

注：①广州市 2025 年工业危险废物产生量预测值来源于《广州市固体废物处理设施专项规划（2020—2030）》预测值；
②中山市 2025 年工业危险废物产生量预测值来源于《中山市生态环境保护“十四五”规划》预测值。

从预测结果来看，到 2025 年，珠三角九市一般工业固体废物产生量仍不断增长，结合珠三角九市生态环境保护“十四五”规划、“无废城市”建设试点实施方案、固体废物处理设施专项规划等资料，分析各地市一般工业固体废物处理处置的压力，得出至 2025 年，各地市一般工业固体废物在源头减量的基础上，综合利用率将持续提升。

依据在建或已取得环评批复的固体废物集中利用处置设施基本情况，预计 2025 年广州市一般工业固体废物集中处置能力仍有待加强。鉴于此，广州市拟通过规划建设 1 个规模达 30.0 万 t/a 的一般工业固体废物处置场，集中处置皮、革、废弃纺织材料、橡胶等，提升广州市一般工业固体废物处理处置能力，预期到 2025 年广州市一般工业固体废物综合利用率可达95.5%及以上。深圳市一般工业固体废物城市源头减废成效显著，预期到2025 年，综合利用率达到 95%。珠海市一般工业固体废物在源头减量的基础上，通过加快推进污泥处置项目建设，鼓励利用污泥处置项目协同处理低价值或无价值一般工业固体废物，预期到 2025 年，珠海市一般工业固体废物综合利用率达到 93%。到 2025 年年底，佛山市工业固体废物产生强度将稳步下降，综合利用水平和比例大幅提升，区域处置设施缺口基本补齐。惠州市通过推动主要工业领域源头减量，将城市生活污泥、有热值的一般工业固体废物通过生活垃圾焚烧设施进行焚烧处置，确保到 2025 年年底，各县（区）专项垃圾处理能力基本满足区域需求。到 2025 年，东莞市完成一般工业固体废物填埋场建设，新增一般工业固体废物填埋能力 1.0 万 t/a，全市一般工业固体废物基本无填埋能力缺口；同时，通过提升工业固体废物源头减量与资源化利用水平，一般工业固体废物综合利用率将达到 88%。中山市通过加快康丰二期项目建设，到 2025 年，形成一般工业固体废物处理处置能力 21 万 t/a；同时按照《中山市一般工业固体废物分类利用处置指引》强化分类管理，推动可直接替代或者经过预处理后能够替代常规燃料或原材料的一般工业固体废物进入生活垃圾焚烧厂协同处置，预期到 2025 年，中山市一般工业固体废物综合利用率将达到 93.5%。江门市通过强化建设项目固体废物管理，引导企业源头减量；同时，推广一批先进适用技术装备，推动一般工业固体废物综合利用产业规模化、高值化、集约化发展，到 2025 年江门市一般工业固体废物综合利用率将达到 92%以上；肇庆市通过推进造纸白泥综合利用项目、水泥窑协同处置工业固体废物项目，基本可满足“十四五”一般工业固体废物处理需求，到 2025 年肇庆市一般工业固体废物综合利用率不低于 91%。

从预测结果来看，到 2025 年，珠三角九市工业危险废物产生量仍不断增长，结合珠三角九市生态环境保护“十四五”规划、“无废城市”建设试点实施方案、固体废物处理设施专项规划等资料，分析各地市危险废物处理压力，得出到 2025 年，通过市内处理为主与跨市转移为辅相结合的方式，将持续保持危险废物安全处置利用。

依据在建或已取得环评批复的固体废物集中利用处置设施基本情况，预计 2025 年广州市危险废物填埋、综合利用能力仍存在一定缺口。鉴于此，广州市通过推进南沙区和花都区工业危险废物焚烧处置项目、启动处置中心填埋场三期建设等措施，可满足广州市危险废物处理处置能力需求。根据《深圳市生态环境保护“十四五”规划》《深圳市“十四五”时期“无废城市”建设实施方案》，深圳市将加快危险废物综合处置及资源化利用项目建设，提升危险废物综合利用和无害化处置能力，到 2025 年，深圳市危险废物利用处置能力达到 78 万 t/a，工业危险废物利用处置率达到 100%，综合利用率预期达到 65%。根据《珠海市固体废物污染防治“十四五”规划》《珠海市垃圾处理设施专项规划（2020—2035）》，通过鼓励危险废物产生企业积极开展废物减量工作，同时，新增危险废物利用、处置能力约 110 万 t/a，到 2025 年，珠海市工业危险废物安全处置率达到 100%，工业危险废物综合利用率预期达到 80%。根据《佛山市生态环境保护“十四五”规划》《佛山市“无废城市”建设试点实施方案》，佛山市将制定实施危险废物集中处置设施建设规划，尽快形成以资源化利用为主、减量填埋为辅的可持续无害化处置的保障能力。推动液态零星危险废物集中收运处理设施建设。到 2023 年年底，佛山市危险废物利用处置能力不小于 100 万 t/a，覆盖全市 95%以上产废种类需求；到 2025 年年底，佛山市危险废物处置量的 80%可在市内实现闭环管理，危险废物“分级、分类、分流”集中收集模式基本形成。根据《惠州市生态环境保护“十四五”规划》，“十四五”期间，惠州市通过升级整合危险废物处置基础设施建设，推进广东省危险废物综合处理示范中心三期项目，建设总库容为 9.75 万 m^3 的刚性填埋场，处置规模为 1.5 万 t/a；推进惠州大亚湾石化区环境服务及资源综合利用项目，建设内容为废催化剂、废油泥、油污水等的收集、利用，预计处置规模为 2 万 t/a；提升废矿物油、废铅酸蓄电池的利用处置能力，提高焚烧飞灰的无害化处理能力，确保到 2025 年全市危险废物得到及时安全利用处置。根据《东莞市工业固体废物污染防治规划（2019—2035）》《东莞市生态环境保护“十四五”规划》，到 2025 年，东莞市将完成海心沙资源综合利用中心绿色工业服务（三期）项目建设，除 HW49（废铅蓄电池）、HW29、HW23、HW31 等需由省内区域协同解决的危险废物类别外，基本无利用能力缺口；同时，完成东南部卫生填埋场（二期）和危险废物安全填埋场建设，分别新增生活垃圾焚烧飞灰、危险废物安全填埋能力 14.60 万 t/a、6.8 万 t/a，全市基本无生活垃圾焚烧飞灰、危险废物填埋能力缺口；推动具有较高利用价值危险废物的资源化利用，2025 年当年危险废物资源化利用率提高至 64.53%，减轻危险废物末端处置压力。根据《中山市工业固体废物污染防治三年规划（2023—2025 年）》，中山市仍存在危险废物利用处置能力结构不均衡的问题。规划通过推动中山市工业炭基绿岛服务中心项目（活性炭再生 37 万 t/a）和中山市炎力有色金属有限公司扩建铝灰渣利用项目（1.5 万 t/a）建设，进一步补齐危险废物利用处置能力短板；同时，鼓励显著提升生产工艺水平的危险废物综合利用改建项目和中山市能力不足的危险废物类别综合利用新建、扩建项目，提高危险废物资源化利用水平，减轻危险废物末端处置压力，预期到 2025 年，中山市工业危险废物综合利用率达到 87%。根据《江门市“无废城市”建设实施方案（2021—2025 年）》，通过加快推进江门市崖门金属污泥资源化利用项目、江门市电子制造业配套绿色工业服务项目、中部地区铜镍等污泥资源化利用扩建工程、恩平市华新环境工程有限公司水泥窑协同处置固体废物改扩建项目等一批项目建设，到 2025 年，江门市工业危险废物安全处置能力达到 100 万 t/a 以上，全市危险废物处置能力与产废情况总体匹配，工业危险废物综合利用率达 65%。根据《肇庆市生态环境保护“十四五”规划》《肇庆市“无废城市”建设试点实施方案》，肇庆市将进一步推进完善处理处置设施建设，提升电镀污泥和含铜废渣等危险废物本市综合利用处置能力。补齐部分种类危险废物处置能力缺口，基本可满足“十四五”时期末危险废物安全处理需求。

（3）医疗废物

根据人口数量和单位人口产废率预测医疗废物产生量（表 5.2-19）。

表 5.2-19 珠三角城市医疗废物产生量预测情况

区域	2020 年常住人口现状值/万人	2025 年常住人口规划值/万人	2020 年医疗废物产生量现状值/万 t	2025 年医疗废物产生量预测值/万 t
广州	1 874.03	2 100	2.72	4.23①
深圳	1 763.38	1 812	2.07	2.13
珠海	244.96	300	0.30	0.37
佛山	951.88	1 031	0.76	0.82
惠州	605.72	688	0.48	0.55
东莞	1 048.36	1 140	1.01	1.10
中山	443.11	500	0.39	0.69②
江门	480.41	530	0.32	0.36
肇庆	411.69	470	0.29	0.33
珠三角城市群	7 823.54	8 571	—	—

注：①广州市 2025 年医疗废物产生量预测值来源于《广州市固体废物处理设施专项规划（2020—2030）》预测值；
②中山市 2025 年医疗废物产生量预测值来源于《中山市生态环境保护“十四五”规划》预测值。

从预测结果来看，到 2025 年，珠三角九市医疗废物产生量仍不断增长。结合珠三角九市生态环境保护“十四五”规划、“无废城市”建设试点实施方案、固体废物处理设施专项规划等资料，得出到 2025 年，珠三角九市医疗废物将保持 100%安全处置。

5.2.5.3　小结

2016—2021 年，珠三角城市各类固体废物处置能力均呈不断增长趋势，生活垃圾无害化处理率达 100%，工业危险废物及医疗废物均 100%安全处置，一般工业固体废物综合利用水平仍有待提升。通过对各类固体废物产生量进行预测，到 2025 年，珠三角九市各类固体废物产生量仍不断增长。结合珠三角九市生态环境保护“十四五”规划、“无废城市”建设试点实施方案、生活垃圾处理设施建设“十四五”专项规划、固体废物处理设施专项规划等资料，获得珠三角九市“十四五”期间，在建及规划建设固体废物末端处理设施情况，总结得出“十四五”期间，珠三角九市各类固体废物处理处置能力与产废情况总体匹配，基本满足“十四五”时期末需求。

5.3　生态环境保护成效与典型做法

5.3.1　生态系统质量提升成效与典型做法

珠三角森林生态状况总体良好，2021 年森林覆盖率达 51.84%[①]，主要建设区域绿化覆盖率达 45.95%[②]。珠三角九市全部获得“国家森林城市”称号，成为我国首个国家森林城市群。“城在山水中，家在花园里”成为珠三角很多城市诗意栖居的生动写照。建有各类自然保护地 431 处，主要包括自然保护区、森林公园、湿地公园、风景名胜区、地质公园和海洋特别保护区（海洋公园），总面积超过 7 326 km^2。林地、湿地等自然资源保护力度得到加强，面积和质量不断提升，野生动植物保护体系逐步形成，生物多样性保护得到进一步加强，城市生态系统基本稳定。建设海洋自然保护区、特别保护区、海洋公园及水产种质资源保护区，珠江口海洋自然保护区总数达 24 个，有效保护海洋生物多样性和海洋生境。

（1）加快构建蓝色海洋生态屏障

2019—2021 年累计投入中央和省级生态修复专项资金 6.06 亿元用于支持开展珠江口 28 个海岸线生态修复项目和 13 个重点海湾整治项目，积极开展海岸带保护与利用综合示范区建设；全面加强珠江河口滩涂保护与利用，印发《广东省珠江河口滩涂保护与开发利用规划》，提出珠江河口滩涂保护与利用总体布局，严格执行《广东省河口滩涂管理条例》

---

① 坚持绿色发展，广东生态环境发生巨大变化[EB/OL].（2022-10-12）http：//lyj.gd.gov.cn/gkmlpt/content/4/4027/post_4027745.html#2441.

② 珠三角城市森林覆盖率超 51%，但仍需“见缝插绿”[EB/OL].（2021-12-08）https：//baijiahao.baidu.com/s？id=1718557966018775303&wfr=spider&for=pc.

有关规定，秉持保护优先的原则，严格控制河口滩涂的开发利用。积极推动珠江口湿地保护修复工作，2019—2020 年珠江口 7 市共完成红树林营造修复面积 2 900 亩，提升了珠江口地区红树林等湿地生态功能。

（2）统筹城乡绿化美化

2012 年，广东省在全国率先提出建设珠三角国家森林城市群。按照规划，到 2020 年，珠三角国家森林城市群基本建成。目标提出以来，广东省陆续编制了《珠三角国家森林城市群建设规划》《珠三角地区水鸟生态廊道建设规划》和《广东省森林城市发展规划》，统筹城市品质提升和乡村绿化美化，推进森林小镇、森林乡村和绿美古树乡村建设，持续开展新一轮绿化广东大行动，推进大规模国土绿化。“十三五”期间，珠三角地区完成碳汇造林 3.4 万 hm^2、林相改造 4.6 万 hm^2，沿海基干林带建设 740 hm^2、纵深防护林建设 1.4 万 hm^2，湿地类型的自然保护区数量达 26 个，湿地公园总数达 127 个。共建设带状森林 89 处、街心公园 717 个，新建和提升生态景观林带 6 900 km、绿道 4 200 km，古驿道绿化提升 86 km，建设碧道 97.79 km，城乡绿道长度达到 2.26 km/万人，区域生态廊道建成率达到 94.84%。2018 年，珠三角九市实现森林城市全覆盖；2020 年，珠三角城市群 16 项指标全部达到《国家森林城市群评价指标》标准。

（3）强化生物多样性保护，确保生物资源安全

加强地方性法规制度建设。广州、深圳、佛山、珠海等地市积极开展区域内生物多样性调查，及时掌握本底资源，并不断强化生物多样性保护制度建设。例如，广州市印发《广州市生物多样性保护实施方案（2022—2024 年）》和《广州市生物多样性保护工作责任清单》，深圳市发布《深圳市生物多样性保护行动计划（2020—2025 年）》，珠海市颁布《珠海经济特区禁止食用野生动物条例》，佛山市发布《佛山市人民政府关于加强陆生野生动物资源保护的通告》（佛府〔2014〕97 号），拟定了《佛山市打击野生动植物非法贸易部门间联席会议制度》，江门市修订《广东江门中华白海豚省级自然保护区管理办法》，东莞市印发《东莞市处置以食用为目的的人工繁育野生动物工作方案》《关于规范陆生野生动物救护工作的通知》《东莞市黄唇鱼自然保护区巡护工作制度》《东莞市黄唇鱼自然保护区环境监测工作制度》《东莞市黄唇鱼自然保护区黄唇鱼救护工作实施方案》，肇庆市制定并发布《肇庆市古树名木保护管理办法》等规范性文件。通过健全地方性法规制度体系，严厉打击各类破坏野生动植物资源的违法犯罪活动，切实保护野生动植物。

加强野生动植物栖息地建设。广州市海珠国家湿地公园坚持“基于自然的解决方案”，修复建设湿地生态，现已成为粤港澳鸟类生态走廊的重要节点，鸟类从 72 种增加到 180 种，被誉为城市高密度区生物多样性保护的国际范例。深圳市首条野生动物保护“生态廊道”——大鹏新区排牙山-七娘山节点生态廊道结合原有地形进行适当地形整理和植被恢复，结合地下涵洞清理改造，营造更丰富的湿地系统，参考大鹏半岛自然植被结构，使生

态修复节点周边环境与桥梁生境保持一致，同时恢复了物种的迁移和基因交流，形成一个具有豹猫（国家二级保护野生动物）、野猪等多种哺乳类、爬行类、两栖类动物活动和通行的通路，成功将深圳市东部生态网络重新连成一个整体。廊道建成后，记录了包括豹猫、野猪在内的多种哺乳动物的多次活动，湿地修复工程有效吸引 24 种鸟类、5 种爬行动物以及 8 种蛙类在此繁殖，成为一个良好的动物栖息地。佛山市通过强化湿地保护，科学实施建设，积极开展退耕还湿、退养还滩、岸线修复、栖息地改造、造林绿化等行动，不断提升湿地管理能力，实现重要湿地的精准保护和管理，有效地保护了动植物栖息地。

健全外来物种入侵风险防控体系。深圳市发挥人工智能、大数据创新优势，建立动植物疫情、进出境检疫监测网络，开展主动监测和病原监测，不断健全区域生物安全风险监测预警体系，提升生物疫情疫病防控能力。加强转基因生物安全管理，探索开展转基因生物安全评价工作。珠海市各级林业部门积极筹划，完成《松材线虫病和薇甘菊防控目标责任书》双线签订工作，成立了“珠海市松材线虫病和薇甘菊防治指挥部”，建立部门联动机制；制定《松材线虫病预防工作实施方案》和《薇甘菊防控实施方案》，加强松材线虫病、薇甘菊、红火蚁外来有害生物防治，累计建成红火蚁疫情防控示范点 10 个，红火蚁发生密度降低了 96%。佛山市通过完善机制体制，加大资金投入，积极开展普查、精准防治，加强检疫监管与宣传培训等，积极做好松材线虫病、薇甘菊和红火蚁等重大林业有害生物防治防控。江门市农业农村局制定《江门市红火蚁防控三年行动方案（2021—2023 年）》等系列文件，分步骤、分阶段推进红火蚁防控。东莞市市政府与各镇街人民政府，市林业局与镇街农林水务局（农办）层层签订了外来物种入侵防控目标责任书，强化了目标责任落实，制定了《东莞市林业有害生物灾害应急预案》，明确各成员单位职责和部门协调机制以及疫情信息沟通机制。惠州市编制《松材线虫病防控五年攻坚行动方案》，组织全市开展林业有害生物日常监测，全市监测面积 4 182 万亩次。肇庆市政府与各县市政府签订了《2015—2017 年重大林业有害生物防治目标责任书》，加强协调全市松材线虫病、薇甘菊等重大林业有害生物防控工作。此外，肇庆市还结合全市林业有害生物普查结果，重点加强全市生态景观林带等林业重点生态工程薇甘菊疫情监测，发现疫情及时除治。

5.3.2　大气环境质量提升成效与典型做法

2021 年，珠三角 AQI 达标率平均为 90.8%，空气质量总体上优于长三角、京津冀。2021 年珠三角九市平均优良天数比例为 90.8%，高于京津冀及周边地区“2+26”城市（67.2%）和长三角地区（86.7%）；$PM_{2.5}$浓度为 21 μg/m^3，低于京津冀及周边地区“2+26”城市（43 μg/m^3）和长三角地区（31 μg/m^3），优于欧盟标准以及世界卫生组织空气质量准则的第二阶段过渡目标值（25 μg/m^3）。在全国 168 个重点城市中，珠三角 5 市（深圳、惠州、珠海、中山、肇庆）空气质量排名前 20。

（1）高位推动，建立区域联防联控工作机制

珠三角大气污染防治联防联控机制主要体现在三个方面：一是建立粤港澳大珠三角联防联控工作机制。依托粤港合作联席会议制度，落实《珠江三角洲地区空气质素管理计划（2011—2020年）》，推进大气污染防治合作。2014年，粤港澳三地共同签署了《粤港澳区域大气污染联防联治合作协议书》，把环保合作由粤港、粤澳、港澳双边合作推进到粤港澳三边合作。自2018年起，以粤港澳大湾区建设国家战略实施为契机，以建设国际一流、绿色大湾区为目标，加强区域生态环境保护和生态文明建设。二是立足区域，在全国率先建立区域联防联控工作机制。2008年成立区域大气污染防治联席会议制度，2010年在国内最早发布实施首个面向城市群的大气复合污染治理计划——《广东省珠江三角洲清洁空气行动计划》，按照“环境保护与经济发展相结合，属地管理与区域联动相结合，先行先试与整体推进相结合”的基本原则，全面推进珠三角大气污染联防联控工作。三是突破区划，建立3个经济圈联防联控工作机制。依托广佛肇（广州、佛山、肇庆）、深莞惠（深圳、东莞、惠州）、珠中江（珠海、中山、江门）3个城市群，加强城市间环保规划衔接和环境应急预警联动，加强重大项目环评审批协调，共同推进环境空气质量改善。

（2）制度先行，建立污染防治决策管理体系

建立综合管理法规政策体系，不断细化配套专项管理措施。先后印发油气回收综合治理、机动车排气污染防治、火电厂降氮脱硝工程、水泥行业降氮脱硝、工业锅炉污染整治实施方案和挥发性有机物污染减排方案等专项整治方案，出台锅炉、水泥工业大气污染物排放标准及家具、印刷、表面涂装、制鞋行业挥发性有机化合物排放标准等地方标准和技术指南。建立重点污染企业动态更新名单，不断完善修正火电厂、锅炉、挥发性有机物、油气回收、建筑扬尘等重点污染源名单，确保大气污染防治工作对象清晰、措施具体。

（3）源头治污，调整优化产业能源结构

大力发展新兴产业，引导产业合理布局。珠三角地区不再新建燃煤燃油电厂和炼化、炼钢炼铁、水泥熟料、平板玻璃等大型项目，并逐步实行更加严格的排放标准，倒逼转型升级；禁止在城市通风廊道上新建高层建筑群；积极推进落后产能淘汰和“散乱污”工业企业（场所）综合整治；实行重污染行业“入园进区、集中治污”；调整优化能源结构和布局，严格控制新增煤电，实行煤炭消费减量管理，严格高污染燃料禁燃区管理。

深圳市推动平板玻璃、造纸、水泥、印染等重污染行业产业转移，家具制造、印刷等大气污染重点行业进行产业升级；通过对燃油、燃煤、燃木材等污染锅炉的淘汰，率先实现电厂超低排放，彻底淘汰高污染的普通工商业用煤和民用散煤。

珠海市大力实施工业绿色升级，推进万企清洁生产审核行动；大力推进能源结构升级和煤改气工程，统筹建设工业园区热电冷联产和分布式能源系统，加快集中供热工程建设，推动深能洪湾、斗门华电、京能钰海等项目列入省能源发展“十四五”规划。

东莞市印发实施《东莞市煤炭消费减量和自备电厂煤改气工作实施方案》，将煤炭控制指标下达各镇街，建立属地镇街煤炭消费预警和管控机制，由党政一把手亲自抓，全力削减控制煤炭消费总量。

江门市铁腕推进高污染高排放行业企业淘汰搬迁，印发实施了《江门市区（主城区）化工、玻璃、制革、造纸、陶瓷企业关停搬迁改造及监管方案》，推进市区（主城区）高污染高排放行业企业搬迁改造及淘汰退出。

（4）持续推进挥发性有机物综合治理

广州市开展重点挥发性有机物企业销号式整治，督促污染天气应对减排清单内企业落实错峰生产和污染天气减排要求。珠海市紧盯涉 VOCs 排放企业开展综合施治，省、市级 VOCs 重点监管企业“一企一策”综合整治率达 100%。

惠州市将 VOCs 年排放量 10 t 以上的企业逐步纳入重点监管企业管理，并完成省级重点监管企业和市级重点监管企业的综合整治工作。大亚湾区石化行业建成较完善的 VOCs 监测监控和管理体系，石油炼制、有机化工等重点企业全面应用 LDAR 技术；积极推进汽车维修、餐饮等行业 VOCs 综合整治。

东莞市全力推进“一企一策”综合整治，开展重点行业低挥发性原料改造；印发实施《东莞市印刷行业和重点工业涂装行业低挥发性原料改造工作实施方案》，大力推动实施原辅材料替代工程，削减源头污染排放，不断提升重点行业 VOCs 末端治理水平；制定实施《东莞市重点 VOCs 企业污染整治工作实施方案》《东莞市 VOCs 治理技术指南》，为 VOCs 企业开展整治工作提供参考依据。

中山市全面深化涉 VOCs 排放企业治理，严格实施《挥发性有机物无组织排放控制标准》附录 A 要求，企业厂区内 VOCs 无组织排放监控点浓度执行特别排放限值；建立健全 VOCs 分级管控清单及更新机制，推动企业转型升级。

江门市印发《江门市挥发性有机物（VOCs）整治与减排工作方案（2018—2020 年）》，全面加强挥发性有机物污染防治，持续推进全市挥发性有机物省级重点监管企业“一企一策”整治和市级、县级重点监管企业综合整治工作。

（5）深入开展工业炉窑和锅炉污染综合治理

珠海市开展城市工业烟囱综合整治行动，在高污染燃料禁燃区内开展“消灭黑烟囱”清查整治，并开展高架源烟囱消除白烟治理行动。

惠州市出台《惠州市工业炉窑大气污染综合治理工作方案》，严格控制涉工业炉窑建设项目，禁止新建燃料类煤气发生炉，加大落后产能和不达标工业炉窑淘汰力度，建立并完善涉工业炉窑企业分级管控清单动态更新机制，推进工业炉窑全面达标排放。

东莞市推动燃煤锅炉淘汰改造，制定《关于加强高污染燃料禁燃区环境管理的通告》，将东莞市划定为高污染燃料禁燃区，实施Ⅲ类（严格）管理；印发实施《燃煤锅炉等燃烧设施淘汰改造工作方案》，推动燃气供达或集中供热区域燃煤锅炉逐步淘汰或实施清洁能源改造工程。

中山市加强对生物质成型燃料锅炉的监管和抽检力度，禁止掺烧煤炭、垃圾、工业固体废物等其他物料；以分级管控为抓手，推动锅炉、工业炉窑清洁能源改造，促进用热企业向园区集聚。江门市加强工业窑炉环境监管，淘汰集中供热管网覆盖区域内的分散供热锅炉，实施生物质成型燃料锅炉专项整治，推进燃煤锅炉超低排放改造工作。

（6）精准施策，强化移动源治理监管

以推进公交电动化工作为重点推进移动源治理，广州、深圳和珠海等市实现公交100%电动化。实施机动车国四、国五、国六排放标准，加强在用车达标监管。划定黄标车限行区并全面开展黄标车闯限行区电子执法。

珠海市大力推广新能源运用，所有新增或更新的巡游出租车以及办证网约车 100%使用纯电动汽车，珠海金湾机场 17 个廊桥机位岸电覆盖率达 100%，建成 APU 替代设施智能监测平台；同时，划定黑烟车禁行区，不断强化机动车监管力度，通过“遥感+抽检”方式严格监管在用车，累计建成机动车遥感监测点位 9 个、独立黑烟监测点位 2 个。

佛山市逐步淘汰市政环卫、垃圾运输、园林绿化、路桥养护领域佛山市政府部门（含下属事业单位）名下自有的国三排放标准柴油车；同时，公务车优先选用新能源车，不断淘汰佛山市政府部门（含党政机关、事业单位）自有的国三排放标准柴油公务车。

惠州市依法划定禁止冒黑烟等可视污染物车辆限行时间和行驶区域，全天 24 小时禁止排放有明显可见烟度或烟度值超过林格曼 1 级的机动车在惠州市行政区域内道路行驶。

东莞市推进交通结构调整，淘汰国三及以下柴油车，实现公交 100%纯电动化；积极推进机动车遥感监测系统建设，在莞长路和松山湖大道建设遥感监测系统，通过高效筛查高污染、高排放车辆，遏制机动车辆超标排污行为，全面提升机动车污染监管水平。

中山市积极推广新能源汽车应用，鼓励公务租车优先选用新能源汽车，严厉打击非法成品油生产、储存、运输、销售、使用全链条违法行为，加强成品油销售企业监督检查。全面落实《中山市施工工程非道路移动机械油品直供方案（试行）》，严格实施非道路移动机械编码登记制度；严格落实船舶大气污染物排放控制区要求，逐步加快推进船舶 LNG 动力改造和加注站建设。

江门市推广电动公交车及新能源汽车，加强在用车辆和非道路移动机械监管，打好柴油货车污染治理攻坚战。

肇庆市划定禁止重型运输车辆通行区域和时段，科学制定重型运输车辆绕城通行路线；组织公安、交通、生态环境部门常态化开展路面联合执法行动，重点查处柴油货车冒黑烟和尾气超标排放。加快纯电动公交车替换工作。

（7）推进面源管控精细化，强化扬尘污染防治

广州市制定扬尘防治“6 个 100%”管理标准图集，开展扬尘治理“净化”专项攻坚行动。

珠海市颁布实施《珠海市建设工程施工扬尘污染防治手册》《施工扬尘控制标准要求》，全面加强工地扬尘污染控制，要求建筑面积 5 万 m^2 以上工地安装扬尘在线监测系统，定期曝光和处罚未落实扬尘污染防治措施施工单位。同时，要求建筑垃圾和粉状物料运输车辆配备卫星定位装置并实现全封闭运输。与此同时，珠海市积极关闭城市建成区外围 5 km 范围的露天开采矿山及碎石场，并进行复耕、复绿。在推进农业面源综合整治方面，珠海市积极推进秸秆、树枝等生物质综合利用，全面禁止露天焚烧，建立市、区、镇三级政府以及村民自治组织的目标管理责任制，依法查处露天焚烧秸秆、垃圾和其他废弃物等违法行为。

惠州市通过加强《惠州市扬尘污染防治条例》配套制度建设，开展工地扬尘净化、裸土堆场扬尘清零、道路升级保洁三大行动，打造一批示范项目等，全面提升城市扬尘污染防治水平。同时，不断完善扬尘污染管控工作机制，加密扬尘污染巡查频次，开展扬尘污染问题暗查暗访，建立扬尘污染问题销号制度，定期动态更新问题清单、调度销号进展，督促扬尘污染问题快查快办、动态清零。

东莞市《关于进一步加强建设工地扬尘污染防治工作的通知》，进一步明确各方主体建筑施工扬尘污染责任，加强道路扬尘污染控制。印发实施《东莞市城管系统蓝天保卫战行动方案》，强化道路保洁，通过数字城管系统加强对环卫清扫工程用车的作业质量、文明作业等的监管。通过摸排露天垃圾焚烧黑点、24 小时值守快速反应、设立群众举报奖励机制等方式多措并举整治露天垃圾焚烧问题，强化露天焚烧污染控制。同时，对群众较多的重点区域加强巡查，及时发现和制止露天焚烧行为，对情节严重的行为人责令整改。

中山市建立健全信息调度机制和市镇两级监管机制，形成线上信息互享，线下联合执法的污染防治体系，鼓励利用秸秆覆盖农作物和秸秆直接还田，建立全覆盖网格化监管体系，严查露天焚烧（垃圾、枝叶、秸秆）、占道经营露天烧烤等违法行为。

肇庆市建立在建工程项目扬尘防治管理清单，强化施工场所扬尘防治“7 个 100%”措施，加强对重点工地监管，应用视频实时监控现场扬尘防治情况和运输车辆全密闭行为。全面禁止露天焚烧，制订农作物秸秆等生物质综合利用和禁烧工作方案，建立县、镇、村三级监管体系，实施网格化监管。

（8）强化大气环境决策科技支撑

为“空气蓝”增加含金量，强化大气环境管理决策支撑，推动空气环境质量持续改善。

深圳市支持北京大学等机构开展 $PM_{2.5}$ 来源解析工作，并建立了“1 塔 6 站”的空气污染立体监测体系，实现了高空和地面结合的全天候立体化监测工作。通过对“1 塔 6 站”收集的立体监测数据进行分析，进一步掌握了深圳市雾霾的特征、形成机理以及污染物来

源等重要信息并据此提出深圳市雾霾的重点治理领域。在此基础上发布《深圳市大气环境质量提升计划》，对深圳市雾霾问题进行精准治理。

珠海市借助公共视频资源植入 AI（人工智能）视频图像分析系统的环境监管平台自动识别扬尘车辆冒黑烟等环境污染情况，自动记录并汇总上报，大大提升了用车大户的生态环境监管效能。通过人工智能助力生态环境精细化管理，移动污染源重点单位环保主体责任得到充分夯实。

惠州市通过搭建空气质量微型站加密监测网络，采用大气颗粒物层析仪以及空气质量遥感、无人机航拍等技术服务，研发集成空气质量模型的决策平台，提升空气质量管理信息化水平和污染源排放监管能力。

中山市健全臭氧污染天气应对机制，定期开展空气质量预测预报联合会商，针对不同污染因子提出有效的应对措施。建立健全大气监测网络。逐步推动在线监测，加强卫星遥测及反演技术、无人机巡查、VOCs 走航监测、热点网格等科技手段在重点区域及工业园区污染物排放监控中的运用。

江门市逐步完成大气网格化监控系统建设，实时监控区域内主要污染物动态，委托暨南大学开展臭氧及前体物污染特征和来源解析工作，为下一步大气污染防治工作提供技术支撑。

5.3.3 水环境保护成效与典型做法

（1）高质量完成水污染防治攻坚战目标任务，地表水环境质量显著改善

水环境质量显著改善。2021 年，珠三角范围一共有 65 个国考地表水断面，水质优良率为 89.2%，较 2016 年上升 16.7 个百分点；劣Ⅴ类断面比例为 0，较 2016 年下降 2.5 个百分点；14 个入海河流国考断面全面消除劣Ⅴ类；各地市均达到省下达的考核目标。“十三五”时期末珠三角 37 个地表水国考断面全面达标，6 个全面攻坚劣Ⅴ类国考断面均已消劣，4 个达优良攻坚断面均已达到或优于Ⅲ类。2021 年，4 个省级攻坚断面中，已有 2 个断面阶段性达到目标Ⅲ类，16 个市级攻坚断面全部达到“十四五”时期攻坚目标。肇庆市 2021 年国考断面水环境质量状况排名全国第 16，全省第 1；东莞、深圳 2 市水环境质量改善情况排名全省前 5。

黑臭河涌整治成效明显。截至 2021 年年底，珠三角上报“全国城市黑臭水体整治监管平台”的黑臭水体共 410 条，全部消除黑臭，实现“长制久清”，黑臭水体达到“长制久清”比例为 100%（表 5.3-1）。

表 5.3-1　珠三角黑臭水体整治完成情况（截至 2021 年年底）

序号	城市	国家监管平台数量/个	自报达到“初见成效”数量/个	黑臭水体达到“初见成效”比例/%	黑臭水体未达到“长制久清”数量/个	黑臭水体达到“长制久清”比例/%
1	广州	147	147	100	0	100
2	深圳	159	159	100	0	100
3	珠海	17	17	100	0	100
4	佛山	8	8	100	0	100
5	惠州	27	27	100	0	100
6	东莞	22	22	100	0	100
7	中山	16	16	100	0	100
8	江门	12	12	100	0	100
9	肇庆	2	2	100	0	100
合计		410	410	100	0	100

其中，深圳市于 2019 年年底在全国率先实现全市域消除黑臭水体，全市 159 个黑臭水体、1 467 个小微黑臭水体全部不黑不臭，被国务院办公厅评为重点流域水环境质量改善明显的 5 个城市之一，并获评国家城市黑臭水体治理示范城市。深圳坚持高位推动、上下联动，构建治水新格局，实施“治水十策”和“十大行动”；深圳市政府每年编印年度建设计划、攻坚责任手册，实施挂图作战，通过“台账化、项目化、数字化、责任化”压实治水责任。深圳市以“正本清源、雨污分流”为核心，逐个小区、逐栋楼宇、逐条管渠排查改造，用 4 年时间补齐了 40 年的治污基础设施短板，“十三五”期间新增污水管网 6 460 km，新增污水处理能力 280 万 t/d，完成小区、城中村正本清源改造 1.5 万个，基本实现污水全收集、收集全处理、处理全达标。直面暗涵暗渠这一超大型城市治水“硬骨头”，走在全国前列，整治暗涵暗渠 569 个、348 km，完成 34 个、12.5 km 暗渠复明。

广州市精准打出“控源、截污、清淤、补水、管理”治水组合拳，并以此为基础，探索、建立了一套超大城市黑臭水体治理的“12345”思路，即：以全面落实河（湖）长制的“1 套机制”为统领，按照网格化和排水单元的“2 套网格”划分作战单元，深入“3 源”（源头减污、源头截污、源头雨污分流），全面推进实施“4 洗”（洗楼、洗井、洗管、洗河）和“5 清”（清理非法排污口、清理水面漂浮物、清理底泥污染物、清理河湖障碍物、清理涉河违法建设）专项行动。广州市被列入国家监管平台的 147 条黑臭水体于 2019 年全面消除黑臭，车陂涌、双岗涌、景泰涌整治入选全国治水典型案例，市民认为建设美丽宜居花城过程中成效最为显著的是“黑臭河涌治理”。

入河排污口全部完成整改。截至 2020 年年底，珠三角“清污”整治行动共排查入河排污口 10 762 个，其中需整改的排污口 7 655 个，已全部完成整改，整改完成率达 100%（表 5.3-2）。

表 5.3-2 珠三角“清污”专项入河排污口清理整治情况（截至 2020 年年底）

序号	城市	入河排污口总数/个	需整改数量/个	正在整改数量/个	已完成整改数量/个	整改完成率/%
1	广州	2 014	1 781	0	1 781	100
2	深圳	1 221	1 159	0	1 159	100
3	珠海	600	452	0	452	100
4	佛山	680	680	0	680	100
5	惠州	1 571	1 319	0	1 319	100
6	东莞	1 516	1 477	0	1 477	100
7	中山	206	13	0	13	100
8	江门	2 445	626	0	626	100
9	肇庆	509	148	0	148	100
合计		10 762	7 655	0	7 655	100

（2）深入推进河流水环境综合整治，树治水攻坚典范

深圳市全面推进水污染治理攻坚。开展五河水质达标分析研判和对策评估，印发茅洲河、深圳河、观澜河、龙岗河、坪山河等五河水体达标方案。建立精细化科技化管控机制，强化河流水质监测预警排名通报，对全市 310 条河流的 408 个断面实施“一周一测”工作，监测结果“一周一通报，两周一排名”，助力精准治水。成立五大流域下沉督办协调组，狠抓流域统筹、协调督办、监测执法和技术支撑。其中，茅洲河经过近 5 年的全方位综合整治，水质实现从“墨汁河”、劣Ⅴ类到全流域消除黑臭、Ⅳ类的跨越。通过碧道建设，茅洲河流域建成 6 座生态湿地、10 座雨水花园、10.12 km 植草沟、103.1 万 m^2 绿地、45.6 km 漫步道，串联起周边公园、绿道等，构建了沿河生态廊道，逐步实现了从污染治理到生态修复，再到美丽河湖的蜕变。茅洲河先后入选水利部“全面推行河湖长制典型案例”、生态环境部“美丽河湖优秀案例”和“广东省十大美丽河湖”，成为水产城共治典范。

惠州市充分发挥河长制、湖长制作用，压实各级河长责任，强化统筹协调，推动淡水河水污染攻坚取得明显成效，水质从劣Ⅴ类提升至Ⅲ类，淡水河治理工程入选广东省“十佳污染防治攻坚战典型案例”，淡水河上榜“广东十大美丽河湖”。惠阳区将淡水河治理列为全区 1 号工程，调集资源优先服务治水，实行区级河长治河全权全责的“五包责任制”，明确各级河（湖）长问责方式。

惠州市围绕水污染攻坚目标，强力推进“三建、两控、一治”的“3+2+1”治水工程。“三建”即建设污水处理设施、污水配套管网和补水工程，淡水河流域治污能力从 27 万 t 提升到 50.35 万 t，2019 年以来建成污水管网 327.0 km，顺利完成 15 万 m^3/d 的清净尾水生态补水项目。“两控”即强化工业与农业面源管控。其中，在工业管控方面，创新监管手段，实现大数据网格化分类精准管控，成功排查登记全区工业企业 3 048 家；通过安装大数据在线监控系统，对全区 79 家主要涉水重点企业实行交叉检查执法。在农业管控方

面，建立三级联防长效监管机制，聘请第三方对非法养殖场航拍排查，发现一家清理一家，严防回潮反弹。积极开展非法养殖场废弃物和粪污塘清理整治，持续推进规模养殖场畜禽养殖废弃物资源化利用。“一治”即推进河涌综合治理。围绕“污水不入河”的目标，全面推进入河排污口治理，淡水河流域 403 个在册入河排污口已全部完成治理。

加强对跨界河涌的治理力度。广州市近年来当好“牵总”角色，与兄弟城市一道共同探索跨市河涌治理新机制，并积极做好本市跨区河涌的治理，有效缓解了部分跨界河涌治理上的痛点、难点。广州市水务局与中山市水务局签订联合执法协议，广州市河长办和佛山市河长办每季度召开联防共治协调会，加强并保持常态性的联合互动工作机制。至 2020 年，广佛跨界河流水环境质量持续稳定改善并首次取得全面达标的历史性突破。鸦岗断面年均水质从 2017 年劣Ⅴ类提升至稳定达Ⅳ类，达到国家考核要求。深圳市强化跨市协同治理，与东莞市“每月一会”，变各自为政为全流域联动作战；与惠州市共同建立联席会议，协调推动深惠交界段防洪整治和跨界河流水污染协同治理。到 2020 年，深莞交界共和村断面由劣Ⅴ类提升至Ⅳ类，达到国家考核要求。

（3）强力整治污染源，实现源头减污减量

一是深入治理生活源，污水处理效能显著提升。城镇水环境基础设施日益完善。2018—2020 年，珠三角累计新增县级以上城市污水处理能力 498 万 t/d，累计新增镇级生活污水处理能力 85.91 万 t/d，截至 2020 年年底，珠三角城镇污水处理能力达 2 703.195 万 t/d。其中广州市城镇污水处理能力达 774 万 t/d，位居全国第 2，推动全市 2 万余个排水单元内部排水设施的权属人、管理人、养护人、监管人“四人”到位，消除管网错漏混接，确保雨水、污水各行其道，实现“排水用户全接管、污水管网全覆盖、排放污水全进厂”。农村生活污水治理全面推进。广州市 2018 年农村生活污水治理行政村覆盖率提高至 100%，2020 年年底自然村生活污水收集和治理完成率达 100%，在全省率先实现 7 231 个自然村生活污水治理全覆盖（其中 2 190 个接入城镇污水处理厂，3 512 个建设农村生活污水处理设施，1 529 个采用污水资源化利用），南沙区获选 2020 年全国农村生活污水治理示范区。

二是全面控制工业源。全面清理整治“散、乱、污”工业企业，广州市建章立制、大数据排查、分类整治等手段多管齐下，强化“散、乱、污”场所清理整治。深圳市制定“一河一策”“一河一图”，通过“利剑”执法行动大力整治沿河周边涉水“散、乱、污”企业。全面推行排水许可证制度，东莞市印发《东莞市污水排入城镇污水管网管理办法（试行）》，2018—2021 年 3 月共核发排水许可证 19 569 份，逐步在全市推进持证排水、无证不得排入城镇污水管网的工作管理机制。强化污水排放监督管理、雨污水错混接整改、雨污分流改造，实现污水不直排入河、雨水不入厂，推进污水处理提质增效，不断提高水环境质量。推行工业废水集中处理，佛山市已建成 12 座工业废水集中处理厂，合计处理能力达 40.47 万 t/d。严格环境执法，佛山市加大对重点断面控制单位纳污范围内重点支涌、特征污染因子企业的排查力度，实施挂图作战、大数据精准执法，2020 年佛山市处罚金额 1.2 亿元，2019 年以来，佛山市行政处罚案件数及金额两项数据均进入全国地市前列。

三是严格整治农业源。惠州市大力开展农业面源污染歼灭战，制定实施了《惠州市畜禽养殖废弃物资源化利用工作方案》《惠州市畜禽养殖污染防治工作方案》。以高压态势严防非法养殖反弹，不间断地开展禁养区畜禽养殖场的清理、清拆工作，坚决制止养殖反弹情况。推广生态养殖减少污染，以实施生态养殖效果明显的规模化养殖企业为示范，大力推广“畜（禽）-沼-鱼-果（菜）”综合利用和循环利用的立体生态养殖模式，综合利用废弃资源。先后有 14 家养殖场实施牲畜废弃物管理示范工程。积极推动农药、化肥亩均施用量负增长，推进高标准农田建设。

四是开展涉水面源污染整治。深圳市印发《深圳市涉水面源污染长效治理工作方案》，成立深圳市涉水面源污染整治办公室，配套《深圳市涉水面源污染整治责任手册》，对整治工作的具体任务、完成时限及责任单位等做了明确规定，以多方行动、联合整治的方式，推动深圳市河流水质全天候、全水域达标。累计排查包括餐饮食街、汽修洗车、农贸市场、垃圾转运站等在内的 13 类涉水面源 30 余万个，推动完成整改问题 4.84 万个。

（4）推进美丽幸福河湖建设，打造水生态亮丽名片

珠三角地市大力推进美丽河湖建设，打造了一批省级美丽河湖典范，广州市乌涌、深圳市茅洲河、东莞市华阳湖、惠州市沙河、深圳市大沙河、珠海市前山河、惠州市淡水河等七大河湖成功入选“2021 年广东省十大美丽河湖”。

其中，珠海市河（湖）长制从重拳治污治乱、改善河湖面貌的阶段进入全面强化、标本兼治、打造幸福河湖的阶段。创新前山河“六个一”攻坚治理模式，探索特色“治水兴城”之路。通过设立一套监测系统、开展“一张图”作战、制定一套工作手册、建立一项巡查机制、建立一套联动机制、制定“一张清单”综合施治，特殊防控时期 8 部门 24 小时联合巡查的方法，稳步推进前山河系统治理，2020 年实现了前山河石角咀水闸国考断面水质年平均达地表水Ⅲ类标准。

横琴新区创新“河长制+”治理模式，打造天沐河万里碧道。通过污水管网清淤和病害治理等多项举措，使天沐河水质得到显著改善。在此基础上，引入海绵城市建设理念对天沐河进行整体规划建设，既达到了“源头减排、过程控制、系统治理”的水污染治理效果，又达到了“大雨不内涝、小雨不湿鞋”的防汛排涝成效。天沐河作为横琴新区地理中心及景观轴线，举办了包括赛艇、马拉松、骑行等在内的多项赛事运动，打造成为珠澳两地亮丽的水生态休闲旅游“新名片”。天沐河“河长制+”治理模式，成功入选广东省河湖治理能力现代化建设典型案例，并报送水利部，具有示范效益。

截至 2021 年年底，珠海市已累计建成 123.28 km 碧道，天沐河、芒洲湿地、香山湖、三灶湾海堤、黄杨河、东岸排洪渠等一批碧道示范项目“串起”了珠海人的幸福生活，成

为珠海亮丽的水生态名片。芒洲湿地碧道入选“全省亲水运动体验最佳的 20 条碧道”；香山湖碧道被评为“全省十大浪漫碧道”之一；广东省首个流域万里碧道建设展示馆也成功落户珠海，构建了以碧道为连接的水文化学习交流平台。

5.3.4　近岸海域环境保护成效与典型做法

（1）海洋环境质量稳中向好

珠三角沿海地市通过实施“一河一策”、挂图作战、专班督导，扎实推进全流域系统治污，水污染治理取得转折性成效，有效降低河流入海污染负荷，实现入海河流和近岸海域水质同步改善。2016—2021 年珠三角国考入海河流断面水质总体呈改善趋势，水质达标率从 70.0%上升至 92.9%，水质优良率从 60.0%上升至 78.6%，劣Ⅴ类水体比例从 20%下降至 0，于 2020 年起全面消除劣Ⅴ类。珠三角近岸海域水质从 2017 年开始稳中向好，改善显著，水质优良（一类、二类）点位比例从 28.6%上升至 62.3%，劣四类水质点位比例从 60.7%下降至 26.3%。其中惠州市近岸海域水质总体优良，近 2 年水质优良点位比例稳定达 100%。

（2）陆海统筹，系统推进近岸海域污染治理

突出制度引领，陆海统筹生态治理体制逐步完善。广州市先后出台《关于广州港船舶污染物接收、转运、处置联单制度的通知》《广州市船舶与港口污染物接收、转运、处置联合监管机制》《广州港口和船舶污染物接收、转运及处置设施建设方案》《船舶污染物接收、转运、处置联单制度》等文件，不断完善港口污染防治机制，明确各部门分工，有效推进了港口环境治理；印发了《广州市近岸海域海漂垃圾治理实施方案》，明确了各沿海区政府、生态环境、城市管理综合执法、港务、海事、农业农村、海洋综合执法等部门的工作机制，建立了近岸海域海漂垃圾处置工作的监管机制，有效提升了近岸海域海漂垃圾处置能力。

加强陆域污染控制与总量减排。深圳市针对全市“四湾一口”海域开展了污染物入海总量控制研究，实施陆源总氮削减，严格管控污水入河，有效推动河流总氮浓度稳步下降。积极开展近岸海域整治工程，以陆源污染防治为重点，加强海域集水区污水处理设施的建设和配套管网的完善，全面整治入海河流。中山市编制完成《中山市入海污染物控制方案（2020—2023 年）》，要求按照“海陆一盘棋”的理念，统筹流域和海域污染防治工作，入海河流污染整治与近岸海域污染防治紧密衔接。

全面排查入海口，持续推进整治力度。深圳市对各类入海排口进行“查、测、溯、治”，建立“一口一档”；印发《深圳市入河（海）排放口管理暂行办法》，将入海排污口纳入常规监管及监测，实行常态化管理；并将所有入海排污口纳入“利剑”专项执法行动。

（3）美丽海湾建设试点初见成效

深圳市以生态环境导向的发展模式引领美丽海湾建设，取得显著成效：大鹏湾近岸海域水质优良比例达 100%，其中 70%达到一类标准，湾内 28 条入海河流、89 个入海排口水质

全部达标，沙滩海滨浴场水质优良。生物多样性丰富，鸟类分布广泛，游泳生物超过 190 种，浮游植物超过 130 种，珊瑚超过 60 种，重点珊瑚分布区活珊瑚覆盖率达 50%，成为近海生物多样性资源的重要分布区，成功入选生态环境部“美丽海湾优秀案例”。主要通过“源头治污、生态提质、机制保障、社会共建”全过程开展大鹏湾美丽海湾建设和海湾综合治理。源头防控，产业升级。全力推进污水管网建设，水质净化厂总处理能力达 20.6 万 t/d，基本实现大鹏湾污水 100%收集处理。依法关停多家重污染印染企业，转型为知名生态产业。固本培元，生态提质。建立“司法介入，专业引领，科技跟踪”的生态环境损害赔偿替代性修复新模式，加强全湾自然岸线、红树林、珊瑚等生态修复，提升生态系统服务功能。海陆统筹，形成合力。推动建立多方联合常态化监管机制，率先构建“海域—流域—陆域”海湾环境监测监管制度体系。全面开展海洋污染及海漂垃圾联合治理，构建可视化、多维度的动态监测智慧系统。共建共治，社会参与。对湾区内 1.7 万原村民实施生态补偿，15 年来共计补贴 22.4 亿元。通过设立生态环保基金会，培育海湾生态环境保护组织，举办海洋保护活动，形成政府、企业、社会三方共建共治共享机制。建成烟墩山滨海湿地公园、“世界第一长”海滨栈道、海贝湾滨海碧道，构成亮丽的生态休闲空间，形成人海和谐的生态格局。

珠海市统筹推进 9 个海湾改造提升，打造浪漫国际海岸。近年来，珠海市扎实推进美丽海湾保护和建设工作，珠海市情侣路特色滨海湾区获评为 2021 年度广东省最美海湾优秀案例。突出规划引领，编制《珠海市情侣浪漫风情海岸整体提升规划》《情侣路核心景观区综合提升规划》《情侣路旅游交通详细规划》等 6 项规划，从提出规划构想、提升沿线核心景观区综合服务水平、改善交通、打造夜景灯光效果等方面作出系统性谋划。立足特色资源，连接山海城湾岛景观。根据“九大海湾”不同功能定位、景观特质，为每个海湾量身定制详细提升计划，提供不同视角的景观效果，围绕口岸商务、商贸旅游、文化艺术、科技创意等主题，形成湾湾相扣整体景观风貌。开展生态修复，打造生态文明典范。开展唐家湾-凤凰湾、香炉湾-野狸岛等五大整治提升工程，推进淇澳红树林湿地保护与生态修复工程及香炉湾沙滩、凤凰湾沙滩、绿洋湾沙滩修复，实现环境保护与经济增长可持续性发展。

（4）海洋生态保护修复取得实效

珠三角全面推进海洋生态系统修复，实施海洋生态文明建设，加强海岸线整治修复。

其中，惠州市红树林生态系统修复工作高效推进，海洋生物栖息地生态得到稳步恢复。2011 年至今，共开展海岸线整治修复项目类型 5 种，包括海堤整治修复、红树林修复与种植、海岸线清理整治、沙滩整治修复、海漂垃圾清理，滨海共新增红树林 5 000 余亩。惠州市主要做法如下：高站位长远谋划，编制出台《惠东县考洲洋红树林保护与发展规划》《考洲洋地区发展概念规划》等一系列专项规划，统筹开展海洋生态修复工作；积极开展考洲洋生态保护专题调研，推动考洲洋保护立法；积极争取上级生态修复资金助力，2019—2021 年，3 年累计申请省级海洋生态修复专项资金 9 500 万元，在惠东平海内港、范和港、大埔屯和考洲洋等海域开展红树林种植及修复、营造鸟类栖息地等工程措施，筑牢海洋生态保护屏障。全面推进考洲洋海域综合整治与修复，共清退滩涂、浅海围网养殖面积 1.4 万亩；在考洲洋综合整治的基础上，以种植红树林为主要修复手段，开展考洲洋美丽海湾建设。持续开展考洲洋养殖与捕捞设施清理整治和红树林病虫害监测防治工作，确保红树林湿地生态系统健康发展。通过实践摸索，自主总结出一套比较成熟的红树林育苗和规模化种植技术，为广东省其他沿海地区开展以红树林种植为主的生态修复提供了借鉴和参考。打造海洋蓝色生态屏障。惠州沿海建成了滨海绿道、海滨公园、红树林公园、海上栈道、观景台等一大批亲海设施，广大人民群众充分享受到了海洋生态文明建设的丰硕成果。惠州市在发展海洋经济的同时始终坚持生态优先，2015 年成功创建了国家级海洋生态文明建设示范区，成为广东省唯一获得此殊荣的沿海地级市。

5.3.5　土壤环境质量保护成效与典型做法

珠三角土壤环境质量、农产品质量和人居环境安全总体稳定，受污染耕地安全利用措施到位率达 100%，农产品监测达标率达 90%以上，未发生因耕地污染导致农产品质量超标且造成不良社会影响的事件或因疑似污染地块、污染地块再开发利用不当造成不良社会影响的事件。

（1）积极开展土壤污染状况详查

珠三角各地市均按时保质完成农用地土壤污染状况详查，高质量完成耕地土壤质量类别划分，实施分类管理。高标准推动重点行业企业用地土壤污染状况调查，及时掌握区域内污染风险地块数量及空间分布情况。珠三角各地市均建立疑似污染地块清单，并纳入全国污染地块土壤环境管理信息系统，对纳入疑似污染地块清单的地块开展土壤环境调查，并建立土壤污染风险管控和修复名录，其再开发用途需符合相应规划用地土壤环境质量要求。同时，加强对土壤污染状况调查单位的监管，深圳市土壤污染状况调查从业单位监管机制上升为国家政策。佛山市开展建设用地土壤污染状况调查报告评审抽查会，强化建设用地土壤污染状况调查报告评审事项下放后的管理和服务，规范调查从业单位市场秩序，加强土壤污染状况调查质量管理和监督。

（2）加强土壤污染源头控制

珠三角各市积极建立土壤污染重点监管单位名录，加强重点行业企业监管力度。其中，广州市推动重点监管单位完成自行监测、隐患排查、有毒有害物质排放报告等土壤污染防治义务；开展工业固体废物堆存场所环境整治以及非正规生活垃圾堆放点销号工作；全面实施加油站地下油罐防渗改造，地下水污染源风险防控得到加强。深圳市加强涉重金属行业污染管控，发布《关于加强重金属排放企业污染整治工作的通知》，对涉重金属排放企业强化污染治理，推行强制环境污染责任保险。佛山市加强重点行业企业环境监管和涉重金属行业污染管控，确保重点行业重点重金属排放量持续削减；全面推进固体废物堆存场所的调查和整治，建设和完善“防扬散、防流失、防渗漏”等设施；强化企业关闭搬迁污染防治，拆除过程中重点防止拆除活动中的废水、固体废物，以及遗留物料和残留污染物污染土壤；调整畜禽养殖结构和方式，保留科技含量较高的种畜禽企业和环境污染防治到位的规模养殖企业，清退污染较大的生猪养殖场，逐步调减家禽及其他动物养殖数量，推动畜禽养殖业加快转型升级，推进畜禽养殖污染防治。

建立全口径涉重金属重点行业企业清单，推动重点区域污染整治。珠海市制定涉重金属企业全口径清单并动态调整，建立全过程跟踪、督查督办和考核评估机制。惠州市建立全口径涉重金属重点行业企业清单，开展涉镉等重金属重点行业企业排查整治。珠海市制定全市涉重金属企业全口径清单并动态调整，实行“一企一策”，建立全过程跟踪、督查督办和考核评估机制，督促涉重金属企业开展清洁生产，落实源头严控、过程严管、末端严减各项措施。江门市建立全口径涉重金属重点行业企业清单，确定涉镉等重金属排查重点区域，开展污染源排查，建立污染源整治清单；建立健全畜禽养殖废弃物资源化利用制度，潭江流域大型规模化养殖场全部配套建设粪污处理设施。肇庆市关停淘汰 30 家涉重金属企业，严格建设用地准入的全流程监管，对污染地块再开发利用准入设置严格门槛，确保土壤不超标才可开发利用。

（3）积极推行农药化肥减量行动

试验推广高效低毒新农药品种，提高科学用药水平。广州市制定了《广州市高效低毒农药使用推荐名录》，共推荐杀虫剂、杀菌剂、除草剂、植物生长调节剂、杀鼠剂等 5 类 123 个品种，指导全面提高科学用药水平。珠海市率先在全省制定《珠海市 2020 年水稻无人机统防统治植保作业农药统一配送实施方案》，全面推广使用高效低毒农药，实现农药使用量负增长、农药包装废弃物同步回收的目标。惠州市对农药经销商进行重点培训，引导售卖高效低风险农药品种，并加强与科研院所的合作，组装集成科学用药新技术，加大推广力度。东莞市加大高效低毒低残留农药、生物农药的推广应用力度，逐步淘汰高毒高残留农药。开展耕地土壤有机质提升示范，推广测土配方施肥技术，合理引导农民施用水溶性肥料、作物专用肥、缓释肥料等新型肥料。

大力推广绿色防控技术。广州市实施粤港澳大湾区“菜篮子”生产基地使用生物农药等绿色防控产品奖励政策，助推广州全市广大种植户积极应用天敌类、生物农药类、理化诱控类等绿色防控技术，扩大生物农药等绿色防控产品应用覆盖面积。珠海市在全省率先开展农用无人机统防统治植保作业，基本实现主要农作物统防统治植保全覆盖。惠州市将绿色防控技术与高效低风险农药、先进植保器械融入病虫防治的全过程。通过对农民合作社、家庭农场、种植大户和企业等进行培训，使其掌握关键技术，带动周边农户自觉使用绿色防控技术。

强力推进有机肥替代及化肥减量增效行动。珠海市鼓励农民增施有机肥，制定了《珠海市 2020 年农药减量控害工作方案》《珠海市 2020 年化肥减量增效工作方案》，促进现代农业绿色发展；按每年每亩补贴 150 元积极开展珠海市生产商品有机肥补贴。中山市投入 730 万元资金实施有机肥替代化肥项目和农作物病虫害绿色防控及统防统治项目；积极推广“施肥博士”App 和小程序的使用，通过网络、微信小程序等多种方式为农业生产提供施肥建议，引导农民科学施肥。惠州市积极推进有机肥资源利用，推广秸秆还田技术，充分利用冬闲田和果茶园土肥水光热资源，推广种植绿肥。

（4）有序开展土壤污染治理与修复

实施土壤污染调查管理分级分类制度，严格落实建设用地土壤污染风险管控和修复名录制度。广州市印发《广州市污染地块修复后环境监管工作要点（试行）》，首次明确了污染地块后期监管要求，弥补了土壤污染风险管控和修复最终环节的空白，打通了污染地块全生命周期管理最后一环，为粤港澳大湾区乃至全国提供借鉴。深圳市绘制了全市首张土壤环境质量图，编写了国内首个土壤环境背景值地方标准，实施的建设用地土壤污染风险管控地方标准填补了 68 项污染物国家标准空白；成立大湾区土壤及地下水修复协同创新中心，充分调动各方面优势资源，通过紧密合作，开展土壤领域相关工作。

开展土壤环境综合治理与修复工作。佛山市采用工程治理、引进社会资金盘活矿山资源和自然复绿等方式进行矿山治理修复；对于历史遗留矿山，由属地政府投入资金治理；在引进社会资金盘活矿山资源方面，位于高明区明城镇的峰江石场历史遗留两个大面积矿坑，结合乡村振兴战略和全域旅游示范区创建工作，引进社会资本实施了“陌上花开”项目，开展生态修复和特色观赏性花卉育种种植及观赏旅游等；历史遗留的煤矿、泥场等非金属、非石场矿山，由于适宜植物生长，主要采用自然复绿方式进行修复。东莞市以水乡特色发展经济区为试点，选择麻涌镇协忠电镀工业区场地、洪梅镇河西工业园、石碣镇典型重金属污染农田开展实施土壤污染治理与修复试点。中山市在大涌镇开展了中轻度重金属污染农田修复试点示范工作，为后续实施污染土壤修复提供了技术支撑。江门市积极开展受污染耕地安全利用试点工作，选择 1 个重度污染集中连片镇率先开展了严格管控试点工作，选择部分地块作为种植结构调整试验区。肇庆市因地制宜实施“一矿一策”，结合本地区实际，就重点区域、重点矿种，围绕矿山开发布局、开采准入标准、升级改造、生态环境治理和资源保障能力等方面积极探索后续修复监管措施，建立长效机制。

5.3.6　固体废物治理成效与典型做法

（1）固体废物得到有效监管

2016—2021 年，珠三角城市生活垃圾无害化处理率达 100%，一般工业固体废物综合利用率保持较高水平。广州市率先在全省印发实施《固体废物各行政主管部门监管职责清单》，明确了 19 个单位对 11 类固体废物污染防治的工作职责；珠三角各地市突出抓好危险废物日常监管，全力做好禁止“洋垃圾”进口监督管理，危险废物利用处置率达 100%；全力做好涉新冠疫情医疗废物的收集、贮存、转移和处置过程中的环境污染防治监管工作，加强对医疗机构和医疗废物处置单位的环境监管，疫情期间，各地市医疗废物安全处置率达 100%，有效防止了疫情“二次”传播；江门市建成“中西南北”四大固体废物处置中心，提前 1 年完成《广东省打好污染防治攻坚战三年行动计划（2018—2020 年）》下达的目标任务，截至 2020 年年底，江门市危险废物收集处理能力超过 56 万 t/a，为全省危险废物集中处置能力提升做出重要贡献。

（2）国家“无废城市”建设试点成效明显

为贯彻落实《国务院办公厅关于印发“无废城市”建设试点工作方案的通知》（国办发〔2018〕128 号）要求，深圳市在 2019 年率先开启“无废城市”建设试点，并于 2020 年完成试点“起跑”阶段工作任务。2021 年 2 月，广东省人民政府办公厅印发《广东省推进“无废城市”建设试点工作方案》，将珠三角九市纳入试点建设范围。2022 年 4 月，生态环境部发布《关于“十四五”时期“无废城市”建设名单的通知》（环办固体函〔2022〕164 号），珠三角九市入选国家“十四五”时期“无废城市”建设名单。根据各地安排，广州、珠海、佛山、东莞、江门、肇庆，到 2023 年年底，完成“无废城市”试点建设阶段工作任务，并将持续深入推进；到 2025 年年底，中山和惠州基本形成“无废城市”建设试点监管和制度体系框架。深圳市在 2020 年完成“无废城市”建设试点任务后持续推进。珠三角各地市大力推进“无废城市”试点建设工作，通过降低固体废物产生强度，提高资源化利用率，提升末端综合利用水平和无害化处置能力等手段，同时，加强城市之间固体废物污染防治协同机制建设，推进区域合作，实现珠三角地区固体废物安全处理处置。

自 2019 年成功入选全国“无废城市”建设试点以来，深圳市统筹谋划，高位推动，对标国际一流水平，围绕生活垃圾、建筑废弃物、一般工业固体废物、危险废物、市政污泥、农业废弃物六大类固体废物和制度、技术、市场、监管四方面保障措施，系统构建十大体系，提出 58 个建设指标，设立 100 项建设任务，不断补齐固体废物处置短板，积极探索特大城市“无废城市”建设经验与路径。充分发挥市场在资源配置中的作用，由企业投资建设和运营固体废物处理处置设施。通过“去工业化”设计和增加休闲娱乐等公共服务功能，变固体废物处理“邻避设施”为“邻利设施”，推动绿色生活理念进学校、进社区、进企业、进机关，创建“绿色学校”“绿色社区”，调动全民积极参与监督固体废物管理工作。目前，深圳市生活垃圾分类收运系统覆盖率、医疗废物收集处置体系覆盖率、工业危险废物安全处置率、污泥无害化处置率等指标均达到 100%，东部环保电厂等三大能源生态园建成运行，生活垃圾焚烧处理技术、卫生填埋技术分别获得国家科技进步二等奖及系列省部级科技成果奖，“无废城市”建设试点成效良好。

第6章 面向美丽湾区的珠三角城市群生态安全格局现状与形势分析

6.1　自然生态状况

6.1.1　自然生态保护状况

6.1.1.1　自然保护地体系逐步完善

珠三角地区有各类自然保护地 524 处，主要包括自然保护区、森林公园、湿地公园、风景名胜区、地质公园和海洋特别保护区（海洋公园），总面积约 8 378 km²。其中自然保护区共计 84 处，森林公园 306 处，湿地公园 112 处，风景名胜区 15 处，地质公园 6 处，海洋特别保护区（海洋公园）1 处。这些保护区保护了重要水源、红树林、候鸟、中华白海豚、珍稀鱼类等。其中，广东深圳福田红树林湿地（广东内伶仃—福田国家级自然保护区的一部分）列入《关于特别是作为水禽栖息地的国际重要湿地公约》的“国际重要湿地”名字。

为进一步加强自然保护地保护工作，各地市相继完成自然保护地整合优化预案，加强涉及自然保护区建设项目的监督管理，防止不合理的资源开发和建设项目对自然保护区产生影响和破坏，自然保护区内未发生大面积侵占情况，总体保持“面积不减少、性质不改变、功能不降低”。通过积极开展“绿盾”“绿剑”等行动，建立常态化自然保护地监督检查机制，加强自然保护地保护，严厉查处破坏保护区违法开发活动，积极推进自然保护区划界立标和土地确权工作，不断明确自然保护地边界和土地权属。

不断完善自然保护地管理，有序推进自然保护地管理工作，如东莞市 2019 年新成立了 5 个自然保护区管理机构；江门市成立自然保护地专项工作领导小组，制定了《江门市自然保护地大检查工作方案》；深圳市开展自然保护地人为活动遥感监测，对疑似破坏斑块进行登记核查，初步形成自然保护地人类活动监管机制，实现自然保护地全覆盖遥感监测监管；惠州市印发了《惠州市省级自然保护区管理规定》《广东省惠东海龟国家级自然保护区管理办法》《惠州市“绿盾 2018”自然保护区监督检查专项行动工作方案》《惠州市“绿盾 2019”自然保护地强化监督工作方案》《惠州市“绿盾 2020”自然保护地强化监督工作方案》等自然保护地管控文件和强化督察方案，切实加强自然保护地监督管理。

6.1.1.2　严格划定生态保护红线

珠三角划定陆域生态保护红线面积 9 548.771 km²，海域生态保护红线面积 6 600.769 km²。其中广州市陆域生态保护红线面积 1 329.94 km²，占全市陆域面积的 18.35%，海域生态保护红线面积 98.56 km²，占全市海域面积的 24.64%。深圳市陆域生态保护红线面积 588.73 km²，占全市陆域面积的 23.89%；海洋生态保护红线面积 557.80 km²，占全市海域面积的 17.53%。珠海市陆域生态保护红线面积 202.59 km²，占全市陆域面积的 11.66%，全市海域生态保护红线面积 3 281.06 km²，约占全市海域面积的 54.51%。佛山市陆域生态保护红线面积

338.95 km^2，占全市陆域面积的 8.93%。惠州市陆域生态保护红线面积 2 251.53 km^2，占全市陆域面积的 19.84%，全市海域生态保护红线面积 1 416.61 km^2，约占全市管辖海域面积的 31.30%。东莞市陆域生态保护红线面积 344.20 km^2，占全市陆域面积的 13.99%；海域生态保护红线面积 26.74 km^2，占全市管辖海域面积的 34.46%。中山市陆域生态保护红线面积 168.39 km^2，占全市陆域面积的 9.44%，海域生态保护红线面积 65.29 km^2，占全市管辖海域面积的 40.90%。江门市陆域生态保护红线面积 1 461.26 km^2，占全市陆域面积的 15.38%；海域生态保护红线面积 1 134.71 km^2，占全市管辖海域面积的 23.26%。肇庆市划定生态保护红线面积 2 863.18 km^2，占全市陆域面积的 19.22%，详见表 6.1-1。

表 6.1-1 珠三角生态保护红线划定情况一览表

城市	陆域生态保护红线面积/km^2	占全市陆域面积比例/%	海域生态保护红线面积/km^2	占全市海域面积比例/%
广州	1 329.94	18.35	98.56	24.64
深圳	588.73	23.89	557.80	17.53
珠海	202.59	11.66	3 281.06	54.51
佛山	338.95	8.93	—	—
惠州	2 251.53	19.84	1 416.61	31.30
东莞	344.20	13.99	26.74	34.46
中山	168.39	9.44	65.29	40.90
江门	1 461.26	15.38	1 134.71	23.26
肇庆	2 863.18	19.22	—	—

根据国家和广东省关于生态保护红线划定的相关要求，珠三角各地市积极落实生态保护红线制度，严格管控生态保护红线区域内的开发建设活动，严厉打击红线范围内生态破坏与环境污染事件，确保生态功能不降低、面积不减少、性质不改变，生态系统质量不断提升，生物多样性及其栖息地得到有效保护。深圳市在全国率先将三维激光雷达测绘、虚拟现实技术应用于生态控制线内违建智能监察，落实严守“零增量”底线、严控违建增量和拆除消化存量，持续保持查违高压态势，有效保障生态控制线内图斑实现“零增量”和国土空间提质增效。

6.1.1.3 生物多样性保护成效不断凸显

就地保护与迁地保护不断强化。珠三角积极开展生物多样性就地保护和迁地保护工作。早在 1956 年珠三角就率先建立了全国第一个自然保护区——鼎湖山国家级自然保护区，就地保育植物 2 400 多种。华南国家植物园是我国面积最大的植物园和最重要的种质资源保育基地之一，引种热带亚热带植物 6 000 余种，拥有世界一流的木兰园、棕榈园、姜园、兰园等 30 余个专类园，迁地保育植物 13 000 余种，为珠三角乃至广东省提供了农作物种质资源、牧草种质资源、林木种质资源、药用植物种质资源、野生动植物基因、微生物资源等种质资源。惠州植物园种植保育（含引种）植物 2 000 多种，其中 84 种被列入《濒危野生动植物种国际贸易公约》（CITES），73 种被列入国家重点保护野生植物名录。广州动物园、深圳野生动物园、长隆野生动物园等成为珠三角迁地保护畜禽种质资源基因库。深圳市在 2004 年抢救性实施世界级保护植物野生仙湖苏铁的迁地保护工程，近 700 株野生仙湖苏铁被移植到塘朗山桫椤保护区，此外，还建立了银叶树湿地公园、国家苏铁种质资源保护中心、国家蕨类植物种质迁地保存中心、全国兰科植物种质资源保护中心、大鹏半岛自然保护区国家珍稀濒危植物育苗基地及深圳国家基因库。广东惠东海龟国家级自然保护区培育和增殖放流海龟 6 万多只。广东象头山国家级自然保护区建有平胸龟繁育研究基地，致力于珍稀濒危淡水龟类的保育研究工作。2020 年，广东省林业局正式印发《珠三角地区水鸟生态廊道建设规划（2020—2025 年）》，珠三角作为东亚—澳大利西亚候鸟重要迁徙路线的中端位置，也是迁徙性水鸟的迁徙“中转站”，该规划的颁布实施将为珠三角鸟类迁徙与保护提供重要保障。

积极开展本底调查，物种多样性显著增加。广州、深圳、珠海、佛山、惠州、中山、肇庆等地市相继开展生物多样性资源调查。据统计，广州市在第二次生物多样性调查中，新增 1 种中国新记录——卡氏伏翼、1 种广东省新记录——黑头鹀，新增广州市新记录共 54 种。其中两栖动物新记录 3 种，分别是华南雨蛙、布氏泛树蛙和红吸盘棱皮树蛙。爬行动物新记录 5 种，分别是白眉腹链蛇、丽纹腹链蛇、坡普腹链蛇、崇安斜鳞蛇和香港后棱蛇。鸟类新记录达到 36 种，包括白腹军舰鸟、白尾海雕、青头潜鸭、大滨鹬、中华攀雀、棕腹杜鹃等。兽类新记录 10 种，其中翼手目 8 种，即皮氏菊头蝠、大蹄蝠、中蹄蝠、大棕蝠、山地鼠耳蝠、尼泊尔鼠耳蝠、长指鼠耳蝠、大足鼠耳蝠；食肉目 1 种，即斑林狸；啮齿目 1 种，即卡氏小鼠。植物方面，第二次调查记录到广州市维管植物 231 科 1 366 属 3 516 种，种类相比第一次调查明显增多。其中，117 种植物在广州市有新分布，消失近 60 年的飞瀑草在从化地区重新被发现①。广州海珠国家湿地公园鸟类从 72 种增加到 180 种，广州南沙湿地公园目前已成为国际水鸟生物多样性的热点片区，自 1981 年被定为招鸟基地以来，广州流花湖公园内的鹭岛成功招引和集居了大量的国家保护野生鸟类，如灰鹭、白鹭、金丝燕、红嘴相思、斑鸠、白头翁等，并以留鸟居多。福田红树林自然保护区再度迎来了极危鸟类黑脸琵鹭，2020 年一度销声匿迹的中华穿山甲开始在惠州等地现身②。

生物多样性保障能力显著增强。珠三角各地市积极采取各项措施，加大栖息地保护。划定陆域生态保护红线面积 9 548.771 km^2，海域生态保护红线面积 6 600.769 km^2。以保持生态系统完整性为原则，遵从保护面积不减少、保护强度不降低、保护性质不改变的总体

① [广州]生物多样性保护行动见成效[EB/OL].（2022-05-24）http：//lyj.gd.gov.cn/news/newspaper/content/post_3936470.html.

② 跨越珠江的“二重唱”，为全球生物多样性保护提供灵感和启发[EB/OL].（2021-10-12）http：//lyj.gd.gov.cn/gkmlpt/content/3/3572/post_3572800.html#2441.

要求，推进自然保护地整合优化。切实加强自然保护地监督管理，开展“绿盾”专项行动、“绿剑行动”等，深入清理整顿涉自然保护地违法行为，不断优化、部署自然保护区网格化布设红外相机工作，全面提升监测管理能力和水平。不断强化生物多样性执法体系和责任追究体系建设，制定生物多样性保护计划或实施方案、生物多样性保护工作责任清单等，深入推进生物多样性保护。针对特定保护物种，设立自然保护区，并颁布相应的管理办法等规范性文件，推进特定物种保护规范化、制度化。

生物多样性科普宣传力度不断增大。结合世界野生动植物日、国际生物多样性日、森林文化周等特殊时间节点，依托城市公园、自然保护区、社区等生态科普教育载体，珠三角各地市广泛开展宣传教育活动，加强生物多样性信息发布，扩大生物多样性宣传深度与广度，积极引导社会力量参与生物多样性保护，切实提高广大市民的绿色生态意识，积极推广“共建、共治、共享”的多元化参与机制，调动市民参与生物多样性保护的积极性和主动性。

严厉打击破坏野生动植物资源违法行为。为有效遏制对野生动植物资源的不合理需求，各地市纷纷采取各项管理措施，开展猎具清理整顿，收缴捕捉网、猎枪、铁铗等非法捕猎工具，强化对野外资源的保护。积极组织开展野生动植物执法检查，严厉打击非法猎捕、出售、收购及走私野生动植物及其制品的违法犯罪活动。对乱捕滥猎、非法经营野生动植物比较严重的地区和问题多发的领域及区域，组织开展专项打击行动，确保野生动植物资源得到有效保护。

不断强化外来物种入侵防控。珠三角各地市不断健全外来物种入侵风险防控体系，开展主动监测和病原监测，不断健全区域生物安全风险监测预警体系，提升生物疫情疫病防控能力。不断加强转基因生物安全管理，探索开展转基因生物安全评价工作。积极推进区域松材线虫病、薇甘菊和红火蚁等重大林业有害生物防治防控工作，有效防止外来入侵物种对本地生物资源的侵害。

6.1.2 生态系统质量指数

生态系统质量反映区域生态系统质量整体状况。参考《全国生态状况调查评估技术规范——生态系统质量评估》（HJ 1172—2021），生态系统质量（EQI）评估以遥感生态参数（植被覆盖度、叶面积指数、总初级生产力）作为指标，分别计算 3 个指标的相对密度，将结果归一化到 0～1，EQI 指数分为 5 个等级：0～0.20 为差，0.20～0.35 为低，0.35～0.55 为中，0.55～0.75 为良，0.75 以上为优。

珠三角地区 2020 年总体 EQI 均值为 0.590 0，等级为良。从空间分布格局来看，珠三角地区 2020 年 EQI 表现出“四周高、中间低”的态势。分地区来看，肇庆市最高，EQI 为 0.740 4，惠州市次之，EQI 为 0.677 0，江门市第 3，EQI 为 0.594 4，这 3 个城市的等级为良；广州市 EQI 为 0.517 3，深圳市 EQI 为 0.428 0，珠海市 EQI 为 0.367 1，三者等级为中；佛山市、东莞市和中山市的等级为低。

6.2　生态安全格局及其压力

6.2.1　生态安全格局现状特征

6.2.1.1　基本形成“一屏一带、廊道链接”的生态网络

从珠三角城市群全域来看，珠三角生态绿地网络建设不断完善。截至 2020 年，珠三角城市群共拥有森林公园 306 个、城市公园 5 792 个、湿地公园 112 个，实现公园绿地 500 m 服务半径全覆盖，人均公园绿地面积达 19.2 m^2，建成区绿化覆盖率达 45.95%，生态绿地建设质量持续提高。在生态屏障层面，珠三角东部、西部、北部林地共 277.8 万 hm^2，占土地总面积的 50.8%，初步构建了健康稳定的森林生态屏障。在区域生态廊道层面，从 2015 年起至 2020 年年底，珠三角城市群建设生态景观林带 2 809.7 km，完成低效林改造约 1 308 万亩，生态系统连通性显著提升。珠西都市圈各市依托沿海岸线、海湾和海岛群，结合西江与潭江干流、支流构成江河生态岸线，以及多个重要灌溉渠、排洪渠构成的水生态廊道，初步建立起江渠入海的水网体系。深圳都市圈通过延续东部莲花山脉和“引绿入城”，共建设 2 个自然保护区、13 个森林公园、1 个地质公园、1 个湿地公园、6 个郊野公园、4 个生态公园等，形成了较完整的多带联动的自然保护地体系。

近年来，珠三角各市的生态绿地建设水平不断提升。除中山市（人均公园绿地面积 14.22 m^2）外，其余珠三角城市人均公园绿地面积均超过全国平均水平（14.80 m^2）。广州、珠海、江门的城市人均公园绿地面积分别位列珠三角前三，从 2010—2020 年的人均公园绿地增长面积来看，广州市从 11.87 m^2 增加到 23.35 m^2，珠海市从 13.70m^2 增加到 22.04 m^2，江门市从 11.0 m^2 增加到 20.16 m^2，远领先于京津冀、长三角等全国其他城市群。

从总体布局来看，珠三角城市群基本构建出“一屏一带、廊道链接”的生态安全格局。北部绿色生态屏障由东部坪天嶂、北部花都—从化北部山脉、西部天露山区连绵的山地森林和鼎湖山、南昆山、罗浮山、莲花山等外围连绵山地丘陵构成。南部由广海湾、珠江口和大亚湾三大湾区构成连绵海岸带。在“屏”和“带”之间由河网廊道和林田廊道连接。包括以西江、北江、东江、流溪河—珠江为主体，以及茅洲河、西枝江等支流为辅的河网廊道。此外，流溪河国家森林公园、白云山—帽峰山、海珠湿地、南海桑基鱼塘等珠三角重要生态斑块串联形成林田廊道。通过区域碧道和区域绿道网向城市公园绿地、乡村地区延伸，进而造就了城镇空间和农林空间纵横交错的珠三角城市群生态格局。

6.2.1.2　初步实现城市湿地景观化和水网生态化

珠三角城市群十分注重湿地公园建设和河涌治理。一方面，相关部门加强湿地公园建设。据《广东省湿地保护规划（2023—2035）》统计，珠江三角洲冲积平原的湿地资源最

丰富，总面积约 49.05 万 hm^2，占全省湿地总面积的 25.72%，主要是由珠江水系入海时冲积沉淀而成的大型复合三角洲，湿地类型多样，以浅海水域、河流水面为主，湖泊、沼泽湿地较少。此外，珠三角城市群湿地公园建设强度大，现有湿地公园 128 个，2014—2020 年，共新建 57 个镇级以上湿地公园，完成 7 个湿地公园改造。另一方面，各地积极推进河涌综合治理与修复。据《珠江三角洲地区生态安全体系一体化规划（2014—2020 年）》统计，注入珠江的河流主要由西、北江思贤滘以下和东江石龙以下的网河水系，以及潭江、流溪河、增江、沙河、高明河等组合而成，流域面积 45 万 km^2，河网区面积 9 750 km^2，河网密度 0.8 km/km^2，主要河道 100 多条、长度约 1 700 km，结合近年来黑臭河涌治理工程，以及碧道网建设，当前珠三角地区多处地表水水质优良断面比例符合考核要求。此外，珠三角各地市还建设水岸绿化工程 61 项，完成水岸绿化长度 291.21 km，绿化面积 336 695 hm^2，珠三角水网安全格局已逐步构建形成。

6.2.1.3 珠三角城市森林覆盖现状

目前，珠三角城市群均已实现国家森林城市建设任务，2020 年全域森林面积达 282.86 万 hm^2，成为我国首个国家森林城市群。同时，珠三角城市群还推进森林城市建设向基层延伸，建设了 49 个森林小镇。肇庆、惠州、江门等地市森林覆盖率位居全省前列，其中肇庆市森林覆盖率达 70.73%，有大湾区天然“绿肺”的美誉。排名第二的惠州市森林覆盖率达 61.71%，近年来，通过大力推进“森林碳汇、生态景观林带、森林进城围城、乡村绿化美化”工程，让市民共享“森林绿”。江门与广州、深圳等地市森林覆盖率水平接近，均为 40.00%左右。除佛山市（21.42%）森林覆盖率低于全国平均水平（23.04%）外，其余城市均高于全国平均水平。

6.2.1.4 拥有桑基鱼塘、沙田、围田等特色水陆交互生态系统

珠三角城市群是我国光、热、水资源最丰富的地区之一，多类型的水热资源造就了以城镇、森林、农田及湿地为主要类型的生态系统。其中，基于咸淡水交替以及珠三角冲积平原等地理地貌优势，珠三角城市群的农田资源主要分布在冲积平原地区及西江、北江、东江沿岸的地势平坦地区。在此基础上，广佛地区形成了以基塘、沙田、围田为特征的独具当地特色的生态农业循环体系，且基于这种模式带来的优良农业生产力，很快成为珠三角地区常见的多维度水陆交互生态系统。如今，珠三角各市跨区域、连片的农业资源已成为珠三角城市群的重要生态斑块。

6.2.1.5 生态环境安全管控现状

生态环境安全管控成效突出。自广东省人民政府办公厅印发《珠江三角洲地区生态安全体系一体化规划（2014—2020 年）》后，各地市均实施了相应的措施。例如，全面推行河长制、湖长制，建立河湖管理长效机制；落实“党政同责、一岗双责”生态环境保护责任清单，推动生态环境保护有责部门全覆盖；建立健全环境监管网格化全覆盖管理等制度，

完善生态环境公益诉讼，实施生态环境损害赔偿，实现各地市案例全覆盖，督促企业落实治污主体责任；在重污染流域试行污染举报奖励制度，精准打击企业违法行为；健全生态补偿机制，在东江流域推行广东省内上下游横向生态补偿。如今，珠三角加快创建成为国家绿色发展示范区，在全国三大城市群中率先实现 $PM_{2.5}$ 连续 3 年达标，珠海市、惠州市、深圳市盐田区入选生态文明建设示范区，其他城市正积极探索打造生态文明建设示范区。

合理划定“三线一单”。广东省“三线一单”生态环境分区管控制度正在加快建立，试行环评豁免、告知承诺制。截至目前，珠三角 9 个地级市“三线一单”生态环境分区管控方案全部发布实施，全面进入“三线一单”落地应用阶段。通过开展区域空间生态环境评价，建立“三线一单”生态环境分区管控体系，助推生态保护红线、环境质量底线、资源利用上线和生态环境准入清单的实施落地。与此同时，广东省作为“三区三线”划定试点省，珠三角城市群已初步构建了三条控制线的管控机制，制定了三条控制线的配套管理政策，对耕地和永久基本农田、生态保护红线、自然保护地等实行特殊保护制度，构建了智慧规划监测评估预警体系，对国土空间规划实施中突破约束性指标风险的情况及时预警，并建立了规划实施评估制度，对生态建设、土地利用效率以及碳汇能力进行综合评估，及时进行优化调整。

科学划定生态管控单元。广东省多部门结合国土空间“三区三线”划定方案，制定并印发了相关规划和政策，如广东省水利厅印发了《广东省主要河道水域岸线保护与利用规划》，科学划分了岸线功能区，严格分区管理和用途管制。珠三角各地市结合市（县、区）国土空间总体规划编制，科学划定以生态功能为主的用途管制分区，其中广州市（253 个）、深圳市（257 个）、江门市（123 个）、珠海市（100 个）位列珠三角各地市环境管控单元数量前 4，且除佛山市、肇庆市以外，均划定了陆域和海域环境管控单元（表 6.2-1）。

表 6.2-1　珠三角各地级市管控单元汇总

地市	环境管控单元/个	陆域环境管控单元/个	海域环境管控单元/个
广州	253	237	16
深圳	257	220	37
惠州	80	54	26
佛山	96	—	—
中山	56	48	8
东莞	98	85	13
江门	123	77	46
珠海	100	41	59
肇庆	99	—	—

6.2.2 生态安全面临的挑战

6.2.2.1 建设用地扩张侵占生态用地，生态保护修复压力大

一是生态空间受建设用地挤占。近年来，珠三角城市群扩张规模大、速度快，据各地市第三次全国国土调查数据，深圳、东莞国土开发强度接近 50%，中山、佛山超过 35%。高强度开发不断挤占生态空间，切断城市腹地间部分生态景观的功能连接，造成区域生态格局破碎化、生态服务功能下降，如珠江口自然岸线占比从 1982 年的 67.80%下降至 2015 年的 38.52%。

二是区域生态服务功能下降。珠三角城市群生态空间植被单一，人工林比重偏高，生态系统的自我调节能力较差，《广东省水土保持公报（2021 年）》显示，珠三角土壤侵蚀面积达 4 890.76 km^2，占全省面积的 28.16%，以自然侵蚀为主，区域生态保护修复压力较大。

6.2.2.2 生态安全区域不均衡，生态廊道维育力度有待加强

核心城市生态安全水平较低。虽然珠三角城市群 9 个地级市全部获评“国家森林城市”称号，但各地区生态安全格局不均衡。例如，广州、深圳、佛山、东莞等核心城市，由于城镇化发展水平较高，经济发展诉求较多，许多具有高保护价值的生态斑块如罗浮山、鼎湖山、梧桐山等局部山体面临建（构）筑物围合，与外围山脉及周边城市公园绿地联系不足，尚未构建形成连贯完整的生态绿地网络，展现出核心城市生态安全性明显低于珠三角外围区域，特别是与粤北生态区交界地市的生态安全水平差异大。

生态廊道维育力度不足。区域绿道与城市中心区公园绿地和城市绿道联系不足，部分区域绿道存在闲置或者缺乏维护等情况。大型区域绿地与城市绿地的生态廊道保护力度不足，许多预留生态廊道常作为防护绿地或进行廊道复合利用，导致廊道难以实现承载水生生物、鸟类及陆地生物迁徙的功能。此外，随着水网资源开发与水利设施建设需求日益增多，河网廊道沿线人工硬质岸线也逐渐增多。以东莞市为例，全市河道管理线内存在近 12.0%的现状建设用地，蓝线内现状建设用地有 13.3%，越来越多河流生物迁徙廊道和沿线自然岸线常被人工岸线割裂，从流域层面缺乏对河网廊道的合理保护与开发。

6.2.2.3 陆海空间缺乏统筹，近岸海域生态压力较大

长期以来，珠三角城市群既有土地利用总体规划，又有城乡建设总体规划，而在海域方面，主要遵循海洋功能区划。但由于 3 个规划由不同部门审批，造成了陆海空间缺乏统筹。自国土空间规划体系改革以来，陆海分治的情况得到缓解，但整体来看依然存在部分问题，主要表现在以下四个方面。

一是陆海功能分区缺乏统筹，如东莞虎门威远岛陆地均为城镇建设用地，但海域部分紧邻虎门海洋保护区，城乡建设等人为活动会对海洋保护区保护对象的生存环境造成明显影响；二是陆海产业缺乏联动，由于陆域经济经过长时间发展，产业发展较成熟，而海洋

经济属于新兴经济体，海洋产业发展起步较晚，产业链有待进一步延伸，与陆域经济发展出现明显脱节；三是陆海基础设施缺乏衔接，陆海交通不便，海岛给水设施、电力设施、污水处理设施和环卫设施等方面主要通过海岛自建设备解决，陆域基础设施的支撑尚未有效延伸；四是陆海生态环境缺乏联防联治，海洋特色生态系统和渔业资源衰退，部分近岸海域环境污染严重，海岸带生态环境压力日益增大。根据 2021 年珠三角城市群近岸海域水质监测信息，114 个站点中有 30 个站点监测水质为劣四类，占比 26.32%。

此外，珠三角地区海岸带开发利用方式粗放低效、碎片化，围填海空置、海岸线低效占有较为严重。据国家海洋督察组调查结果，2002—2018 年，广东全省实际填海成陆约 140 km^2，空置 24.3 km^2，空置率达 17.3%，主要位于珠三角地区。海上基础设施的建设如海上风电等，对于鸟类和海龟等海洋动物迁徙航道造成一定影响。

6.3　生态空间管控成效与典型做法

6.3.1　生态空间管控成效

（1）以北部山体为核心的生态屏障初步形成

目前，珠三角城市群初步形成了以环珠三角外围西北部、北部和东北部连绵山体为核心的生态屏障，其中西起台山镇海湾，经天露山、北岭山、鼎湖山、南昆山、乌禽嶂、罗浮山、莲花山，东至惠东红海湾的连绵山地丘陵，共同构筑形成了珠三角北部生态屏障，也使得珠三角形成相对独立而稳定的生态单元。据统计，2021 年，珠三角城市群森林覆盖率达 51.8%，相当程度上保障了珠三角自然生态系统的稳定性。珠三角区域森林的林种、树种以马尾松、杉树和桉树纯林为主的森林面积达 432 万 hm^2，占乔木林总面积的 45.9%，森林生态功能相对较好的一、二类林约占 68%。

（2）山海湿地生态系统保护效果显著

珠三角南部拥有连绵延长的海岸生态资源，海岸带长达 1 479 km，约占广东省海岸线的 36%，面积在 500 m^2 以上的海岛 381 个。珠三角分布有红树林的面积约 1 073.8 hm^2，占全省红树林面积的 10.3%，适宜种植红树林的宜林滩涂面积约 6 601.2 hm^2，发展红树林潜力大。

近年来，由于珠三角天然湿地保护加强，城市湿地公园建设加快，湿地生态系统服务功能大大提高。当前，珠三角已建有湿地类型的自然保护区 22 个，湿地公园 118 个，湿地类型丰富多样，从沿海到内陆分布着近海与海岸湿地、湖泊湿地、河流湿地等。根据广东省第二次湿地资源调查及香港渔农自然护理署发布的数据，粤港澳大湾区湿地总面积达 79.71 万 hm^2，湿地率达 14.21%。其中，珠海市、江门市和佛山市的湿地面积位居前三。珠三角稳定而完备的山海湿地生态系统，为区域的生物多样性奠定了良好的环境基础。

（3）区域生态环境质量总体趋好

珠三角城市群以森林碳汇、生态景观林带、森林进城围城、乡村绿化美化四大重点林业生态工程为载体，构建了珠江水系等主要水源地森林生态安全体系、珠三角城市群森林绿地体系、道路林带与绿道网生态体系、沿海防护林生态安全体系等四大森林生态体系。2021 年，珠三角城市群森林覆盖率达 51.8%。

6.3.2 生态空间管控典型做法

（1）强化国土生态空间管控，坚守生态安全底线

珠三角地区划定陆域生态保护红线面积 9 548.771 km^2，海域生态保护红线面积 6 600.769 km^2，持续推动生态保护红线和自然保护地联合监管。在建立的“绿盾 2017—2021”自然保护地问题总台账基础上，完善生态保护综合执法与自然保护地联合执法队伍，建立健全跨区域、跨部门联合执法机制；推进自然保护地整合优化和生态保护红线评估调整，确保与生态保护红线空间上无缝衔接、管控上协调一致；开展生态环境保护督察及“回头看”。通过遥感监测系统发现违法、违规问题，尤其是各级林业、生态环境部门重点督办的问题以及督察行动中未整改完成及死灰复燃的问题，加快进行整改处理；全力推进“三线一单”精细化管理，细化完善形成市级“三线一单”成果，将生态保护红线、环境质量底线、资源利用上线落实到环境管控单元，部分地市还提出了海洋生态保护红线相关管理制度和管控措施，制定了生态环境准入清单。如深圳市结合“三线一单”成果，实行区域空间生态环境评价分类管理制度，不断优化环评管理机制，并积极构建“三线一单”数据共享与应用系统，深化“三线一单”成果应用。

（2）推进生态空间协同管控

加快对莲花山脉、罗浮山脉、九连山脉、青云山脉等山脉余脉以及鼎湖山、烂柯山、亚婆髻山森林公园以及南昆山、罗浮山、莲花山等外围连绵山地丘陵天然林保护、水土流失治理和矿山环境情况等进行保护和修复，积极构筑珠三角地区外围环状生态屏障；加强南部沿海生态防护带保护，结合陆海统筹及珠三角水鸟生态廊道建设工作，积极设立南部沿海地区约 300 km 沿海防护林带，积极开展红树林湿地生态系统等湿地修复工作，不断强化对跨界流域和海域的保护，加强对深莞惠地区、广佛地区、珠江口海域等的保护。

（3）深圳湾滨海红树林湿地修复行动

深圳湾滨海红树林湿地毗邻深圳和香港两个国际大都市，是全球 9 条候鸟迁徙路线之一——东亚—澳大利西亚迁飞区（EAAFP）候鸟越冬地和“中转站”，每年有约 10 万只迁徙候鸟在此越冬或经停。为了有效保护这片处于特大城市腹地的红树林湿地系统，深圳市政府在深圳湾滨海区启动了系列滨海红树林湿地修复行动，按照既服务于鸟类等生物需求，又满足城市发展和市民需求的原则，通过入湾河道综合治理、鱼塘水鸟栖息地功能恢

复、外来物种及病虫害防控及新种红树林等措施，系统恢复深圳湾滨海红树林湿地生态系统的结构与功能，保证了红树林总面积不再减少并逐步扩大，扭转了红树林湿地系统生态功能退化的趋势。

（4）江门市“侨都锦田”土地综合整治工程

“侨都锦田”项目位于江门市新会区银洲湖中心的沙仔岛，距离“小鸟天堂”仅 3 km，是鹭鸟觅食最重要的“食堂”。沙仔岛原本岛上村容村貌破旧，生活环境较差，生产方式落后，生活污水渠与灌排沟渠相通，沟渠与水塘相连，生活污水、家畜家禽粪便以及农施化肥直接往岛内水系排放，导致水体富营养化，破坏生态系统结构。新会区在统筹沙仔岛“田、水、路、林、村”生态修复和综合整治的基础上，亦注重塑造乡野韵味与人文魅力，将“侨都锦田”定位为集农业生产、生态景观、农事体验、乡村旅游等多功能于一体的国土空间整治修复项目。

在农田生态系统修复方面，主要通过以水系景观为主导的整治模式来设置闸口，修建鲤鱼洄游通道，贯通全岛水循环；划定生态滩涂保护区，保护原有特色生态农业——禾虫养殖业；调整堤边、村边、田边等绿化景观，将原本混乱破碎的各类生态斑块连通；创新采用高低田的设计，构建种养结合的自然生态循环系统，同时提升岛内蓄滞洪能力。

在原始生态系统修复方面，将原有的湿地和滩涂划分为鹭鸟栖息地，恢复原生态植物群落，为“小鸟天堂”及周边区域鸟类觅食与栖息提供一个独立的空间。观光路径远离鹭鸟保护区，减少人为因素对鹭鸟的干扰。在主干道上，种植抗风开花小乔木。

在村落生态系统修复方面，在充分尊重沙仔岛疍家人文与地域特征的基础上，以景观生态理论为指导，对村落民居及公共建筑进行外立面改造；对休闲广场、民居边角地、村道进行美化，对农村厕所进行建设改造；实施乡村水体和鱼塘生态治理，采取清淤疏浚、分层配置水生植物的措施，实行雨污分流，铺设污水处理管道，建立污水处理站，有效保持水体清澈、水质清洁，从根本上改善村民的生活环境。

第7章

面向美丽湾区的珠三角城市群绿色低碳发展成效与形势分析

7.1　绿色低碳发展成效

7.1.1　经济发展现状与趋势分析

（1）经济发展现状

珠三角地区的经济发展一直处于全国领先水平。2021 年珠三角城市群地区生产总值合计 10.06 万亿元，地区生产总值增量 11 061.32 亿元。2021 年珠三角城市群人均生产总值 11.26 万元，珠三角九市中深圳、珠海、广州、佛山排名前 4，超过珠三角城市群平均水平，表明 4 个地市在社会生产力和人民生活水平上处于珠三角领先地位（表 7.1-1）。

表 7.1-1　珠三角九市 2021 年主要经济指标情况

区域	地区生产总值/亿元	人均生产总值/元
广州	28 231.97	150 366
深圳	30 664.85	173 663
珠海	3 881.75	157 914
佛山	12 156.54	127 085
惠州	4 977.36	82 113
东莞	10 855.35	103 284
中山	3 566.17	80 157
江门	3 601.28	74 722
肇庆	2 649.99	64 269
合计	100 585.25	112 619

（2）经济发展趋势分析

“十三五”期间，珠三角城市群的经济增长保持了稳定的发展态势（表 7.1-2、图 7.1-1）。其中，珠海、广州、深圳、东莞等四市地区生产总值增长率超珠三角平均水平，其中珠海增幅最高，为 41.97%；广州、深圳、佛山等三市地区生产总值突破 1 万亿元大关，东莞市地区生产总值接近 1 万亿元。深圳和广州两市在珠三角城市群中发展势头最为强劲，5 年期间地区生产总值增加 21 327.07 亿元，增幅高达 31.27%。佛山和东莞两市紧随其后稳中有涨，惠州、中山、珠海、肇庆和江门等五市地区生产总值仍在力争突破 5 000 亿元大关。中山市单位地区生产总值增速在珠三角地区排名最后，可能是由于地区产业结构、政策环境、人力资源等方面存在不利因素。

表 7.1-2 珠三角九市“十三五”时期地区生产总值情况 单位：亿元

区域	2016 年	2017 年	2018 年	2019 年	2020 年	“十三五”期间增长率/%
广州	18 559.73	19 871.67	21 002.44	23 844.69	25 019.11	34.80
深圳	20 685.74	23 280.27	25 266.08	26 992.33	27 670.24	33.76
珠海	2 452.61	2 943.83	3 216.78	3 444.23	3 481.94	41.97
佛山	8 756.31	9 382.16	9 976.72	10 739.76	10 816.47	23.53
惠州	3 359.52	3 745.75	4 003.33	4 192.93	4 221.79	25.67
东莞	7 260.92	8 079.20	8 818.11	9 474.43	9 650.19	32.91
中山	2 830.43	2 939.52	3 053.73	3 123.79	3 151.59	11.35
江门	2 480.94	2 745.89	3 001.24	3 150.22	3 200.95	29.02
肇庆	1 810.67	1 964.97	2 102.29	2 250.67	2 311.65	27.67
珠三角城市群	68 196.86	74 953.26	80 440.72	87 213.05	89 523.93	31.27

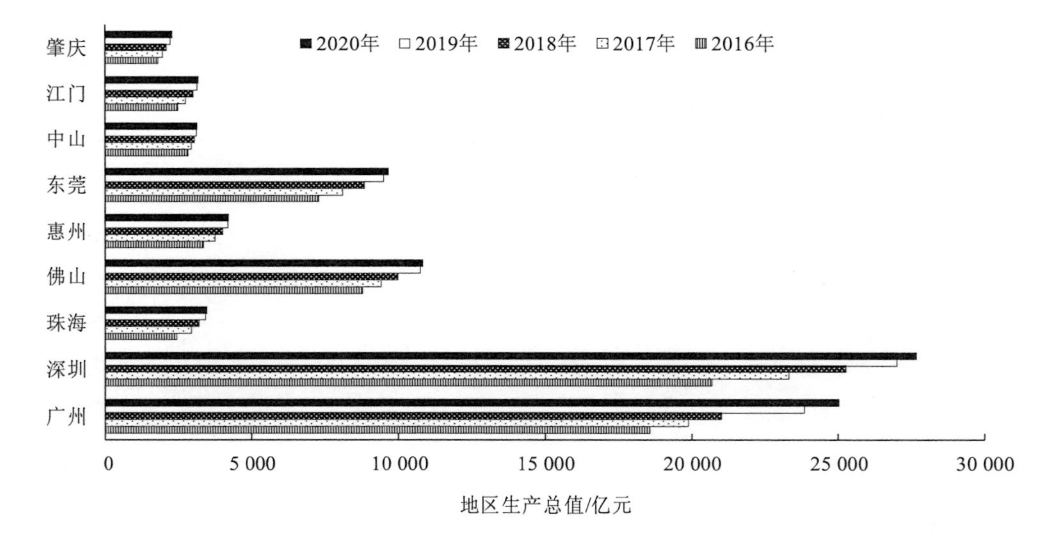

图 7.1-1 珠三角九市“十三五”时期地区生产总值变化趋势

“十三五”期间，珠三角城市群中广州、深圳、珠海、佛山人均地区生产总值均超过 11 万元，处于遥遥领先水平。九市中除珠海、中山、惠州出现先增长后小幅降低的情况外，其余地市均稳中有涨，其中东莞、肇庆、江门、广州人均地区生产总值增幅超珠三角城市群平均水平，东莞市增幅最大，为 27.97%（表 7.1-3、图 7.1-2）。

表 7.1-3　珠三角九市“十三五”时期人均地区生产总值情况　单位：元

区域	2016 年	2017 年	2018 年	2019 年	2020 年	“十三五”期间增长率/%
广州	113 400	116 051	118 511	131 400	135 047	19.09
深圳	142 494	150 739	155 320	159 883	159 309	11.80
珠海	127 167	146 096	150 345	151 702	145 645	14.53
佛山	100 699	105 729	109 272	114 914	114 157	13.36
惠州	60 361	66 007	69 206	70 949	70 191	16.29
东莞	72 028	78 637	84 708	90 696	92 176	27.97
中山	70 352	71 198	72 119	72 014	71 478	1.60
江门	53 941	59 244	64 163	66 622	66 984	24.18
肇庆	45 151	48 781	51 879	55 176	56 318	24.73
珠三角城市群	87 288	93 609.11	97 280.33	101 483.9	101 256.1	16.00

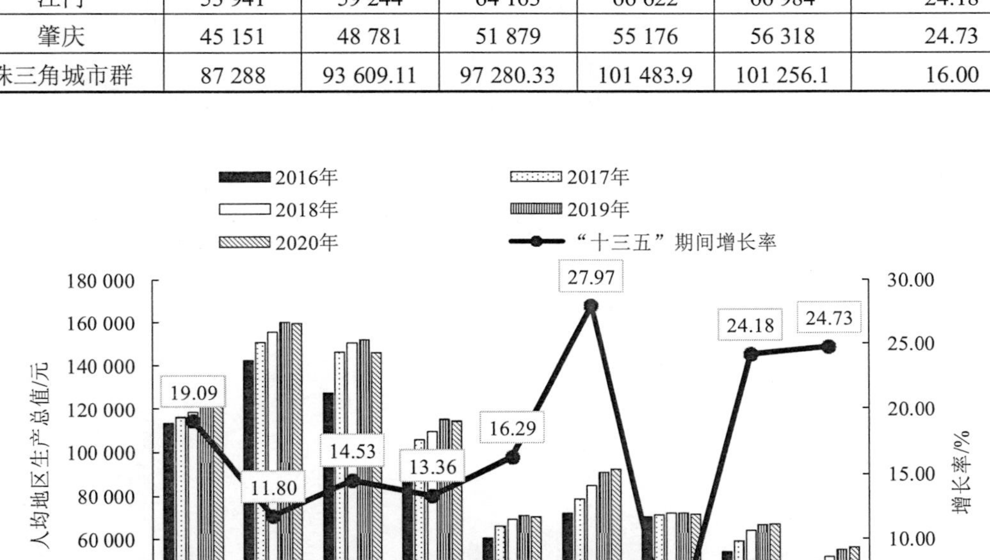

图 7.1-2　珠三角九市“十三五”时期人均地区生产总值变化趋势

（3）小结

“十三五”时期，珠三角城市群经济发展势头强劲，经济活动强度均呈上升趋势，地区生产总值增加 21 327.07 亿元，增幅高达 31.27%。2020 年，珠三角九市累计贡献 89 523.93 亿元，占广东省地区生产总值（110 760.94 亿元）的 80.83%。人均地区生产总值从 87 288 元增加至 101 256.1 元，突破 10 万元大关，增幅高达 16.00%（图 7.1-3）。

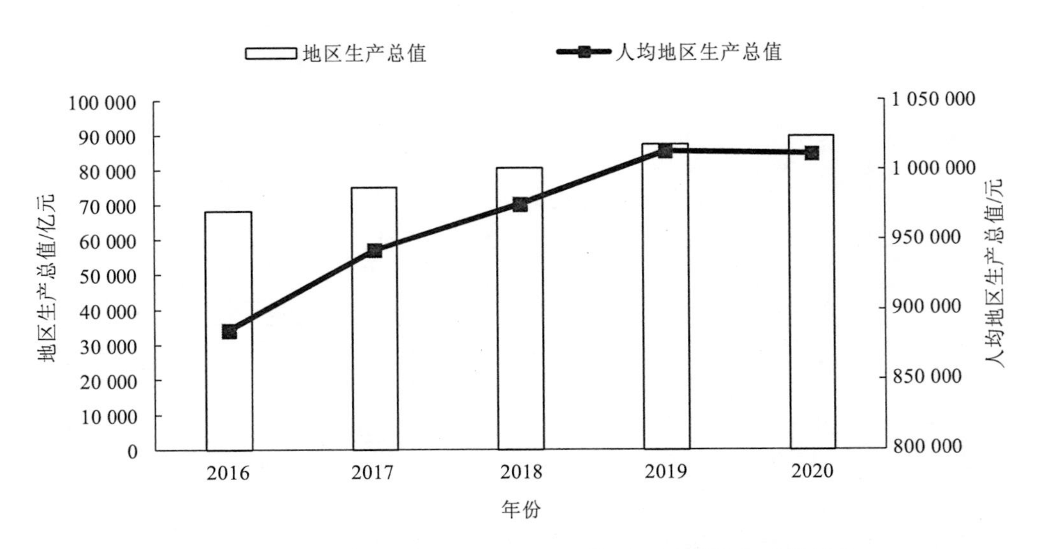

图 7.1-3 珠三角城市群“十三五”时期主要经济指标变化趋势

在珠三角九市中，深圳、广州、佛山地区生产总值排名前三，深圳市作为中国改革开放的重要窗口和经济特区之一，一直以来都是珠三角地区的经济中心。近年来，深圳市积极推进产业升级和创新发展，不断优化营商环境，为经济发展提供了强有力的支撑，使其地区生产总值一直处于领先地位。而广州市作为广东省的省会城市，作为珠三角地区的政治、文化、经济中心，积极推进产业升级和创新发展，同时加强了对内对外开放，促进了经济的快速发展。

7.1.2 产业发展现状与趋势分析

（1）产业发展现状

根据我国的“三产”产业划分，第一产业是指农、林、牧、渔业（不含农、林、牧、渔服务业）。第二产业是指采矿业（不含开采专业及辅助性活动），制造业（不含金属制品、机械和设备修理业），电力、热力、燃气及水的生产和供应业，建筑业。第三产业即服务业，是指除第一产业、第二产业外的其他行业。

由表 7.1-4 可见，珠三角城市群 2021 年第一产业增加值为 1 709.93 亿元，第二产业增加值为 40 971.75 亿元，第三产业增加值为 57 903.57 亿元，分别占珠三角城市群地区生产总值的 1.70%，40.73%和 57.57%。珠三角城市群第二、第三产业在地区生产总值中占主要地位。其中广州、深圳、珠海、江门的第三产业增加值在地区生产总值中占比最大，佛山、惠州、东莞、中山、肇庆的第二产业增加值在地区生产总值中占比最大，说明前者服务业需求旺盛，后者更偏向发展工业制造业。

表 7.1-4　珠三角城市群 2021 年“三产”情况　单位：亿元

区域	第一产业增加值	第二产业增加值	第三产业增加值
广州	306.41	7 722.67	20 202.89
深圳	26.59	11 338.59	19 299.67
珠海	55.02	1 627.47	2 199.27
佛山	210.55	6 806.95	5 139.04
惠州	232.54	2 652.76	2 092.06
东莞	34.66	6 319.41	4 501.28
中山	90.81	1 761.78	1 713.58
江门	294.89	1 640.66	1 665.73
肇庆	458.46	1 101.48	1 090.04
珠三角城市群	1 709.93	40 971.75	57 903.57

（2）产业发展趋势分析

根据珠三角城市群“十三五”时期三次产业增加值占比变化（表 7.1-5），可知珠三角城市群第一产业始终处于平稳发展状态，基本在地区生产总值中有 1.5%左右的占比，维持在一个较低水平，第二产业占比呈现逐渐变小的趋势，而相应第三产业增加值占比逐渐变大，且在“十三五”期间均超过了 50%。

表 7.1-5　珠三角城市群“十三五”时期产业结构变化情况　单位：%

类别	2016 年	2017 年	2018 年	2019 年	2020 年
第一产业增加值占比	1.69	1.58	1.57	1.64	1.75
第二产业增加值占比	43.61	42.70	42.31	40.99	39.96
第三产业增加值占比	54.70	55.72	56.11	57.37	58.29

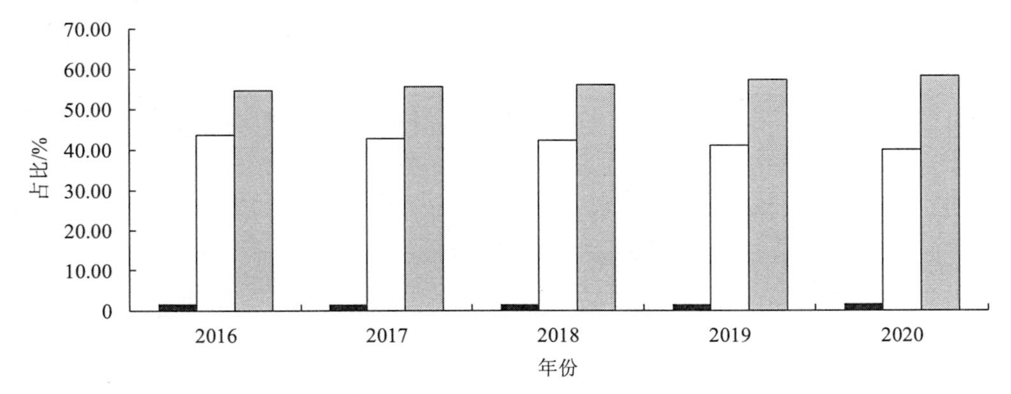

图 7.1-4　珠三角城市群“十三五”时期产业结构变化趋势

（3）小结

珠三角九市中深圳市第二产业增加值处于领先地位，这主要得益于深圳市的产业结构优势、政策优势、人才优势以及基础设施优势，也保证了深圳市在产业转移背景下，依然能够保持第二产业增加值遥遥领先的优势。广州市第三产业增加值在珠三角九市中排名第 1，彰显了广州市经济结构的转型和城市功能的提升。随着服务业、金融、科技等行业的发展，广州市的经济竞争力和吸引力不断增强。

珠三角城市群第三产业增加值在地区生产总值占比中处于稳中有增的态势，说明珠三角城市群现代经济发展程度较好，经济结构正在向更高级的形式发展，表明珠三角城市群更多的资源被投入金融、保险、教育、医疗、旅游、娱乐等服务业领域。

7.1.3 人力资源现状与趋势分析

（1）人口规模趋势

2020 年珠三角城市群常住人口达到了 7 823.54 万人，其中广州和深圳人口数处于领先地位，年末常住人口分别达到 1 874.03 万人和 1 763.38 万人，分别占广东省总人口的 14.84%和 13.97%，占珠三角城市群常住人口的 23.95%和 22.54%。常住人口紧随其后的城市分别为东莞、佛山、惠州、江门、中山、肇庆、珠海，其中东莞人口超 1 000 万，佛山、惠州超 500 万（表 7.1-6、图 7.1-5）。

“十三五”期间，珠三角城市群常住人口新增 722.3 万人，超过广东省人口增长数（716 万人）。珠三角九市人口均出现不同程度的增长，其中珠海、深圳、广州均超过珠三角城市群平均增幅，珠海人口涨幅最大，增长率达到 24.99%，肇庆人口涨幅最小，仅 2.47%。

表 7.1-6 珠三角城市群“十三五”时期年末常住人口数 单位：万人

区域	2016 年	2017 年	2018 年	2019 年	2020 年	“十三五”期间增长率/%
广州	1 678.38	1 746.27	1 798.13	1 831.21	1 874.03	11.66
深圳	1 501.51	1 587.31	1 666.12	1 710.40	1 763.38	17.44
珠海	195.98	207.02	220.90	233.18	244.96	24.99
佛山	874.77	899.99	926.04	943.14	951.88	8.81
惠州	562.73	572.22	584.72	597.23	605.72	7.64
东莞	1 016.58	1 038.22	1 043.77	1 045.50	1 048.36	3.13
中山	407.69	418.04	428.82	438.73	443.11	8.69
江门	461.85	465.12	470.38	475.32	480.41	4.02
肇庆	401.75	403.88	406.58	409.24	411.69	2.47
珠三角城市群	7 101.24	7 338.07	7 545.46	7 683.95	7 823.54	10.17
广东省	11 908.00	12 141.00	12 348.00	12 489.00	12 624.00	6.01

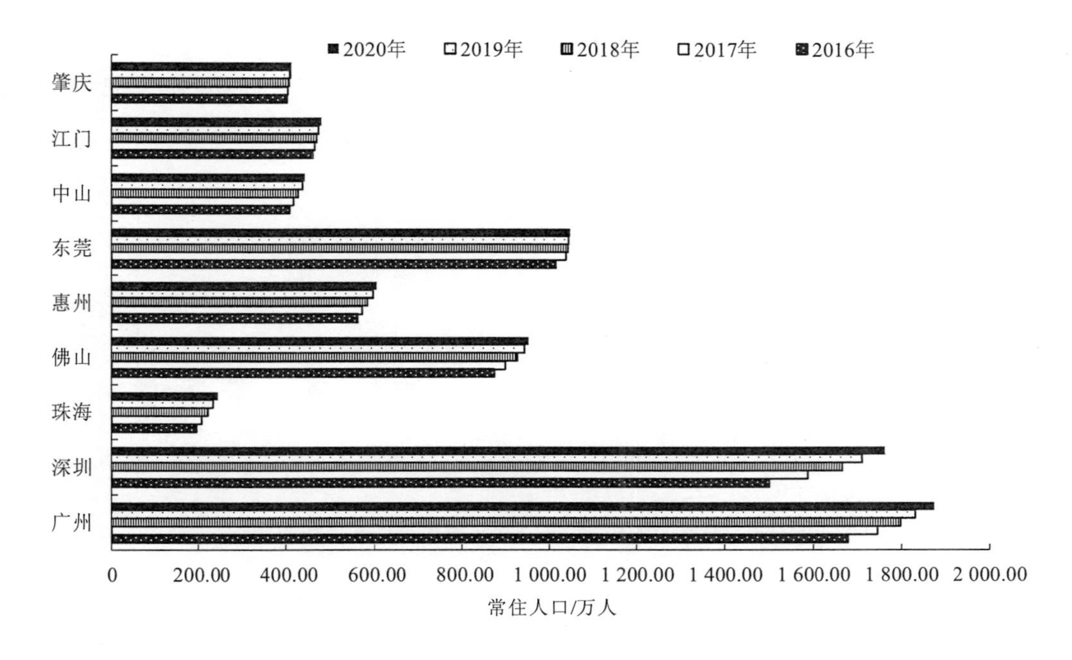

图 7.1-5　珠三角九市“十三五”时期年末常住人口变化趋势

（2）人口结构现状

“十三五”时期，珠三角九市整体人口结构呈年轻化，其中东莞、深圳、中山、广州、佛山、珠海、惠州 15～59 岁人口占总人口的比例超广东省平均水平（表 7.1-7、图 7.1-6）。

表 7.1-7　珠三角城市群 2020 年主要年龄段的人口占比　　单位：%

区域	0～14 岁人口占总人口的比例	15～59 岁人口占总人口的比例	60 岁及以上人口占总人口的比例	65 岁及以上人口占总人口的比例
广州	13.87	74.72	11.41	7.82
深圳	15.11	79.53	5.36	3.22
珠海	15.88	74.12	10.00	6.64
佛山	15.11	74.37	10.52	7.35
惠州	20.76	69.19	10.05	6.83
东莞	13.12	81.41	5.47	3.54
中山	15.69	75.44	8.87	5.98
江门	16.02	65.72	18.26	13.01
肇庆	22.16	61.43	16.41	11.81
广东省	18.85	68.80	12.35	8.58

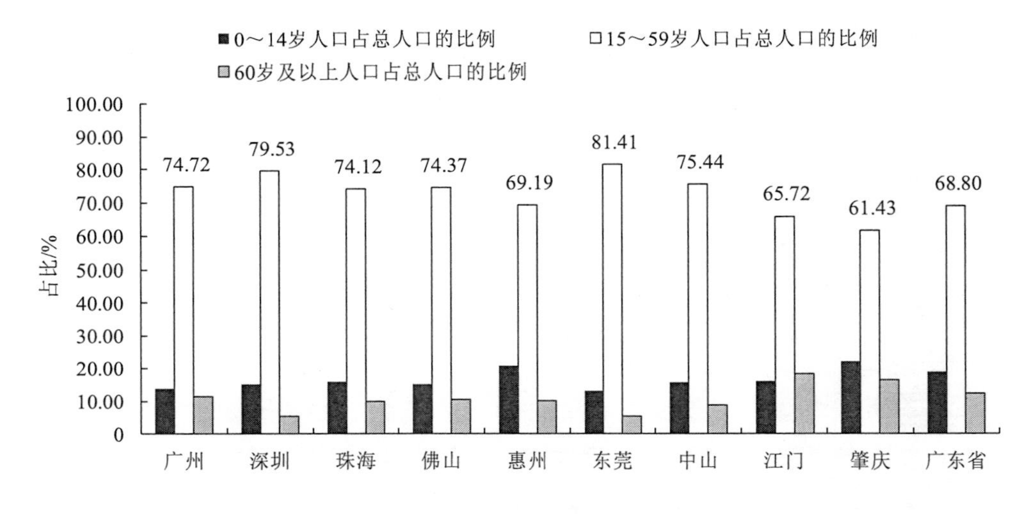

图 7.1-6 珠三角城市群 2020 年主要年龄段的人口占比

（3）小结

“十三五”时期，珠三角城市群人口增长速度超过 10%，人口吸纳度高，这与珠三角城市群的经济发展、公共服务优质、交通便捷等分不开，其中深圳、东莞均呈现人口集聚度高的特点。适度的人口规模、人口增长率以及年龄结构可以有助于经济的发展，目前珠三角城市群人口呈年轻化，有利于城市群生产发展。随着国家粤港澳大湾区战略的推进，珠三角城市群经济社会将持续快速发展，国土承载人口负担持续加大，过快的人口增长也对珠三角城市群住房、教育、医疗、交通等公共服务带来较大压力。平衡人口生产与消费功能，防范人口变动发生大幅波动也将成为未来一段时期的一项挑战。

7.1.4 能源消费趋势分析

（1）能源利用效率

单位地区生产总值能耗是反映能源消费水平和节能降耗状况的主要指标，是一个能源利用效率指标。该指标表示该区域经济活动对能源的利用程度，反映经济结构和能源利用效率的变化。“十三五”期间，珠三角城市群除惠州市外均保持单位地区生产总值能耗持续下降的态势，除珠海市外其余 7 市的单位地区生产总值能耗降低速度均超过广东省平均水平。佛山市在珠三角城市群中能耗下降显著，“十三五”期间单位地区生产总值能耗降幅达 27.12%，其次为东莞、深圳、广州、肇庆，“十三五”期间单位地区生产总值能耗降幅超过 20.00%（表 7.1-8、图 7.1-7）。

表 7.1-8　珠三角城市群“十三五”时期单位地区生产总值能耗增速　　单位：%

区域	2016 年	2017 年	2018 年	2019 年	2020 年	“十三五”期间单位地区生产总值能耗增长速度
广州	−4.96	−4.81	−3.24	−3.86	−4.23	−21.10
深圳	−4.21	−4.23	−4.20	−3.54	−5.54	−21.72
珠海	−3.94	−4.20	−1.26	−3.09	−0.44	−12.93
佛山	−6.63	−5.13	−5.20	−4.90	−5.26	−27.12
惠州	−1.52	6.28	10.25	1.72	2.28	19.00
东莞	−4.65	−4.87	−5.55	−4.46	−2.91	−22.44
中山	−3.89	−3.73	−3.78	−1.33	−6.22	−18.94
江门	−4.52	−4.61	−4.89	−2.46	−2.51	−18.98
肇庆	−5.35	−1.97	−6.90	−3.49	−2.63	−20.34
广东省	−3.62	−3.69	−3.42	−3.52	−1.16	−15.41

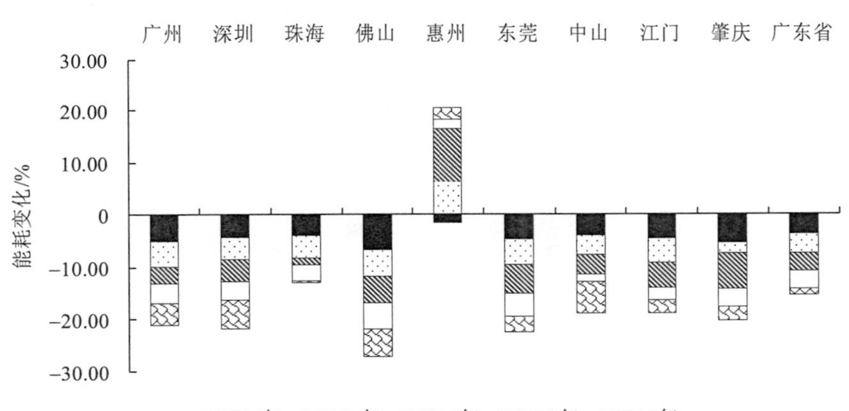

图 7.1-7　珠三角城市群“十三五”时期单位地区生产总值能耗变化趋势

（2）单位工业增加值能耗

单位工业增加值能耗是指一个地区每生产一个单位的工业增加值所消耗的能源。“十三五”期间，珠三角城市群除惠州市外均保持单位工业增加值能耗持续下降的态势，下降速度均超过广东省平均水平（表 7.1-9、图 7.1-8）。佛山、东莞、珠海在珠三角城市群中能耗下降显著，“十三五”期间单位工业增加值能耗降幅分别达到 40.65%、36.21%、33.45%，其次为广州、深圳、江门，“十三五”期间单位工业增加值能耗降幅超过 25.00%。

表 7.1-9 珠三角城市群“十三五”时期单位工业增加值能耗 单位：%

区域	2016 年	2017 年	2018 年	2019 年	2020 年	“十三五”期间单位工业增加值能耗增长速度
广州	−6.55	−4.85	−6.54	−7.50	−1.67	−27.11
深圳	−4.98	−0.75	−11.24	−3.89	−4.82	−25.68
珠海	−7.12	−6.76	−8.79	−9.57	−1.21	−33.45
佛山	−8.32	−6.36	−8.77	−8.92	−8.28	−40.65
惠州	−4.59	10.28	11.61	6.10	5.28	28.68
东莞	−3.93	−7.95	−9.15	−11.94	−3.24	−36.21
中山	−1.58	−1.62	−6.02	−2.20	−2.02	−13.55
江门	−10.89	−4.84	0.02	−10.32	0.65	−25.38
肇庆	−8.39	−0.51	−8.21	−7.19	0.25	−24.05
广东省	−3.75	−0.01	−2.35	−5.21	1.21	−10.11

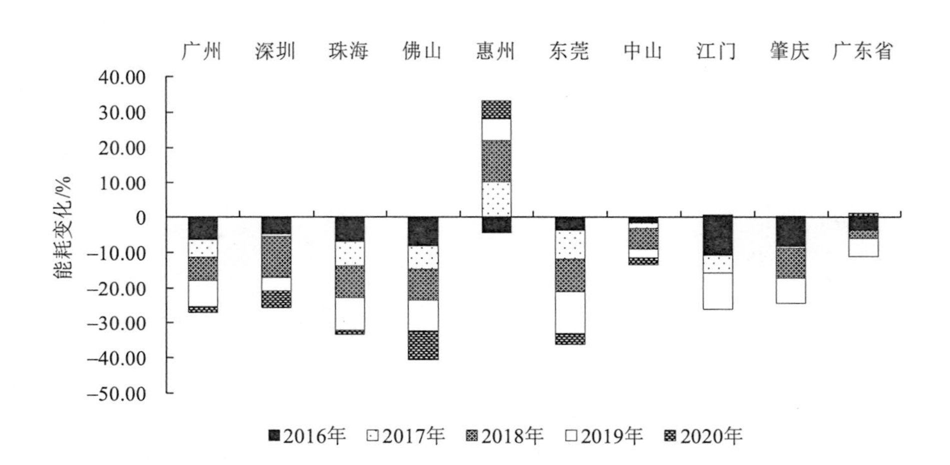

图 7.1-8 珠三角城市群“十三五”时期单位工业增加值能耗变化趋势

（3）小结

“十三五”期间，珠三角城市群节能降耗工作整体较好，除惠州市单位地区生产总值能耗和单位工业增加值能耗不降反增外，其余地市尤其是佛山、深圳、广州、肇庆“十三五”期间地区生产总值能耗下降最多，佛山、东莞、珠海“十三五”期间单位工业增加值能耗下降最多。这说明“十三五”期间珠三角城市群中佛山市在经济结构转型、能源消费上改善程度最大，间接反映了佛山市各项节能政策措施的落实取得实效，同时反映了佛山市在经济发展上对能源的依赖程度正在逐步减弱。

7.1.5　资源消费趋势分析

（1）资源消耗影响分析

城市不仅能有效地向居民提供商品和服务，而且比人口稀疏的地区对自然资源的需求更大，因此人口密度对城市资源供应有限造成了一定压力。人口密度可以影响人均资源因素，因此通过人口密度可以看出城市市场潜力以及资源消耗潜力。

“十三五”时期，珠三角九市中除惠州、江门、肇庆外，其余地市人口密度均超过广东省平均水平，其中深圳市人口密度由 2016 年的 7 518 人/km^2 增加至 2020 年的 8 828 人/km^2，人口密度远超其他地市，人口聚集程度相当高；其次为东莞市，人口密度维持在 4 000 人/km^2 左右，处于平稳增长中；广州、佛山、中山处于第 3 的水平，人口密度在 2 000 人/km^2 左右（表 7.1-10、图 7.1-9）。

表 7.1-10　珠三角城市群“十三五”时期人口密度变化　　单位：人/km^2

区域	2016 年	2017 年	2018 年	2019 年	2020 年
广州	2 315	2 409	2 480	2 526	2 585
深圳	7 518	7 947	8 341	8 563	8 828
珠海	1 131	1 192	1 272	1 343	1 411
佛山	2 303	2 370	2 438	2 483	2 506
惠州	496	504	515	526	534
东莞	4 132	4 220	4 243	4 250	4261
中山	2 286	2 344	2 404	2 460	2 484
江门	486	489	495	500	505
肇庆	270	271	273	275	276
广东省	663	676	687	695	702

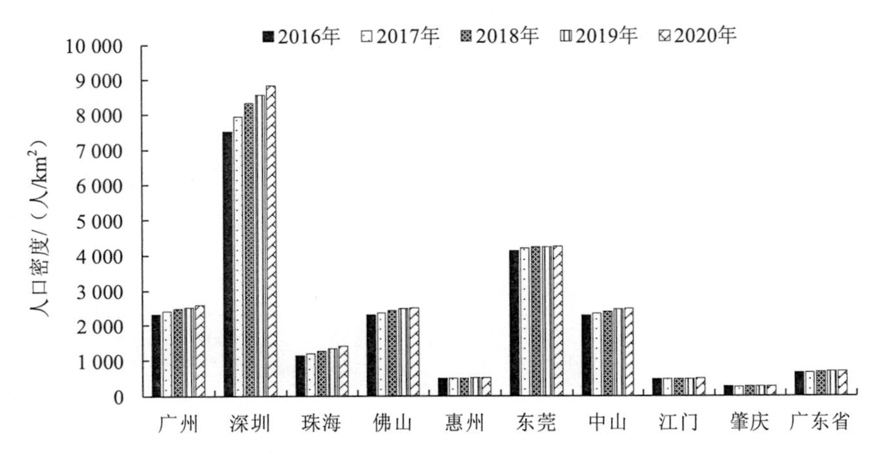

图 7.1-9　珠三角城市群“十三五”时期人口密度变化

（2）水资源消耗趋势分析

“十三五”期间，珠三角城市群整体用水量占广东省用水量的比例逐步增长（图 7.1-10），2020 年珠三角城市群用水量占广东省用水量的 52.75%。珠三角城市群除深圳、珠海、东莞外其余 6 市用水量均呈稳步下降趋势（表 7.1-11、图 7.1-11）。珠三角城市群中广州市用水量最大，2020 年广州市用水量占珠三角城市群用水量的 28.03%。除广州市外，珠三角城市群中佛山、江门、深圳用水量超过 20 亿 m^3，珠海市用水量最低，“十三五”期间用水量一直保持在 5 亿 m^3 左右（表 7.1-12、图 7.1-12）。

表 7.1-11　珠三角城市群“十三五”期间用水量　单位：亿 m^3

区域	2016 年	2017 年	2018 年	2019 年	2020 年
广州	64.54	65.39	64.39	62.3	59.9
深圳	19.93	20.17	20.71	21.0	20.7
珠海	5.10	5.38	5.66	5.8	5.6
佛山	22.06	31.91	30.67	30.9	29.7
惠州	20.60	20.23	19.91	19.7	19.9
东莞	18.54	18.74	19.34	19.8	19.6
中山	15.03	14.44	14.21	14.8	14.7
江门	27.48	27.86	27.69	26.7	25.5
肇庆	19.95	19.51	18.54	18.7	18.1
珠三角城市群	213.23	223.63	221.12	219.7	213.7
广东省	434.95	433.51	420.95	412.3	405.1

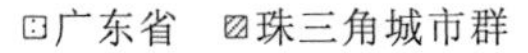

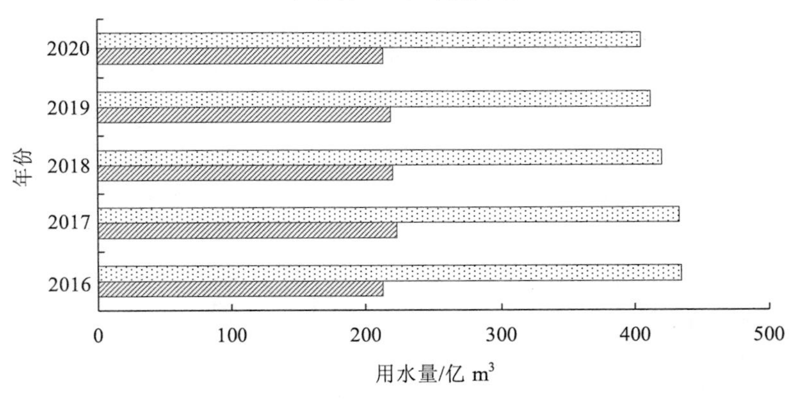

图 7.1-10　珠三角城市群“十三五”期间用水量情况

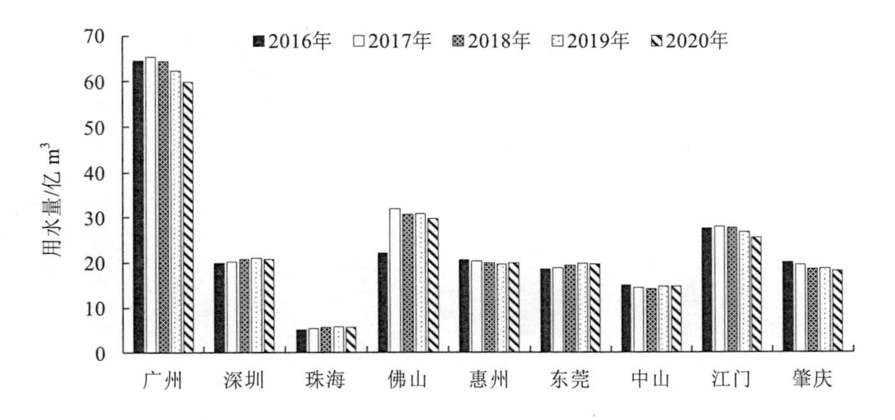

图 7.1-11　珠三角城市群“十三五”期间用水量变化趋势

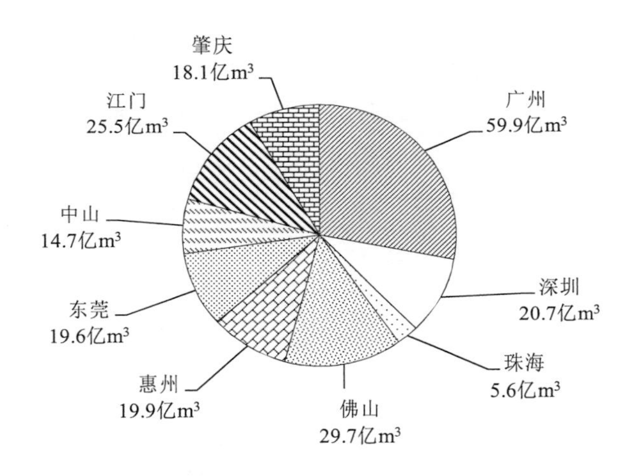

图 7.1-12　珠三角城市群 2020 年用水量情况

“十三五”期间，珠三角城市群整体耗水量占广东省耗水量的比例逐步增长（图 7.1-13），2020 年珠三角城市群耗水量占广东省耗水量的 42.49%。珠三角城市群除佛山、江门、肇庆外其余 6 市耗水量均呈增长趋势（表 7.1-12、图 7.1-14）。珠三角城市群中广州市和江门市的耗水量最高，2020 年分别达到 14.5 亿 m^3 和 10.9 亿 m^3，分别占珠三角城市群耗水量的 21.55%和 16.20%（图 7.1-15）。肇庆市节水工作做得最好，“十三五”期间耗水量处于稳定降低的趋势，珠海市耗水量最低，“十三五”期间耗水量一直保持在 2 亿 m^3 左右。

表 7.1-12 珠三角城市群“十三五”期间耗水量 单位：亿 m³

区域	2016 年	2017 年	2018 年	2019 年	2020 年
广州	14.19	14.36	14.48	14.0	14.5
深圳	5.04	5.12	5.32	5.5	5.5
珠海	1.67	1.78	1.89	2.0	1.9
佛山	6.03	7.87	7.81	7.7	7.5
惠州	7.36	7.36	7.27	7.2	7.6
东莞	5.28	5.37	5.63	5.8	5.9
中山	4.81	4.26	4.22	4.7	5.0
江门	11.57	11.75	11.66	11.3	10.9
肇庆	9.32	9.05	8.73	8.8	8.5
珠三角城市群	65.27	66.92	67.01	67.0	67.3
广东省	164.23	162.84	159.57	156.3	158.4

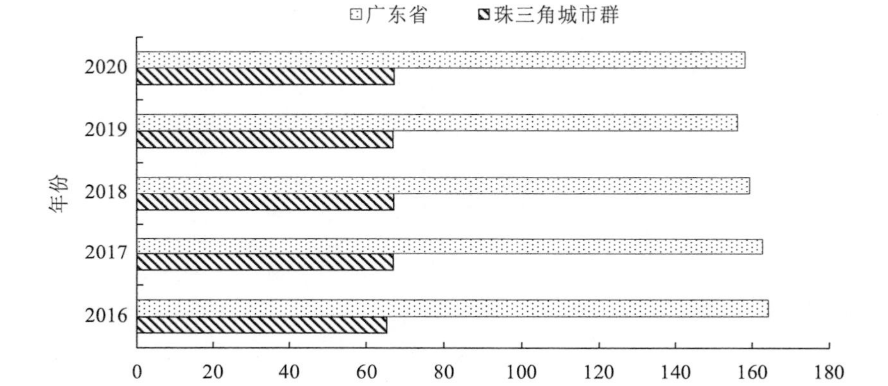

图 7.1-13 珠三角城市群“十三五”期间耗水量情况

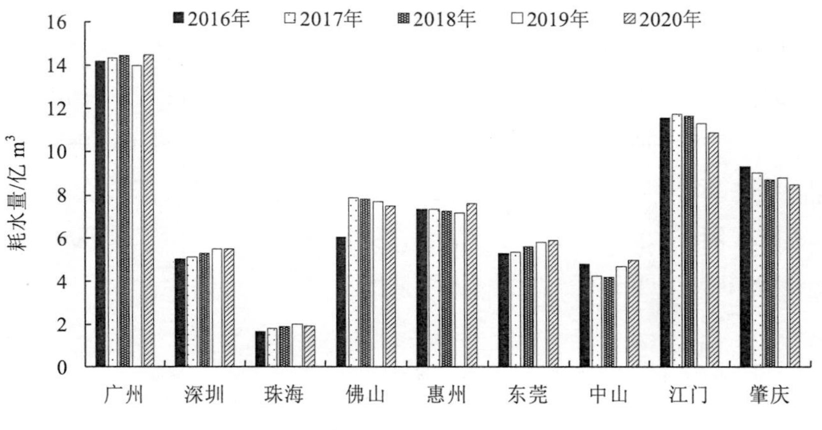

图 7.1-14 珠三角城市群“十三五”期间耗水量变化趋势

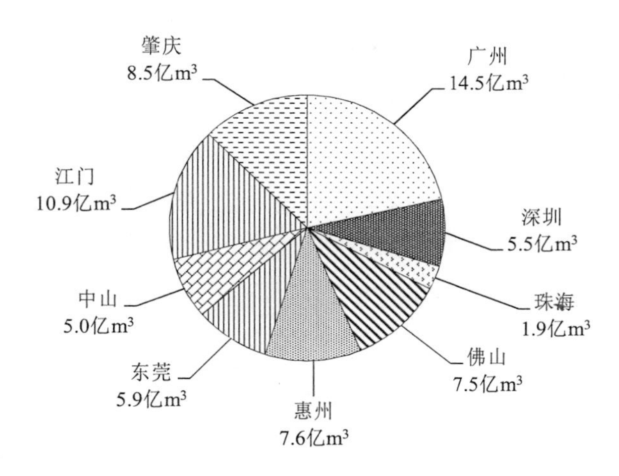

图 7.1-15　珠三角城市群 2020 年耗水量情况

（3）小结

珠三角城市群中深圳市的人口密度远高于其他地市，土地供需矛盾日益尖锐，因此产业结构也受到了很大的制约，难以容纳更多的制造业和服务业，因此深圳市需要从提高土地利用率、采用绿色建筑和推动城市更新等手段着手。通过统筹规划和有效管理来解决土地紧缺问题。通过培育创新型企业和科研机构带来经济增长。而人口密度较低的惠州、江门、肇庆则需要用好资源，做好产业规划、积极引进产业。

“十三五”期间，珠三角城市群用水、耗水工作整体良好，在人口持续大幅增长的情况下，珠海、深圳、广州在用水量上能保持较为稳定的水平，尤其是珠海和深圳“十三五”期间人口增量达到 24.99%和 17.44%，但是用水量和耗水量增幅平稳，说明珠三角城市群中珠海、深圳节水工作做得较好。肇庆、江门、广州、中山用水量持续降低，其中肇庆同比“十三五”初期用水量降幅最大，达到 9.27%，肇庆、江门耗水量持续降低，其中肇庆同比“十三五”初期耗水量降幅最大，达到 8.80%。

7.2　生态经济发展典型做法

7.2.1　“绿水青山”向“金山银山”转化的主要做法

“绿水青山就是金山银山”的绿色发展观是习近平生态文明思想的八个核心观念之一，为推进美丽中国建设、实现人与自然和谐共生的现代化提供了方向指引和重要遵循。近年来，粤港澳大湾区内的河源市东源县、深圳市南山区和大鹏新区、江门市开平市等地区先后成功创建为“绿水青山就是金山银山”实践创新基地。

（1）南山区“绿水青山”向“金山银山”转化

南山区作为全国首个经济发达城市中心区“绿水青山就是金山银山”实践创新基地，致力于绿色金融、低碳经济。

在产业发展上，南山区依托“五链联创”大力发展高新技术产业。以企业创新为主体，依托企业间的物质、资金、技术等形成“企业链”；由龙头企业带动，形成上下游完备的“产业链”；以技术创新、产品创新、品牌创新、产业组织创新、商业模式创新等形成“创新链”；从融资平台、股权投资及投融资体系方面着手，构建“投资链”；坚持“软环境”“硬环境”一起抓，营造一流营商环境，完善“生态链”。

在制度建设上，南山区出台全国首个区级综合类绿色低碳扶持措施：《南山区促进绿色低碳发展专项扶持措施》，该措施也是深圳市首个支持绿色低碳企业及产品、绿色低碳项目、绿色低碳管理、绿色低碳活动等的综合性扶持措施。发布首批绿色低碳评价标准——《绿色低碳企业评价技术要求》《绿色低碳产品评价 光储充综合能源管理系统》《绿色低碳产品评价 抗菌剂》，为区域战略性新兴产业提供明确的评价规范。

大力促进区域“产业绿色低碳化，绿色低碳产业化”，鼓励南山区企业主动披露组织/产品碳排放等环境信息数据，服务辖区企业靶向性绿色低碳转型，实现技术监管和精准扶持。在落实措施上开通项目资助受理渠道，给予企业真正实惠，对符合多项绿色低碳发展扶持措施的同一企业提供资助，通过政策引导、财政补贴、绿色金融多管齐下，积极引导社会资本投向绿色产业，激励辖区产业集群绿色低碳高质量发展。

（2）大鹏新区“绿水青山”向“金山银山”转化

大鹏新区是深圳的生态特区，有着优越的自然禀赋，因此在生态经济发展上坚持以生态赋能发展，以产业推动经济。

大鹏新区在全国率先将 EOD 模式作为发展主战略，将坝光生物谷片区推荐为全省唯一申报国家 EOD 模式试点案例。在全国率先建立区域 EOD 管理模式，印发《大鹏新区 EOD 模式项目管理规定（试行）》，统筹大鹏新区 EOD 项目实施全过程，构建以绿色发展经济体系为目标、以项目的经济效益和生态效益为评估手段的发展机制。

大鹏新区积极打造广深港澳科技创新走廊创新平台。大鹏新区建设深圳国际生物谷（食品谷）坝光核心启动区，集聚各类创新资源要素，培育深圳新的经济增长极，成功引进诺贝尔奖得主团队等具有核心竞争力的生物及生命健康领域项目，园区国家高新技术企业通过率连续居深圳市第一，储备意向落户产业项目 61 个，集聚 106 家各类生物医学、生命健康及海洋生物企业，加速形成坝光国际生物谷现代生物医药、生命科学等战略性新兴产业体系。

7.2.2 生态工业园建设主要做法

南沙地处粤港澳大湾区地理几何中心，是连接珠江口两岸城市群和港澳地区的重要枢纽性节点。广州南沙开发区自 2012 年获批开展国家生态工业示范园区建设以来，一直坚定不移走生态优先、绿色发展道路，不断提高产业资源能源效率，降低工业发展的资源环境压力，走出一条贯通园区内外、融通产业链条的区域生态工业共荣发展之路，于 2022 年荣获“生态文明建设示范区（生态工业园区）”称号，成为粤港澳大湾区“十四五”期间首个获此殊荣的园区，也是首批国家生态工业示范园区升级为生态文明建设示范区（生态工业园区）后进行命名授牌的园区之一。

南沙区在生态工业园建设上：一是致力于园区企业改造，让绿色工厂真正落实到每个企业。南沙区从能源及碳排放管理、大气污染源管理、水资源管理和废弃物管理等 4 个要点入手，在汽车制造全产业链打造环境友好型“绿色工程”。园区内汽车整车及零配件制造产业链有 15 家企业先后荣获省、市清洁生产优秀企业称号。二是积极打造绿色供应链，通过产业链网传导绿色生态要求。南沙区的汽车整车及零配件制造产业链实施《绿色采购指南》，供应商积极主动消除或削减铅、镉、汞、六价铬等 10 种环境负荷物质，减少 CO_2 和 VOCs 排放量等。园区电子信息制造业积极借鉴汽车整车及零配件制造业的产业链“自净”经验，提升产业链绿色生态化水平。三是积极引入高质量发展项目，南沙立足粤港澳全面合作示范区定位，不断深化与港澳及周边地区合作，为产业发展带来源源不断的创新创造新生力量。广州市香港科大霍英东研究院依托香港科技大学领先国际的科研及教育优势，累计获得新一代信息技术及物联网、智能制造、新材料、节能环保与新能源、可持续发展与碳中和等领域科研项目超 800 个，其主要科技成果在开发区内就地转化，科技成果迅速转化为生产力，促进生态工业园区现代高端制造业发展，提高生态工业园区发展的质量、潜力与驱动力。四是先行先试绿色金融，南沙区推出多项绿色金融创新成果，构建以绿色金融标准为引领的政策体系和交易、融资、研学“三维一体”绿色服务体系，创新低碳业务融资渠道，落地气候投融资特色银行支行、绿色融资租赁线上平台、碳中和融资租赁服务平台等机构，开展公募碳中和资产支持商业票据（ABCP）、银行间市场类不动产投资信托基金（REITs）和能源行业类 REITs、碳中和汽车租赁资产证券化（ABS）等创新业务，同时依托广州南沙粤港合作咨询委员会，建立起与港澳常态化绿色金融合作机制，推动大湾区绿色金融标准互认，与港澳共建大湾区碳排放权质押融资、生态补偿机制。

7.2.3 工业大区绿色发展主要做法

龙岗区作为深圳市的经济、产业大区，坚持产业立区、制造业当家，连续 5 年居“中国工业百强区”榜首。龙岗区作为全国重点产业大区，以低碳建设为突破口推动城市低碳战略转型。

一是做大做强绿色低碳产业，龙岗区以深圳国际低碳城区域为集中承载区引进低碳型产业，聚集 314 家规模以上企业、245 家国家高新技术企业、14 家上市企业、100 家亿元企业，涵盖文化创意、新材料、环保、航空航天等战略性新兴产业。二是推动产业集群，打造集总部办公、创新研发、环保展示、公益配套等功能于一体的创新型节能环保产业园区。积极推进深圳建筑产业生态智谷规划建设，培育智能建造产业集群、碳中和产业集群、智慧建筑产业集群，打造千亿级建筑产业园区。升级建设特色产业园，构建具有国际竞争力的现代产业体系，打造“IT+BT+低碳”三大核心产业集群，绿色低碳成为新的“产业支柱”。三是加速形成绿色产业链——以中广核集团为中心的先进核能产业链，以润世华新能源控股集团为中心的新能源制氢、储氢，氢燃料电池及相关核心材料的氢能产业链。深度布局氢能产业，在深圳市率先研究制定氢能产业政策，谋划深圳市首个“平方公里级”新能源（氢能）产业园，全力推动氢能产业集聚成链、全面起势，重点发展储能、光伏、氢能等新能源产业。四是增强产业绿色创新能力，注重建设深圳国际大学园，引进香港中文大学（深圳）、深圳北理莫斯科大学、高等信息科学研究院等高等院校和科研机构以及“一带一路”环境技术交流与转移中心（深圳）等平台，增强产业绿色基础创新能力，实现从“产业大区”向“产业强区”转型。全区国家高新技术企业总量达到 2 810 家，各类创新平台总量达到 253 家，柔性引进的“两院院士”及国际知名工程院院士 8 名，累计引进、培育创新创业团队 50 个。龙岗连续 4 年位列全国工业百强区榜首，高新技术产业产值占工业总产值的比例超过 80%，战略性新兴产业增加值占全市的比例超过 1/6。

第8章

面向美丽湾区的珠三角城市群绿色生活推广成效与形势分析

8.1　绿色生活方式推进形势分析

8.1.1　城市人均公园绿地面积

根据《中国城市建设统计年鉴》（2017—2021 年），“十三五”期间珠三角城市群城市人均公园绿地面积如表 8.1-1 所示，2020 年珠三角城市群城市人均公园绿地面积为 14.22～23.35 m^2，平均值为 18.95 m^2。同期长三角城市群 27 个城市人均公园绿地面积为 9.05～19.95 m^2，平均值为 15.35 m^2；京津冀城市群人均公园绿地面积为 10.31～23.11 m^2，平均值为 15.71 m^2。整体来说，珠三角城市群优于长三角、京津冀城市群，但九市间人均公园绿地面积水平并不平衡。

2020 年珠三角九市中城市人均公园绿地面积排名第一的是广州（23.35 m^2），第二是珠海（22.04 m^2），第三是江门（20.16 m^2），而中山（14.22 m^2）、深圳（15.00 m^2）、惠州（16.79 m^2）排名靠后，低于同期广东省平均水平（18.13 m^2），仅中山低于同期全国平均水平（14.78 m^2）。从“十三五”时期城市人均公园绿地面积增减情况来看，佛山增幅最大，达 38%，江门、珠海次之，分别增加 13%和 12%；其余地市均有不同程度下降，中山降幅最明显，达 23%，东莞次之，减少 14%（图 8.1-1）。“十三五”期间珠三角城市群城市人均公园绿地面积，55.6%的地市有不同程度的下降，44.4%的地市在持续增长。

表 8.1-1　珠三角城市群“十三五”时期城市人均公园绿地面积情况　　单位：m^2

区域	2016 年	2017 年	2018 年	2019 年	2020 年	“十三五”期间增长率/%
广州	22.09	22.67	22.95	23.72	23.35	6
深圳	16.45	15.95	15.35	14.94	15.00	–9
珠海	19.70	19.80	19.90	21.23	22.04	12
佛山	13.91	16.55	17.25	17.78	19.21	38
惠州	17.85	17.88	16.78	16.37	16.79	–6
东莞	22.99	24.23	24.06	19.49	19.83	–14
中山	18.41	16.50	16.41	16.56	14.22	–23
江门	17.78	18.34	17.88	19.60	20.16	13
肇庆	20.39	20.11	19.98	19.13	19.94	–2
珠三角城市群	13.91～22.09	15.95～24.23	15.35～24.06	14.94～21.23	14.22～23.35	—

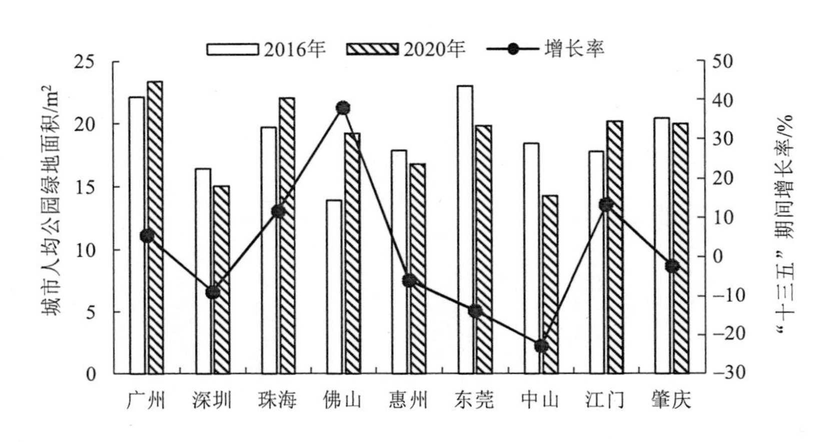

图 8.1-1 “十三五”时期珠三角城市群城市人均公园绿地面积变化趋势

8.1.2 饮用水安全保障情况与形势分析

8.1.2.1 集中式饮用水水源地水质优良比例

（1）集中式饮用水水源地水质现状

根据广东省地级及以上城市集中式生活饮用水水源水质状况报告，2021 年，珠三角九市对 53 个在用地级及以上城市集中式饮用水水源地水质开展了监测，按照《地表水环境质量标准》（GB 3838—2002），水源达标率为 100%，与上年持平，惠州、肇庆 2 市水质全优。53 个城市集中式生活饮用水水源地中有 25 个水源地水质稳定达到Ⅱ类，占比 47.2%。

根据广东省县级行政单位所在城镇集中式生活饮用水水源水质状况报告，2021 年对珠三角范围内 13 个县（县级市）及 1 个经济技术开发区的 19 个县级集中式饮用水水源地水质开展了监测，按照《地表水环境质量标准》（GB 3838—2002），水源达标率为 100%，与上年持平。县级饮用水水质以Ⅱ类为主，水质总体优良，其中稳定达到Ⅱ类的水源地有 12 个，占比 63.2%。2021 年珠三角各市地级及以上城市集中式饮用水水源和县级集中式饮用水水源水质全部达到或优于Ⅲ类，水质优良比例达到 100%。

（2）集中式饮用水水源地水质变化情况

依据广东省集中式生活饮用水水源水质状况公开信息，按照水质监测频次计算，2020 年珠三角各市城市集中式饮用水水源地水质均达到或优于Ⅲ类，其中Ⅰ～Ⅲ类水的比例如表 8.1-2 所示。可见惠州、中山、江门、肇庆城市集中式饮用水水源地水质均为优（达到Ⅰ类或Ⅱ类）。水质级别良（Ⅲ类）的比例最高的是东莞（42%），其次是广州（33%），再次是珠海（22%），均超过珠三角平均水平（14%）。

如图 8.1-2 所示，从 2016—2020 年不同类别水质的变化情况来看，整体来说，珠三角整体城市集中式饮用水水源地水质有所改善，Ⅲ类水比例下降 10%，Ⅰ类及Ⅱ类水比例均上升 5%。在珠三角九市每次水质监测均达到优良的情况下，从各市城市集中式饮用水水源地水质类别比例的增减情况来看，东莞水质改善最明显，深圳、佛山、惠州、江门、肇庆、广州也均有不同程度的改善，中山维持不变，珠海整体有所下降。

表 8.1-2　“十三五”时期珠三角城市集中式饮用水水源水质状况变化情况　单位：%

区域	2016 年不同类别水质比例			2020 年不同类别水质比例			2016—2020 年变化情况		
	Ⅰ类	Ⅱ类	Ⅲ类	Ⅰ类	Ⅱ类	Ⅲ类	Ⅰ类	Ⅱ类	Ⅲ类
珠三角	3	73	24	8	78	14	5	5	–10
广州	0	66	34	2	66	33	2	0	–2
深圳	15	49	36	24	66	10	9	17	–26
珠海	0	91	9	2	76	22	2	–15	13
佛山	0	77	23	2	95	3	2	18	–20
惠州	0	92	8	10	90	0	10	–2	–8
东莞	0	0	100	4	54	42	4	54	–58
中山	0	100	0	0	100	0	0	0	0
江门	0	92	8	0	100	0	0	8	–8
肇庆	0	100	0	6	94	0	6	–6	0

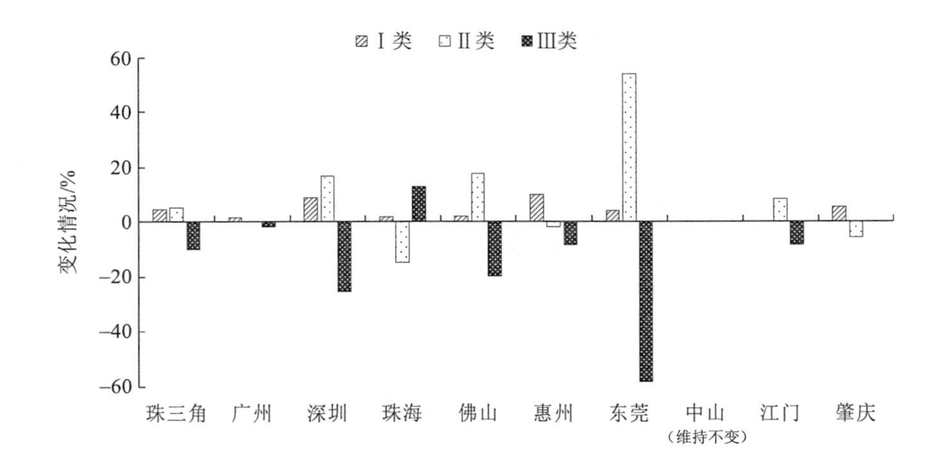

图 8.1-2　2016—2020 年珠三角城市集中式饮用水水源水质状况变化情况

依据广东省集中式生活饮用水水源水质状况公开信息，按照水质监测频次计算，2020 年珠三角范围内县级集中式饮用水水源地涉及惠州、江门、肇庆 3 地，饮用水水源地水质状况均达到或优于Ⅲ类，无超标项目，其中相比 2016 年Ⅰ类水增加 3%，Ⅱ类水减少 4%，Ⅲ类水增加 1%，整体呈饮用水水源地水质持续改善趋势。珠三角范围内县级集中式饮用水水源地水质变化情况如表 8.1-3 所示。

表 8.1-3 “十三五”时期珠三角范围内县级集中式饮用水水源地水质变化情况 单位：%

区域	2016 年不同类别水质比例			2020 年不同类别水质比例			2016—2020 年变化情况		
	Ⅰ类	Ⅱ类	Ⅲ类	Ⅰ类	Ⅱ类	Ⅲ类	Ⅰ类	Ⅱ类	Ⅲ类
珠三角	6	82	12	9	78	13	3	−4	1
惠州	0	100	0	0	100	0	0	0	0
江门	17	50	33	21	50	29	4	0	−4
肇庆	0	100	0	0	100	0	0	0	0

8.1.2.2 城乡供水一体化情况

2019 年起，广东省启动全域自然村集中供水工程，在实现行政村自来水覆盖率、农村自来水普及率均超 90%的基础上，推动供水从分散到集中，并解决进入自然村入户“最后 100 米”问题。截至 2020 年年底，广东已有 14.23 万个、占全省 92.7%的自然村通上自来水。珠三角城市群大力实施城乡供水一体化、农村饮水安全和村村通自来水工程，农村供水取得了显著成效，农村饮水安全问题在 2020 年年底基本得到解决。早在 2020 年，珠三角其中 6 市（广州、深圳、佛山、珠海、东莞、中山）已实现农村集中式供水普及率 100%，各类农村供水工程覆盖人口 1 448.3 万人。

2021 年广东省部署实施全省农村集中供水全覆盖攻坚行动，5 月印发《广东省农村集中供水全覆盖攻坚行动方案》，明确 2021 年年底基本完成剩余 525 万农村人口的集中供水任务，实现全省自然村集中供水全覆盖要求。惠州、江门、肇庆大力推进农村集中供水全覆盖攻坚工作，于 2021 年年底前完成全域自然村集中供水攻坚任务，有效保障群众喝上“放心水”“安全水”。自此，珠三角全域实现农村集中供水全覆盖，为下一步推进农村供水“三同五化”（同标准、同质量、同服务和规模化发展、标准化建设、专业化运作、一体化管理、智慧化服务）打下了良好的基础。

有条件的地市已开展自来水水质提升工程，不断提升供水水质合格率。譬如，深圳市 2013 年以来先后开展了两期优质饮用水入户工程，2018 年年底启动全市居民小区二次供水设施提标改造工程，并持续加大自来水厂新（改、扩）建及提标改造工作力度，推动自来水厂建成深度处理工艺。2019 年 4 月，盐田区实现了全区自来水直饮，这也是全市首个实现自来水直饮的行政区。深圳市将继续推进居民小区优质饮用水入户工程、社区供水管网改造工程和二次供水设施提标改造工程，实现供水企业“从水厂到水龙头”的全过程专业化，提升供水服务。谋划到 2023 年，实现深圳市各中心城区直饮水全覆盖，2025 年实现全城直饮①。

纵观珠三角全域，城乡供水一体化、农村饮用水安全保障有了长足的发展，但目前农村饮用水安全仍面临一些威胁挑战，存在供水工程净化消毒等处理设施未配套或不完善、

① 深圳 2025 年将实现全城自来水直饮，打开水龙头就喝的日子不再遥远[N]. 深圳特区报，2021-04-12. https://baijiahao.baidu.com/s?id=1696798471388879486&wfr=spider&for=pc.

老旧供水工程管网破损、农村供水工程建后管护机制未完善等问题。

8.1.3　生活污水治理进展与形势分析

8.1.3.1　城镇生活污水处理率

从城市生活污水处理率来看，整体处于较高水平。随着污水处理能力的不断提升，城市生活污水处理率整体呈上升趋势，2020 年珠三角九市城市生活污水处理率达 95.8%～100%。除中山市城市污水处理率在“十三五”期间有波动下降外，其他城市生活污水处理率均呈上升或保持稳定的趋势，其中肇庆市、江门市提升幅度较大，分别达 11%、6%。根据广东省统计年鉴，“十三五”时期珠三角城市群各市城市生活污水处理率如表 8.1-4、图 8.1-3 所示。

表 8.1-4　“十三五”时期珠三角城市群各市城市生活污水处理率　单位：%

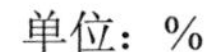

区域	2016 年	2017 年	2018 年	2019 年	2020 年	“十三五”期间增长率
广州	94.3	95.0	95.5	97.0	97.9	4
深圳	97.6	96.8	97.2	97.7	98.1	1
珠海	96.3	96.4	97.3	100.0	96.8	1
佛山	96.7	96.4	88.4	95.8	100.3	4
惠州	97.0	97.2	97.5	97.8	98.8	2
东莞	93.5	93.7	95.1	95.5	96.2	3
中山	96.3	96.5	100.0	98.5	95.8	-1
江门	92.1	93.9	94.8	97.3	97.5	6
肇庆	89.5	94.5	95.9	99.5	99.2	11
珠三角城市群	89.5～97.6	93.7～97.2	88.4～100.0	95.8～100.0	95.8～100.3	—

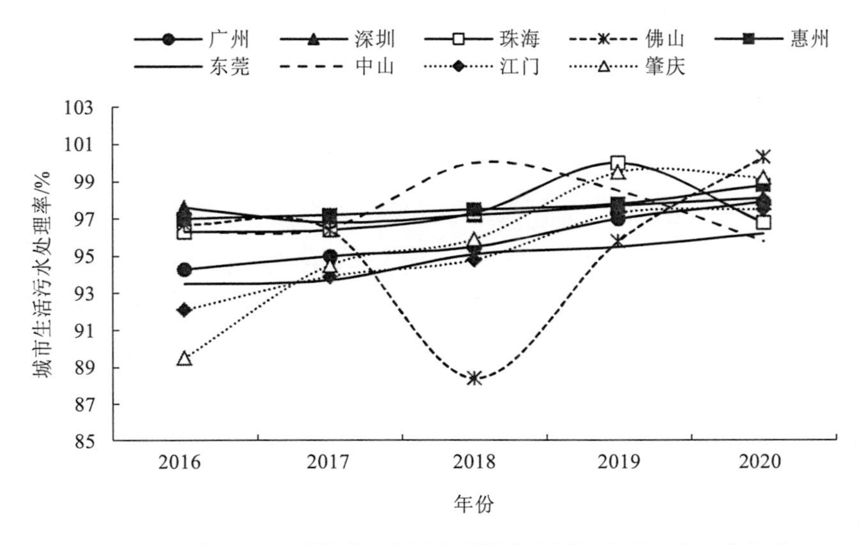

图 8.1-3　“十三五”时期珠三角城市群城市生活污水处理率变化趋势

从城镇生活污水处理率来看，“十三五”期间，珠三角城市群各市城镇生活污水处理率整体呈上升趋势，2020 年均达到 95%以上。根据各市提供的数据，“十三五”时期珠三角城市群各市城镇生活污水处理率如表 8.1-5 所示。

表 8.1-5 珠三角城市群“十三五”时期城镇生活污水处理率情况 单位：%

区域	2016 年	2017 年	2018 年	2019 年	2020 年	“十三五”期间增长率
广州	94.3	95.0	95.5	97.0	97.9	3.60
深圳	97.6	96.8	97.2	97.7	98.1	0.50
珠海	100.0	96.4	96.4	96.6	97.2	–2.80
佛山	96.8	97.5	95.3	99.2	100.0	3.20
惠州	96.2	97.2	97.5	97.8	97.6	1.40
东莞	93.5	93.7	95.1	95.5	96.2	2.70
中山	96.3	96.5	100.0	98.5	95.8	–0.50
江门	91.2	93.5	94.7	96.7	97.1	5.90
肇庆	87.3	91.4	92.2	95.5	96.1	8.80
珠三角城市群	87.3～100.0	91.4～97.5	92.2～100.0	95.5～99.2	95.8～100.0	—

注：①数据来源：各市提供数据。
②城镇生活污水处理率与城市生活污水处理率不同的是，其统计范围涵盖所辖的县级行政单位县城污水厂情况。

但是，城市生活污水集中收集率仍不够高。据 2021 年中央生态环境保护督察反馈的问题，2020 年肇庆等地市生活污水集中收集率低于 30%，佛山市生活污水管网缺口 2 300 km 以上，已建成的污水管网老化、破损问题严重，反映了珠三角城市群水环境基础设施建设仍有短板。

目前，珠三角城市群城镇污水收集处理系统仍有待提升，由于配套污水管网建设相对污水处理厂滞后，特别是城中村等区域污水管网建设不完善、管网合流渠箱暗涵雨污分流、清污分流不彻底，以及老旧污水管网漏损等问题，导致部分城镇污水处理厂进水负荷偏低。例如，广州市部分城镇污水处理厂污染物削减效能有待加强，管理短板尚未补齐，排水单元达标改造、合流渠箱清污分流尚在推进中，污水管网清污分流不完善导致雨季污水处理厂进水氨氮浓度普遍偏低，溢流现象普遍存在。2020 年 1—11 月，52 座正式运行的城镇生活污水处理厂中，43 座污水厂进水氨氮浓度低于 20 mg/L，占比 82.7%；同时，城镇污水处理厂规划布局有待优化，污水管网远未实现互联互通也不同程度影响了部分新扩建污水处理厂负荷的提升。2020 年 12 月监督检查情况显示，19 座通水（试）运行的新扩建污水处理厂中，2 座运行负荷低于 30%，占比 10.5%。例如，惠州市城镇生活污水管网不配套问题突出，管网老旧、雨污合流等问题普遍存在，部分污水处理厂负荷率和进水浓度偏低，2021 年有 7 座污水处理厂进水化学需氧量低于 100 mg/L，4 座运行负荷率不足 50%。

8.1.3.2　农村生活污水治理率

截至 2021 年年底，珠三角城市群累计完成农村生活污水治理的行政村有 4 065 个，农村生活污水治理率（按行政村计）达到 77%，高出广东省同期 26 个百分点。2020—2021 年珠三角城市群各市农村生活污水治理完成情况如图 8.1-4 所示。广州、深圳、珠海、东莞均完成辖区内所有行政村的生活污水治理；佛山、惠州、江门农村生活污水治理率较高，在 70%～90%；肇庆较低，为 59%；中山最低，为 36%。珠三角城市群农村生活污水治理率整体较高，但个别地市农村生活污水治理设施建设进度较滞后，农村生活污水处理设施缺乏长效运营维护，有效运行率偏低。

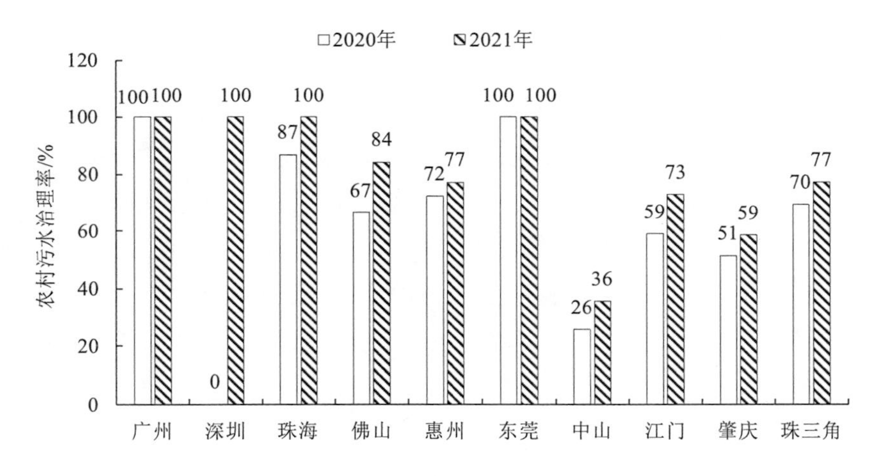

图 8.1-4　2020—2021 年珠三角城市群农村生活污水治理情况

8.1.4　生活垃圾无害化与减量化处理进展

8.1.4.1　城镇生活垃圾无害化处理率

目前，珠三角城市群已配备完善的生活垃圾收运体系和垃圾无害化处理设施，形成覆盖全域的生活垃圾收集-转运-无害化处理链条，珠三角城市群生活垃圾已得到 100%无害化处理（表 8.1-6）。随着生活垃圾处理量的不断增加、无害化处理设施负荷的饱和，如何深入开展垃圾分类与资源化利用工作，完善垃圾分类回收处置体系网络，强化垃圾分类管理实现垃圾源头减量是未来新阶段城乡生活垃圾管理工作的重点。

表 8.1-6 珠三角城市群“十三五”时期城市生活垃圾无害化处理率 单位：%

区域	2016 年	2017 年	2018 年	2019 年	2020 年	“十三五”期间增长率
广州	96.1	96.5	100	100	100	4
深圳	100.0	100.0	100	100	100	0
珠海	100.0	100.0	100	100	100	0
佛山	100.0	100.0	100	100	100	0
惠州	100.0	100.0	100	100	100	0
东莞	100.0	100.0	100	100	100	0
中山	100.0	100.0	100	100	100	0
江门	100.0	100.0	100	100	100	0
肇庆	100.0	100.0	100	100	100	0
珠三角城市群	96.1～100.0	96.5～100.0	100	100	100	—

8.1.4.2 农村生活垃圾无害化处理村占比

截至 2022 年，广东省建成生活垃圾无害化处理设施 174 座，总处理能力 17.9 万 t/d，设施数量和总处理能力多年居全国首位。珠三角城市群生活垃圾无害化处理设施共 134 座，总处理能力 14.0 万 t/d，占全省总处理能力的近 80%，生活垃圾处理能力远超生活垃圾产生量。珠三角城市群城乡垃圾收运体系完善，形成县域统筹的“村收集、镇转运、县处理”的村镇生活垃圾收运处理模式，生活垃圾收运处置体系自然村覆盖率达 100%，农村生活垃圾无害化处理村占比达 100%。

8.1.4.3 生活垃圾分类减量化行动

2016 年广东省在全国率先实施《广东省城乡生活垃圾处理条例》，将生活垃圾分类纳入立法，此后全省循序推进，近年来再度加速，完善垃圾分类全链条设施，并通过示范城市带动，全域因地制宜推进垃圾分类。在 2021 年全省垃圾分类工作推进会后，全省 21 个地市均召开市级层面推进会，建立市、区、街道、社区、垃圾分类管理责任人五级联动机制，形成齐抓共管、协同推进的格局①。

珠三角多个地市也已发布生活垃圾分类相关条例和方案，如广州市、深圳市分别制定实施本市的生活垃圾分类管理条例，东莞市实施《东莞市生活垃圾分类三年行动方案》等。同时，全省还推行垃圾分类“五进”活动、“拾分美丽”志愿服务等，部署塑料污染治理、农村垃圾分类、垃圾分类与再生资源回收体系“两网融合”等。广州市开发使用市、区、街镇、村居、责任人五级垃圾分类信息化管理程序，实现垃圾分类“一网统管、一号通办、

① 广东垃圾分类最新进展：分类施策带动，广深基本建成分类处理系统[N]. 南方日报，2020-12-10.

一键督办”。坚持把农村生活垃圾分类工作纳入乡村振兴战略，纳入美丽乡村建设，纳入农村人居环境整治。目前，广州市现有 1 144 个行政建制村均实现了生活垃圾分类处理工作全面覆盖。

“十三五”时期末，珠三角城市群城乡生活垃圾收运体系实现全覆盖，全链分类体系逐步建立，深圳、佛山、东莞分别于 2017 年、2019 年、2020 年通过餐厨废弃物资源化利用和无害化处理试点城市验收，其他珠三角城市均已建成规模化集中式厨余垃圾处理项目。在城市生活垃圾回收利用率方面，广州、深圳率先达到 35%以上，分别为 39.7%和 40.5%。

8.1.5　小结

总体来讲，珠三角城市群公园绿地地市间发展不平衡，需加快建设均衡联通的公园体系，着力提升人居环境品质。2020 年人均公园绿地面积，广州市在直辖市、计划单列市、省会城市的全国主要城市中，位居第一。另外，中山、深圳、惠州 3 市城市人均公园绿地面积均低于广东省平均水平，中山市甚至低于全国平均水平。城市公园的总量和质量是城市宜居品质的重要体现。为建设与粤港澳大湾区宜居宜业宜游优质生活圈的定位相匹配的城市绿地系统，未来应不断加强各类公园建设，优化公园布局，完善均衡共享、系统联通的公园体系[①]；增强城乡绿地的系统性、协同性，构建绿道网络，实现城乡绿地连接贯通；提升城乡绿地生态功能，有效发挥绿地服务居民休闲游憩、体育健身、防灾避险等综合功能。

城乡饮用水安全基本得到有效保障，需持续深化城乡供水一体化，有效保障饮用水安全。目前，珠三角城市群集中式饮用水水源地水质优良比例达 100%，农村集中供水覆盖率达 100%。未来应继续强化饮用水安全管理，推进城乡供水同标准、同质量、同服务和专业化、信息化管理，加快推进农村供水工程建设和管理工作提档升级，切实提升农村供水水质达标率和供水保证率。

城乡生活污水收集处理设施效能有待完善，需进一步完善配套管网建设，提升处理设施运维服务水平。虽然珠三角城市生活污水处理率处于较高水平，但从生活污水集中收集率来看，珠三角城市群生活污水收集处理工作仍有很大的改善空间。历史上快速城镇化的过程，遗留了生活污水收集处理等基础环境设施配套建设没有同步、管理不到位的问题，导致如今水环境基础设施仍有缺口，既有新建污水厂污水管网不配套的问题，也有管网老旧、雨污合流的问题。生活污水收集处理效能有待提升。未来各地应从集中式污水处理设施数量及位置的合理布局、配套污水管网建设、老旧管网效能提升等方面深入推进城镇污水处理效能，提升污水处理厂的进水负荷。

① 王忠杰，等，2021 年中国主要城市公园评估报告[R]. https：//new.qq.com/rain/a/20220327A06GYA00.

个别地市农村污水处理设施建设较为滞后，或存在管理不完善的问题。珠三角城市群污水处理城乡一体化仍需进一步推进，已建成的农村污水处理设施配套管理措施需进一步完善，防止大规模建设后缺乏长效管理机制而导致设施荒废的现象。

城乡生活垃圾收运体系实现全覆盖，需进一步推进生活垃圾分类工作，促进生活垃圾源头减量。珠三角城市群城乡生活垃圾收运、无害化处理体系已趋于成熟，城乡生活垃圾无害化处理率达到 100%。但随着经济、人口的增长，垃圾量产量逐渐增加，将逐渐加剧垃圾无害化处理设施运行负载，并产生生态安全风险问题。而且目前前端垃圾投放环节，居民分类意识不强，厨余垃圾资源化利用程度不高，未来需持续完善生活垃圾分类体系，推进可回收物资源化利用。

8.2 生态生活推广典型做法

8.2.1 绿美城市建设成效与典型做法

城市绿地系统是城市人居环境游憩空间的重要保障，是衡量城市宜居生活质量的重要方面，具有景观观赏、调节心理健康等精神娱乐文化价值以及保存地方记忆、增强社会互动的社会价值，其为人们提供亲近自然、休闲放松、社交与参与体育活动的休憩场所①，增加人们对自然环境的亲切感与依赖感，有利于促进人与自然和谐共生。“十三五”期间，珠三角城市群着力构建森林绿地体系，结合珠三角森林进城围城、生态景观林带、绿道、乡村绿化美化等重点生态工程，水陆并进、相互支撑，大力推进各类公园、绿地和绿道建设，推动绿色建设成果开放共享，提升绿色惠民成效，广州、深圳等城市积极打造公园城市典范。

（1）成功建成全国首个“国家森林城市群建设示范区”

珠三角城市群以森林城市建设为锚点，着力构建类型多样的城市生态绿核和互联互通的生态廊道网络。2016 年，广东省启动建设珠三角国家森林城市群，至 2018 年珠三角九市全部成功创建国家森林城市，实现了“国家森林城市”全覆盖，形成类型丰富、布局均衡、结构稳定的森林城市群，成为全国首个“国家森林城市群建设示范区”。

2016—2020 年，珠三角地区完成碳汇造林 3.4 万 hm^2、林相改造 4.6 万 hm^2，湿地类型的自然保护区数量达 26 个，湿地公园总数达 127 个。共建设带状森林 89 处、街心公园 717 个，新建和提升生态景观林带 6 900 km、绿道 4 200 km，古驿道绿化提升 86 km，建设碧道 97.79 km。人均城乡绿道长度达到 2.26 km/万人，区域生态廊道建成率达到 94.84%。建成 124 个广东省森林城镇、100 个国家森林乡村，新建自然生态文化教育场所 829 处、

① 王甫园，王开泳. 城市化地区生态空间可持续利用的科学内涵[J]. 地理研究，2018，37（10）：1899-1914.

省级自然教育基地 30 个，自然教育普及率达 87.11%。

（2）构建形成“水、城、绿”有机融合的岭南水乡城市景观

珠三角城市群水网密布，湿地资源丰富，将城乡绿化景观与水环境整治紧密结合，推进以滨河滨水绿化景观建设为主要内容的湿地水系建设，形成了“水、城、绿”有机融合的岭南水乡城市景观特色。持续强化珠江水系林网建设、湿地资源的保护和恢复。“十三五”期间，珠三角各市加快建设水网绿色生态廊道，在西江、北江、东江主干流及绥江、西枝江、潭江、新兴江、增江河、流溪河等支流沿岸、河口地带营建防护绿带，修复拓展河涌两岸、环湖（库）滨水景观林带，推广种植乡土景观树种，打造“水清、岸绿、景美”的滨水景观，全面提升水生态服务功能。与此同时，珠三角城市群进一步完善了农田林网，加快推进村镇道路、堤岸、庭院绿化美化和公共绿地建设，优化绿色休闲空间，改善宜居生态环境，建设美丽乡村。①

通过推进各类城市湿地公园建设和保护管理，提升城市湿地生态质量，充分发挥城市湿地生态环境修复、休闲游憩、科普教育等功能。

广州海珠国家湿地公园，从濒临荒废的万亩果园到全国特大城市中心区最大的国家湿地公园，是广州湿地生态恢复、城市蓝绿休闲空间的一个典型案例，是名副其实的广州“绿心”。海珠国家湿地公园的前身是在城市湖泊与河涌湿地的基础上，挖塘堆土成基的半自然果林，有“万亩果园”之名，代表着近千年历史的岭南果基农业文化。2012 年，广州市在万亩果园的基础上，开创实行“只征不转”征地政策，土地收归国有，依然保留农用地性质，全面建设 1 100 hm^2 的国家湿地公园。推动出台《广州市湿地保护规定》，全国首创以专章保护形式对海珠湿地实施永久性保护，将海珠湿地划入生态控制线，将其作为永久性生态用地予以保护。

通过水系清淤疏通、截污纳管、食藻虫引导水生态修复等工程，利用自然潮汐水文变化进行调水，实现水体交换，盘活湿地水网，提升湿地水体循环与自净。在保留原有果基形态的基础上，构建“基、果、水、岸、生”五要素协同的垛基果林湿地复合生态系统，丰富湿地生境多样性。结合水鸟的生活习性，营造深水区、浅水区、沼泽、滩涂、树林等多样化生境，为鸟类创造觅食、栖息、繁育的理想家园，并且通过植被恢复和人工放养，逐步形成昆虫、鱼类、两栖类、水禽等丰富的生物多样性②。海珠湿地成功打造了鸟类与繁华都市毗邻而居、生生不息的美好家园，谱写了人与自然和谐共生的生动范例。截至 2023 年 1 月，海珠湿地鸟类种数从 72 种增加到 187 种，昆虫种类从 66 种增加到 738 种，鱼类从

① 水清岸绿风景美　珠三角建成绿色生态水网[EB/OL]. https：//baijiahao.baidu.com/s?id=1672818745001236644&wfr=spider&for=pc.

② 粟娟，潘勇军. 从退化果园到生物多样性丰富的绿色休闲空间——基于广州海珠湿地修复实践[J]. 中国城市林业，2022，20（6）：25-30.

36 种增加到 64 种[①]。

凭借城央湿地公园独一无二的区位优势和便捷交通，广州海珠国家湿地公园成为市民日常康体休闲、科普教育的重要场所，每年开展生态保护类、公益类、文体类、扩展类等特色活动 200 余场次，每年接待游客超过 1 000 万人次。

（3）公园城市建设成效显著

珠三角城市群稳步推进新一轮绿化广东大行动，持续构建完善城市绿地体系，结合公园城市建设，优化城市公园空间布局，完善社区公园，提升城市绿地布局均衡性，满足不同人群、不同出行频率的休闲游憩活动需求。因地制宜建设各类公园，丰富市民舒适便捷的游园体验。

广州市历来有“四季花城”的美誉。“十三五”期间，广州市大力推进“云山珠水，吉祥花城”建设，通过口袋公园建设、拆围透绿、厕所革命等一系列举措，实现整体品质提升，建成全国首个城市公园展览馆、全市儿童公园体系、人行天桥立交桥绿化获省宜居环境范例奖。无论是公园数量、面积还是公园品质在全国超大城市中都处于领先地位。在完善公园景区基础设施方面，广州市坚持“人民公园人民建，建好公园为人民”的工作方针，至 2020 年年初步形成由远郊自然保护区、森林公园，近郊湿地公园、郊野公园，城区综合公园、专类公园、社区公园组成的城市公园体系，为市民提供绿色安全、便捷多样的游园体验。同时，完成了天河公园、东湖公园、荔湾湖公园等 10 个公园拆围透绿，营造公园内外连通的通透的疏林草地空间，实现还绿于民、还景于民。新建成二沙岛东端艺术公园，建成开放全国首个城市公园展览馆——广州市城市公园展览馆、全市首座智能体育公园——广州体育公园。持续推进厕所革命，新建改造公园厕所 115 座[②]。

开放城市绿地，实现生态建设成果可观、可感、可享。从 2022 年元旦开始，广州市推出第一批 24 个公园绿地草坪帐篷区域，让有条件的公园，进一步完善公园休闲游玩的生态服务功能，划定专门区域供市民游客搭设帐篷，开展各项亲近自然的活动，给市民一个更优质的公园生活和宜居宜游的美好休憩空间。

8.2.2 海绵城市建设成效与典型做法

海绵城市建设是落实习近平生态文明思想的重要举措，是实现修复水生态、改善水环境、涵养水资源、提升水安全等目标的有效手段。珠三角城市群各市逐步将海绵城市理念融入城市规划及建设中，全过程管控机制逐步完善。深圳市、珠海市入选国家第二批海绵城市建设试点城市。

① 广州海珠湿地：最美城央“绿心”人与自然和谐发展[EB/OL]. https://baijiahao.baidu.com/s? id=1780524787208395611&wfr=spider&for=pc.

② 谱写生态文明　建设广州新篇章[EB/OL]. https://www.sohu.com/a/437182281_115354.

一是珠三角各市全部完成海绵城市专项规划编制工作。积极推广海绵城市建设模式，强化城市雨水径流源头减量，充分利用公园、绿地等空间，建设绿灰结合的雨水管控基础设施，形成表层、浅层、深层的三层排水体系，打造更加完善的城市排涝系统，坚持源头治理，缓解城市内涝。

二是强化城市内涝点治理。着力解决城市内涝问题，组织开展排水防涝安全检查，检查内涝点整治、设施巡查维护及应急预案落实情况。纳入国务院排水防涝补短板重点城市之一的广州市已基本完成其 23 项整治任务。

三是发挥数字信息技术对海绵城市建设的支撑作用。结合智慧城市建设，不断提升排水防涝管理水平。全省各市全部完成中心城区地下管线普查工作，广州、深圳、东莞等地市积极推进城市排水 GIS 系统和排水防涝信息化管控平台建设并逐步发展完善。广州市结合智慧水务建设，构建了全流程实时监控管理系统和公共排水设施“一张图”管理系统。深圳市通过建设智慧三防决策指挥平台、三防通信体系和深圳市水务防汛决策支持平台，实现了城市排水防涝决策调度专业化、精细化。珠海市制定了《珠海市排水管理体制机制改革工作方案》及相关配套文件，建立排水设施统一规划、统一管养的一体化排水管理体系。

以广州市海绵城市建设为代表，广州市拥有丰富的水系及调蓄空间，因此，“以水定城，顺应自然”是广州市通过海绵城市建设打造生态宜居城市所遵循的思路。在开展海绵城市建设过程中，广州市以“核算水账”为基础，以“上中下协调、大中小结合、灰绿蓝交融”为技术思路，以“污涝同治”为主要手段，运用“+海绵”理念，对新、改、扩建项目，“应做尽做、能做尽做”落实海绵城市建设要求。通过系统化、全域海绵体系的建立，使城市水体旱季呈现“水清岸绿、鱼翔浅底”状态，雨季合理蓄排，污染的水得到治理，多出的水不成灾害，干净的水成为资源，最终构建安全韧性、绿色生态的城市水空间，为人民群众创造优美环境，为城市绿色发展打下坚实基础。截至 2020 年年底，广州城市建成区 306.12 km^2 达到海绵城市建设目标要求，占比 23.12%（以 2019 年为水平年），中央财政海绵城市建设示范补助资金 2021 年绩效评价结果中，广州市荣获 A 档城市表扬。广州市海绵城市建设主要做法包括以下几个方面。

（1）健全体制，长效推进

由市长挂帅，广州市成立了海绵城市建设领导小组，设立广州市水生态建设中心，从规划、住建、交通、水务、园林等职能单位抽调专职人员进驻，并聘请第三方技术单位，共同负责日常工作，统筹推进广州市海绵城市建设工作。在规划引领方面，广州市构建了“（1+12+N）+X+Y”的规划体系。广州市海绵城市规划体系实现了多维度、多层次、多专业的全方位融合衔接，不但有市、区海绵城市建设专项规划和重点片区详细性控制规划（1+12+N），生态系统规划（X）与水系统规划（Y）都在海绵城市建设中发挥重要作用。三者相互衔接，相互促进。在健全制度保障上，广州市先后印发了《广州市海绵城市建设领导小组工作规则》《广州市建设项目海绵城市建设管控指标分类指引（试行）》等 60 余项制度和技术文件，并修编了规范性文件《广州市海绵城市建设管理办法》，逐步形成了以“四图三表”“分类管控指引”等为核心的全流程管控体系。

（2）加强管控，打造示范

广州市建立了涵盖建筑小区、道路工程、公园绿地、水务工程等各类在建、拟建项目的项目库，对于每个建设项目，按照“规划—设计—施工—验收—运维”的全流程闭合管理，实现了建设项目“类型全覆盖、管理全流程”管控。广州市、区海绵办对建设项目各环节情况持续开展常态化抽查，并借助“广州河长”App，设立海绵城市建设板块，快速发布信息和交办、解决问题。通过近年来不断加强海绵城市建设管控，全市已形成海珠湿地、灵山岛尖、中新知识城等具有示范意义的建筑小区、道路工程、公园绿地、水务工程等各类建设项目或片区 50 余个，通过示范带动，不断推进全市海绵城市建设成系统、成片区达标。

（3）智慧建设，广纳贤才

在管理方面，广州市依托“广州河长”App，推动“掌上海绵”建设，并逐步打造建设项目全过程管控系统，力求对建设项目全过程海绵城市建设实现可查询、可追溯；在效果评估方面，选取典型片区开展海绵城市监测，采用监测和动态评估方式，对全市海绵城市建设效果进行评价。此外，2020 年，建立了“广州市海绵城市建设专家库”，首批 113 名专家顺利获颁“广州市海绵城市建设专家”聘书，专家库成员囊括了道路、水务、园林、建筑等领域专家，涉及设计、施工、监理及高校学者等各行业人才，有力提升了广州市海绵城市建设咨询、决策水平。

（4）培训交流，公众宣传

通过“办讲座、进校园、入企业、上电视、登报纸、绘漫画、制视频、开直播、公众号”等多种途径，广州市聘请专家和优秀试点城市代表，面向企事业单位，建设管理及设计、施工、监理等从业者，开展形式多样的海绵城市建设宣讲及培训。此外，创造性发布广州市海绵城市建设动漫形象“沐沐”，并制作微信表情包、公仔、明信片等宣传品，出版著作《共筑海绵梦》，开拍宣传片《水润万物生》，开发上线“广州水生态”公众号，广泛传播海绵城市建设理念，大力营造全社会参与海绵城市建设的氛围。

8.2.3 无废城市建设成效与典型做法

固体废物处置是影响城市绿色发展的一大难题，而“无废城市”是一把钥匙，开启固体废物源头减量和资源化利用的大门。2021 年，广东省人民政府办公厅发布《关于印发广东省推进“无废城市”建设试点工作方案的通知》（粤办函〔2021〕24 号），探索建设“珠三角无废试验区”，将珠三角所有城市纳入“无废城市”建设试点范围。2022 年，生态环境部明确了“十四五”时期开展“无废城市”建设的城市名单，广东省有广州、深圳、珠海、佛山、惠州、东莞、中山、江门、肇庆 9 个城市入选，实现了珠三角地区全覆盖。

一是逐步提升城乡生活垃圾无害化处理能力。“十三五”期间，珠三角城市群共建成生活垃圾无害化处理场（厂）32 座，新增处理能力 6.30 万 t/d。其中，卫生填埋场 5 座，处理能力 0.77 万 t/d；垃圾焚烧发电厂 27 座，处理能力 4.85 万 t/d。此外共建成规模化集中式厨余垃圾处理项目（50t/d 及以上）27 个，处理能力 0.60 万 t/d。

二是逐步建立全链垃圾分类体系。聚焦垃圾分类投放、收集、运输和处理环节构建全链条垃圾分类体系。一方面在《广东省城市生活垃圾分类投放与收集设施设置指引》《主要场所生活垃圾分类工作指引》等文件指引下，着力建设简便易行的分类投放体系，规范作业程序，完善配套措施，让群众分得明白、分得方便。另一方面着力建设完善匹配的分类收运体系，加快配足分类运输设备，科学布局并及时升级改造压缩站、转运站等设施。当前，广州、深圳等市已经推行“专桶专用、专车专收、专线转运”，同时珠三角其他地市均已配置专门的厨余垃圾收运车辆，加快推进示范片区内分类收运工作。

三是不断完善城乡生活垃圾收运体系。

①广州、深圳作为全国垃圾分类重点城市，目前已建立了比较完善的法规政策和标准规范体系。广州市完成全市物业管理小区、非物业管理居住区的楼道撤桶、定时定点投放，改造升级 1.8 万个分类投放点，统一配置雨棚、照明、洗手等设施，配置 1.6 万座垃圾中转站、3 501 辆分类收运车辆、1 492 条分类运输线路。同时结合互联网、5G、人工智能等先进技术，实现管理手段升级和管理流程再造，较好地解决了社区垃圾分类人工督导成本高、违规取证难、执法难、整改清理不及时、业务数据不准确等管理痛点问题，助力形成科学化、长效化监管机制。深圳市建立细致的分流分类体系，以“可回收物、厨余垃圾、有害垃圾和其他垃圾”4 类为基础，再具体分流出餐厨垃圾、果蔬垃圾、绿化垃圾，以及家庭厨余垃圾、玻金塑纸、废旧家具、废旧织物、有害垃圾和年花年橘等，在住宅区全面推广“集中分类投放+定时定点督导”模式，实现生活垃圾分流分类全覆盖。

②其他地市按照省垃圾分类示范创建指引，大力推进示范片区建设。比如，东莞市出台《东莞市生活垃圾分类三年行动方案》进行指导，物业小区推行楼层撤桶、定时定点投放、引导员现场引导，而村（社区）推行定时公交化收集模式，并建立松山湖垃圾分类示范片等。佛山市打造一批垃圾分类示范单位，全市 2 619 家公共机构在 2020 年 10 月底实现垃圾分类全覆盖。珠海市则建立机关单位、社区、学校、农村、海岛 5 类垃圾分类样板，同时建立横琴新区、金湾区、高新区等多个垃圾分类示范带动区。江门市在市区 478 个小区全面开展垃圾分类[①]。

四是大力推进垃圾分类回收与再生资源回收“两网融合”。广州市在垃圾分类上一直

① 广东垃圾分类最新进展：分类施策带动，广深基本建成分类处理系统[N]. 南方日报，2020-12-10.

走在全国前列，结合“无废城市”试点工作，广州市主动探索垃圾分类回收与再生资源回收“两网融合”，有效提高再生资源回收网络覆盖。发挥供销系统优势，优化回收网点布局，推进环卫收运系统与再生资源回收利用系统衔接。通过改造环卫驿站加成再生资源回收站功能，实现垃圾分类与回收一体化，有助于资源回收利用。东莞市试点“两网融合”，采取“企业出资、社区免费供地”的合作模式，由再生资源回收公司负责运营石鼓社区“两网融合”暨环卫固废收集站，收集站的再生资源和可回收物交售主要采用“互联网+可回收物收储”模式，包括居民自提送到站点、小程序预约上门回收、拨打 4000120769 电话预约上门服务等多种多样的交售方式，小程序还将根据市场行情，每天不定时更新各个品种的可回收物回收价格，明码标价，公平交易。收集后将交由附近的处理中心或用废企业处理，减少了中间环节。同样，对于大件垃圾收集，居民也可通过收集站小程序、电话预约上门回收。居民自提或依托社区环卫工人送至收集站的则不收费。收集站主要承担中转作用[①]。

五是推进行业落实可回收垃圾源头减量化。深圳市建立覆盖塑料全生命周期的污染治理体系，印发实施 18 项塑料污染治理政策文件及技术指引，一次性发泡塑料餐具等产品全面停止生产，可降解购物袋在大型商超全面推广；系统开展快递过度包装专项治理，大力实施“2582”工程，全市可循环快递箱（盒）使用量达 20.1 万个，电商快件不再二次包装率达 93.2%，快递绿色转型实现良好开局。

以深圳“无废城市”建设情况为例，为破解垃圾分类难题，深圳市坚持社会化和专业化相结合的双轨战略，明确以“源头充分减量，前端分流分类，末端综合利用”为战略思路，通过着力建设垃圾分类“四个体系”（分流分类体系、宣传督导体系、责任落实体系和技术标准规范体系），积极做好“两篇文章”（算好减量账、算好参与账），推动生活垃圾从源头到末端的全过程治理。

据统计，深圳市生活垃圾产量 32 292 t/d，全市生活垃圾分流分类回收量达到 9 636 t/d，其他垃圾产量 15 356 t/d，市场化再生资源量达到 7 300 t/d，生活垃圾回收利用率达 41%，在住建部组织的 46 个重点城市垃圾分类考核中名列前茅；全市共建成五大生活垃圾能源生态园，焚烧处理能力 1.8 万 t/d，实际处理能力可达 2 万 t/d，基本实现原生垃圾全量焚烧、趋零填埋。生活垃圾“集中分类投放+定时定点督导”模式已在全市所有 3 815 个小区和 1 690 个城中村推广，共有 20 499 名督导员常态化进行现场督导，居民参与率不断提升。其典型做法包括以下几个方面

（1）多措并举促进生活垃圾源头产量，引导市民践行绿色生活方式

深圳市加快构建绿色行动体系，广泛推广绿色简约适度、绿色低碳、文明健康的生活理念，形成崇尚绿色的社会氛围。广泛开展绿色机关、绿色学校、绿色酒店、绿色商场、绿色家庭等“无废城市细胞”创建行动，编制印发 5 个标准和 5 个考评细则，为各类“无

① 东莞：探索“两网融合”暨环卫固废收处的“东莞模式”. 羊城晚报，2022-02-24.

废城市细胞”创建提供明确的评价指标体系。深圳市在全国率先上线投用生态文明碳币服务平台，注册用户分类投放生活垃圾、回收利用废塑料等绿色低碳行为，以及参与垃圾分类志愿督导活动和“无废城市”相关知识竞答均可获得碳币奖励，使用碳币兑换生活、体育、文化用品及运动场馆、手机话费等电子优惠券，正面引导、广泛激励公众积极参与“无废城市”建设。

开展塑料污染治理升级行动，印发《深圳市关于进一步加强塑料污染治理的实施方案》，严格限制禁止类塑料产业立项审批，开展淘汰类塑料制品生产企业产能摸排调查，全面推进产业转型升级、技术改造，淘汰落后低端塑料生产企业。设立循环经济与节能减排专项资金，扶持可降解塑料企业申请绿色制造体系、举办“2020 深圳塑料替代品之全生物降解塑料相关技术论坛”，推动企业发掘可降解塑料市场潜力。通过开展倡议活动、举办 2020 年塑料购物袋替代品现场推广会等形式在商场超市、集贸市场、餐饮行业等重点领域禁止、限制销售使用塑料包装。深圳市举办了“无塑城市”建设高峰论坛，从政策、技术、产业、公共意识 4 个角度探索推进塑料减量、替代、循环、回收、处置全产业链综合治理。

加快推进同城快递绿色包装和循环利用。印发同城快递绿色包装管理指南和循环包装操作指引，为深圳市快递包装减量化、绿色化、可循环化提供标准规范。研发“丰 BOX”循环包装箱、“快递宝”共享包装箱、青流箱、循环中转袋，大力推广使用电子运单，建立快递包装回收服务网络。通过地方电视台、报纸等多媒体宣传绿色快递，多家快递企业发起“绿色快递”倡议，提升公众意识。

全民倡导“光盘行动”，倡导勤俭节约、文明就餐的良好风气。制作宣传海报和倡议书 30 余万份，在全市 5 000 多家餐厅播放“光盘行动”系列视频，形成宣传效应。所有星级酒店设置“光盘行动”标识牌呼吁适量点餐，打造 11 月 8 日“垃圾减量日”，开展“光盘行动拒绝舌尖上的浪费”“光盘行动每天快乐进行时”等大型公益活动。

（2）建立垃圾分类投放宣传督导体系，提高源头分类效率

深圳市牢固树立“做垃圾分类，就是做城市文明”的理念，以行为引导为重点，加大宣传策划力度，夯实学校基础教育，创新公众教育，全力构建市区联动的宣传督导体系，营造社会参与的良好氛围。始终把对市民的教育引导放在突出位置，初步构建了集公众教育、社会宣传、学校教育、家庭指引、现场督导等于一体的宣传督导体系。

积极宣传引导，制作发布一系列垃圾分类公益广告，聘请社会知名人士担任垃圾分类“推广大使”，成立全国首个垃圾分类公益服务机构联盟，推动社会各界携手共建，扩大社会影响力。聘请王石、郎朗、易建联、周笔畅等社会知名人士作为深圳市垃圾分类代言人，加大公益宣传。在公交车车身及车内、地铁两侧广告牌等位置印发王石、郎朗等为深圳市生活垃圾分类代言的海报。

不断强化公众教育，创新实施“蒲公英”计划，建成 17 个垃圾分类科普教育馆，组建 830 余名志愿讲师队伍，开展了 1.1 万余场垃圾分类大讲堂、微课堂等活动。全国首创“志愿督导、科普教育馆、志愿讲师”三大小程序预约管理平台，提高市民参与度，实现公众教育的规模化和常态化。

加大学校教育力度，联合教育部门推进学校垃圾分类教育实践，编制中学、小学、幼儿园等垃圾分类知识读本，将垃圾分类纳入学校德育课程，组织学生开展垃圾分类教育实践。开展知识竞赛、变废为宝创意大赛等丰富的活动。

不断推进社会协同，邀请社会各界人士及卡通形象“熊大”“熊二”担任推广大使；成立志愿者服务队，组建公益服务联盟，携手“美丽深圳”志愿者推进垃圾分类；建立人大代表、政协委员常态联系工作机制。

持续强化现场督导，建立住宅区“集中分类投放+定时定点督导”垃圾分类模式。2018 年开始，在住宅区设置集中分类投放点，大力实施小区楼层撤桶，组织发动党员干部、志愿者、热心居民、物业管理人员每晚 7—9 点开展现场督导，引导居民参与分类、正确分类。

加大处罚力度，出台全国最严生活垃圾行政处罚措施，个人违反生活垃圾分类投放规定最高处罚 200 元，单位违反生活垃圾分类投放规定最高处罚 50 万元。采取“以工代罚”措施，违规个人参加垃圾分类培训和住宅区定时定点垃圾分类督导等活动可以抵免罚款。采取生活垃圾分类工作激励措施，采用通报表扬为主、资金补助为辅的方式，评选“生活垃圾分类绿色单位”“生活垃圾分类绿色小区”“生活垃圾分类好家庭”“生活垃圾分类积极个人”。

（3）建立分类治理体系，提升回收利用能力

深圳市严格按照“分类投放、分类收集、分类运输、分类处理”的要求，努力推动生活垃圾全过程分类治理。在前端分类上，遵循国家标准，以“可回收物、厨余垃圾、有害垃圾和其他垃圾”四分类为基础，按照“大分流细分类”的具体推进策略，对产生量大且相对集中的餐厨垃圾、果蔬垃圾、绿化垃圾实行大分流；对居民产生的家庭厨余垃圾、玻金塑纸、废旧家具、废旧织物、年花年橘和有害垃圾进行细分类。在收运处理上，对不同类别的垃圾，委托不同的收运处理企业，做到专车专运、分别处理，防止出现“前端分，末端混”现象。

（4）建设兜底处置设施，实现趋零填埋

建成投产宝安、龙岗、南山、平湖、盐田 5 个能源生态园，生活垃圾焚烧能力达 1.8 万～2.0 万 t/d，原生生活垃圾实现全量焚烧和零填埋，生活垃圾 100%无害化处置。出台全球最严生活垃圾焚烧污染控制标准，主要污染物排放限值优于欧盟标准。生活垃圾焚烧发电厂实施去工业化建设，按照星级酒店外观进行景观功能设计，生活垃圾焚烧炉、烟

气净化系统采用当前最先进技术和设备。创新生活垃圾焚烧发电项目企业社区共建模式，按照焚烧处置量给予项目所在社区 57 元/t 生态补偿费，采用热电联供为社区提供低价能源，投资建设登山道、游泳馆和科普展厅回馈社区居民，促进企业与社区居民和谐相处，有效化解邻避问题。出台生活垃圾跨区处置经济补偿制度，产废行政区委托其他行政区协同处置生活垃圾，需向处置行政区缴纳高额处置费，作为处置行政区的生态补偿费。

（5）建立全过程监管体系

建立健全“全覆盖、全过程、分层次”生活垃圾清运处理监管体系，全面强化垃圾清运处理监管。一是明确市、区城管部门职责划分，层层落实监管责任，市一级专门成立垃圾处理监管中心，指导、督促各区加强监管；各区城管部门落实日常监管工作，采取派驻监管小组、委托第三方专业机构等方式，确保环卫设施全部纳管。二是建成智慧城管平台，利用物联网、大数据等技术，对垃圾产生、转运、处理进行全过程监管，发现问题及时处理，确保生活垃圾清运处理工作规范有序。

第9章

面向美丽湾区的珠三角城市群生态文化培育成效与形势分析

9.1　生态文化培育形势分析

“十四五”时期，珠三角区域生态文明建设处于重要战略机遇期，面临众多新机遇、新挑战、新要求，国际形势的复杂多样变化，单边主义、保护主义等逆全球化思潮不断涌现，新冠疫情影响持续深远，各类不确定性因素明显增多，为生态文明建设带来了一定的挑战。我国社会主要矛盾已经转化为人民日益增长的美好生活需要和不平衡不充分的发展之间的矛盾。新发展阶段需要贯彻新发展理念，更好地发挥生态文明文化赋能、文化和旅游产业的综合带动作用，坚持创新、协调、绿色、开放、共享的发展理念，加强生态文明传播能力建设，促进生态文明繁荣发展。习近平总书记视察广东期间，就加强历史文化保护、传承与弘扬岭南文化、推动文化事业和产业发展等作出了一系列重要讲话和重要指示。省委、省政府也为珠三角乃至全省生态文明建设、自然资源教育、文化和旅游发展确立了新目标，提出了“依托珠三角国家森林城市群，发挥粤港澳大湾区的引擎作用，积极挖掘和探索自然教育发展模式，创新自然教育的宣传和传播方式，鼓励自然教育产品和服务创新；打造带动力、影响力和辐射力强的自然教育创新示范区。”“努力塑造与经济实力相匹配的文化优势”等新要求。

9.1.1　促进生态文化进万家，加快传播绿色低碳循环发展理念

“绿水青山就是金山银山”理念广泛传播，生活垃圾分类、绿色消费、绿色出行等生活方式成为越来越多人的自觉行动。珠三角城市群各级党校将习近平生态文明思想和生态文明建设相关领域内容纳入党员干部培训课程，各级学校将绿色低碳循环发展理念融入日常教学活动之中，各级政府部门在地市开展“倡导文明健康、绿色环保生活方式”系列活动，大力开展文明餐饮推广、环境卫生提升、绿色生活普及、文明出行倡导、文明娱乐规范、心理健康促进、移风易俗深化、志愿服务倡导、诚信养成倡导、争做身边好人等活动，引导市民进一步增强健康理念、提升生态文明素养。

自 2018 年以来，广东省联合香港特别行政区和澳门特别行政区，以打造粤港澳自然教育合作交流平台、建设全国自然教育示范省为目的，举办了“共享自然共建湾区”系列自然教育活动，2021 年，粤港澳自然教育讲坛暨嘉年华活动吸引了 2.6 万人次参加，54.8 万人通过现场直播参与了活动，是目前全国自然教育领域最大型的嘉年华活动。同年，广东省成功举办了首届广东省自然教育大赛、广东省青少年中草药知识大赛、丹霞山自然观鸟大赛等活动，全省开展自然教育活动的阵地达 326 个，接受教育和参与活动人员累计达 379.2 万人次。

此外，2022 年深圳市作为全国首个发布《“美丽中国，我是行动者”深圳市提升公民

生态文明意识行动计划（2021—2025 年）》的地级市，在全国率先构建大型城市绿色系列评价地方标准体系，发布绿色学校、绿色企业、绿色社区、绿色家庭、自然学校、环境教育基地等 6 个深圳地方标准评价规范。引导市民自觉践行绿色生产生活方式，在全社会牢固树立生态文明价值理念，加快构建生态环境治理全民行动体系。2022 年，深圳市获评国际“生物多样性魅力城市”并加入“自然城市行动平台”，成功创建绿色家庭、绿色学校、绿色企业等绿色单位 777 家，2 家单位获评首批省环境教育基地示范单位，深圳华侨城都市娱乐投资公司孟祥伟上榜“2022 年百名最美生态环境志愿者”名单；广东省深圳市标新科普研究院气候科普公益宣传进万家案例上榜“2022 年十佳公众参与案例”名单。

9.1.2 探索自然教育进课堂，打造自然教育示范样板

提高全民生态文明意识是生态文明建设的要求之一。生态文化作为现代公共文化服务体系建设的重要内容，其建设力度仍需进一步加强。基于广东省通山达海、水域密布的地域景观本底和传统岭南文化与现代文明交融互促的文化特色，近年来，广东省积极推动自然教育体系建设，形成了政府主导、社会支持、公众参与、社区共建的良好发展格局，调动珠三角全区域共建城市群、共享绿色湾区以及参与生态文明建设的积极性，引导各类自然保护地、城郊公园、古驿道、科普场所、自然场所等参与到自然教育工作中，积极构建自然教育生态圈，宣扬生态文明理念。

广东省以建设全国自然教育示范省为目标，积极推进自然教育工作，从 2019 年开始建设省级自然教育基地并出台《广东省自然教育基地建设指引》《自然教育基地标识系统设置规范》和《自然教育课程设计指引》。2020 年出台了全国首个省级自然教育文件《广东省林业局关于推进自然教育规范发展的指导意见》。2021 年编制的《广东省自然教育发展“十四五”规划》是我国第一部省级自然教育工作总体规划，于同年正式启动“自然教育之星”和“优秀自然教育课程”评选工作，倡导更多人参与到自然教育事业中来，推动自然教育活动多元化、创新化、丰富化，促进广东省自然教育规范发展，让生态发展红利惠及更多人群。截至 2022 年 7 月，已建设省级自然教育基地 100 家，评选出 40 名“广东省自然教育之星”及 20 个“广东省优秀自然教育课程”，其中珠三角城市群分别有 54 家、36 名及 16 个，分别占全省的 54%、90%及 80%。可见珠三角城市群对生态文明建设、自然教育工作极为重视。

9.1.3 推动优秀传统文化进课本、进课堂、进校园，传承和保护非遗文化

2016 年，广东省教育厅颁发了《广东省教育厅关于中小学地方综合课程的指导纲要（试行）》，根据该纲要内容体系，整合了 27 个专题教育和地方课程，总体形成以“生命与安全”“文明与法治”“社会与文化”“学习与发展”四大领域为主线，以专题教育为重点，

以活动主题为节点的“领域—专题—主题”课程结构体系，指导包括珠三角在内的广东省各地在实施过程中充分与家乡实际、相关国家课程相结合。《广东省教育厅关于中小学地方综合课程的指导纲要（试行）》科学规范广东省省级地方课程、建设有广东特色的地方课程教材体系，专门设置环境保护、生态文明、广东风情、广东历史、广东地理、岭南文化、中华优秀传统文化等系列专题，引导学生在学习过程中培育生态文化，传承非遗文化。编写《走进岭南文化》《走进粤剧·非物质文化遗产专题教育》《广府文化读本》《龙门农民画初级教材》等一系列具有地方特色的传统文化教材或读物并列入广东省中小学教材目录，供各地学校选用。初步构建形成了有课程标准、有配套教材，课堂教学、校园文化与社会实践多位一体的优秀传统文化教育体系，扎实推进广东省中小学中华优秀传统文化教育建设。

9.1.4　高质量培育生态文明文化品牌

（1）积极创建生态文明建设示范区和“绿水青山就是金山银山”实践创新基地

多年来，珠三角城市群以习近平新时代中国特色社会主义思想为指导，深入贯彻落实习近平生态文明思想、践行“绿水青山就是金山银山”理念，全力推进生态文明建设，努力打造具有珠三角特色的生态文明发展模式，创建可实现正面引导和示范带动的生态文明建设载体。截至 2023 年年底，生态环境部已组织开展了七批生态文明建设示范区和“绿水青山就是金山银山”实践创新基地的评选工作。珠三角城市群成功创建生态文明建设示范区 22 个、“绿水青山就是金山银山”实践创新基地 4 个（9.1-1）。绿色已成为珠三角城市群经济社会发展的底色，生态文明示范建设成效显著。

表 9.1-1　珠三角城市群内生态文明建设示范区及“绿水青山就是金山银山”实践创新基地名单

序号	品牌名称	获得命名地区	获得命名年份
1	生态文明建设示范区	深圳市盐田区	2017
2		珠海市	
3		惠州市	
4		深圳市罗湖区	2018
5		深圳市坪山区	
6		深圳市大鹏新区	
7		佛山市顺德区	
8		惠州市龙门县	
9		深圳市福田区	2019
10		佛山市高明区	
11		江门市新会区	

序号	品牌名称	获得命名地区	获得命名年份
12	生态文明建设示范区	广州市黄埔区	2020
13		深圳市南山区	
14		深圳市宝安区	
15		深圳市龙岗区	
16		深圳市龙华区	
17		深圳市光明区	
18		肇庆市	
19		佛山市	2021
20		东莞市	
21		广州市从化区	2023
22		广州市增城区	
23	“绿水青山就是金山银山”实践创新基地	深圳市南山区	2019
24		江门市开平市	2020
25		深圳市大鹏新区	2021
26		深圳市龙岗区	2022

（2）持续打造生态文明素质提升教育基地

2021 年 6 月，国务院印发《全民科学素质行动规划纲要（2021—2035 年）》，重点围绕践行社会主义核心价值观，大力弘扬科学精神，培育理性思维，养成文明、健康、绿色、环保的科学生活方式。广东省积极施策，主动作为，2021 年 12 月，广东省政府印发《广东省全民科学素质行动规划纲要实施方案（2021—2025 年）》，着力固根基、扬优势、补短板、强弱项，构建主体多元、手段多样、供给优质、机制有效、开放有活力的全域、全时科学素质建设体系。2022 年 4 月 3 日，中国科协公布 2021—2025 年第一批全国科普教育基地名单，广东省有 53 家上榜，其中珠三角城市群有 43 家基地上榜，占广东省的 81.1%。

此外，自 1998 年以来，广东省已在全国率先尝试开展包括广东省环境教育基地在内的绿色创建系列工作，近年来通过举办“绿色有约”“环保设施公众开放日”等生态惠民活动，每年线上、线下接待群众参观 470 多万人次，成为传播生态文明理念、普及环境科学知识、便捷公众参与环境管理的重要窗口阵地。珠三角城市群各地市积极参与创建，基地类型涵盖教育场馆类、生态环保和绿色创建多个类型，在普及环境科学知识、倡导生态文明理念、构建生态环境领域良好公共关系中，切实起到了潜移默化、润物无声的重要作用。截至 2022 年，珠三角城市群具有“广东省环境教育基地”称号的基地共有 126 家，占广东省的 66.3%。

（3）全域创建国家森林城市

广东省实施城乡一体绿美提升行动，全方位推进国家森林城市群建设。在建设过程中，坚持把“心中播绿”放在与“大地植绿”同等重要的位置来落实，倡导全社会树立生态文明理念。早在 2008 年，广州市率先建成广东省首个国家森林城市，2018 年 10 月，广东省深圳市、中山市被国家林业和草原局正式授予“国家森林城市”称号，连同此前的广州、惠州、东莞、珠海、肇庆、佛山、江门，珠三角城市群九市均获得“国家森林城市”称号，实现“森林城市”全覆盖。“十三五”期间，珠三角城市群湿地类型的自然保护区数量达 26 个，湿地公园总数达 127 个。建成 124 个广东省森林城镇、100 个国家森林乡村，带状森林 89 处、街心公园 717 个。于 2021 年 4 月通过国家林业和草原局专家验收组验收，标志着我国首个森林城市群——珠三角国家森林城市群正式建成。

9.2　生态文化培育典型做法

9.2.1　培育生态文明理念，推动生态文明共建共享

推进党政领导干部参加生态文明培训全覆盖。一是广东省政府及珠三角城市群各地市政府把生态文明作为基础性知识培训的重要内容，纳入各年度干部教育培训规划，对干部生态文明学习培训进行谋划和安排，加强顶层设计和统筹力度；二是以全面贯彻党的十九大和十九届历次全会精神，深入贯彻党的二十大精神为抓手，把习近平生态文明思想作为培训的重要内容，组织干部开展轮训，确保应训干部全覆盖、无遗漏；三是把习近平生态文明思想纳入干部教育培训主体班次重要教学内容，依托党校开发生态文明建设相关课程，购买生态文明建设相关在线课程，建设现场教学点，举办生态文明建设专题研讨班、污染治理专题研讨班等，推动习近平生态文明思想入脑入心；四是每年把习近平生态文明思想作为系列专题短训班的主修课程，组织党政机关、事业单位工作人员学习生态文明知识，完善知识体系，提高科学人文素养和生态文明建设能力水平。

强化生态文明宣传教育和公众参与。通过政务“双微”（微博、微信公众号）、新闻发布会及国家、省市主要媒体、新媒体等渠道，向公众宣传生态文明建设、环境保护工作进展和成效。持续开展特色环保宣传活动，营造良好的生态文化氛围，鼓励全体市民行动起来，响应国家推动绿色生活方式号召，形成生态文明共建、共享、共治、共守的新发展理念。生态文明建设过程中积极提倡政府、企业、民众之间的对话和互动，打造了多种形式的环保教育展示基地，推行现场式、体验式公众教育。通过环保协管员、民间河长、环保义工、环保热线等方式，引导公众积极参与对环境污染的监督和管理，鼓励民间环保组织开展环保活动。在家庭、学校、商场等进行垃圾分类和回收宣传教育，激励普通市民、物业公司、企业广泛参与垃圾分类减量的各个环节。深圳市在生态文明建设考核中，创新性地引入了人大代表、政协委员、特邀监察员、环保专家、环保监督员、辖区居民代表和环

保市民等组成的公众评审团制度，借助媒体平台让生态文明建设考核接受社会各界的广泛监督，全面提升了公众对于生态文明建设的积极性和参与度。印发《深圳碳普惠体系建设工作方案》，制定碳普惠管理办法及系列方法学，上线“低碳星球”小程序，注册用户近85万人。

坚持公园主题文化建设，广州市打造“一园一品”文化品牌，深圳市每个区每年新建一个特色花卉公园。坚持规范化建设，佛山市大力推进森林城市生态标识系统建设，打造14项森林文化品牌，为全国积累了成功经验。坚持办好主场活动，深圳市举办首届国际森林城市大会，珠海市举办首届亚太城市林业论坛，展示了森林城市魅力。通过珠三角森林城市群的建设，珠三角地区城乡绿色生态一体化建设更加均衡发展，让市民出门能见绿、游憩在林下、休闲进森林，随处可见“江水绕村榕树绿，塘鱼鲜美荔枝红”的岭南风光，植绿护绿爱绿的生态文化更加深入人心。“十三五”期间，珠三角地区各市全部建成“国家森林城市”，在高度城市化的土地上，森林公园、湿地公园、自然保护区星罗棋布，山脉、水系贯穿其中，随处可见岭南风光，践行了习近平总书记提出的“让城市融入大自然，让居民望得见山、看得见水、记得住乡愁”。

9.2.2 深入开展绿色社区创建行动，将生态文明理念“植”入人心

2021年，为将绿色发展理念贯穿社区设计、建设、管理和服务等活动的全过程，以简约适度、绿色低碳的方式，推进社区人居环境建设和整治，不断满足人民群众对美好环境与幸福生活的向往，广东省住房和城乡建设厅等6个部门联合印发《广东省绿色社区创建行动实施方案》，以“广东省绿色社区”“广东省宜居社区”为基础，全面启动绿色社区创建行动。珠三角各地市积极按照绿色社区创建标准和要求，扎实开展绿色社区创建行动，积极推动社区基础设施绿色化、人居环境生态化、市政基础设施便利化、安防系统智能化，努力打造整洁、舒适、安全、美丽的绿色社区。截至2022年12月，广东省21个地级以上市已有3 263个城市社区达到绿色社区创建标准，占全省城市社区总数的65.84%，超额完成了国家部署绿色社区创建的目标要求。

其中，广州市自2021年起两年共创建绿色社区1 155个，达到全市社区总数的72.46%；深圳市龙岗区南湾街道樟树布社区绿色社区创建案例入选住房和城乡建设部城市建设司发布的《绿色社区创建行动优秀案例摘编》。通过绿色社区创建等生态文明细胞工程，市、区（县）各部门注重整合各方资源和力量，不断提升交通、卫生、消防、文教等配套建设，改善人居环境、提升管理服务质量，加强宜居社区建设及创建宣传，营造浓厚的创建氛围，做到“人人知晓、人人共创”，促进生态文明理念深入人心。

绿色社区创建亮点

广州市越秀区白云街东湖新村社区从公共空间绿化、老旧房屋改造、公共设施配套建设等方面入手，稳固提升社区宜居水平。其中，增设湖滨小区入门景观 1 处，花基、花园绿化补种 7 处，刷新房屋外立面、破损墙面 200 m^2，粉刷楼道 2 300 m^2，补划停车线、规范汽车停放，完成孝慈轩广场和湖滨足球场的改造，完善社区老人活动中心、图书室、文化室、广场健身器材等的建设，建设文化宣传长廊 5 处，增加健身器械 20 套。

深圳市龙岗区南湾街道樟树布社区全面推进社区各项基础设施建设，规范建设各类地下管线，完成“三线（供电、通信、有线电视）下地”、雨污水分流改造等工作。生活垃圾分类设施全覆盖、城中村智能门禁和“猫眼”探头全覆盖。全面治理辖区内沙湾河，推进绿道美化提升改造，推进社区智能化改造。举办了涵盖环保徒步、涂白护树、采风绘画等一系列以“香樟低碳生活”“大手拉小手”为主题的特色活动，创建治理高效、空间适宜、环境优美、安全舒适、服务完善的绿色宜居社区，不断提升社区居民幸福感、归属感。

惠州市惠城区龙丰街道花园水社区以党建文化为引领，以绿色社区为载体，以提升人居环境为目标，充分发挥社区宣传阵地作用，营造浓厚创建氛围，统筹利用城市更新、存量住房改造提升、老旧小区改造、市政基础设施和公共服务设施改造提升等工作，积极改造提升社区供水、排水、供电、供气、消防、道路、绿化、垃圾分类等各类软硬件设施，极大地改善了居民的居住生活环境。

第10章

面向美丽湾区的珠三角城市群生态文明建设水平综合评估

10.1　生态文明建设水平评估指标体系[①]

10.1.1　评估思路

参考《国家生态文明建设示范区建设指标（修订版）》，以《粤港澳大湾区发展规划纲要》《粤港澳大湾区生态环境保护规划》等相关文件为指导，围绕生态制度、生态环境、生态空间、生态经济、生态生活和生态文化六大领域，采用综合指数分析与定性定量分析相结合的方法，从生态文明相关体制机制、环境空气质量、水环境质量、海洋生态环境、生态环境风险防控、自然生态系统保护、生态质量、生物多样性保护、节能减碳、资源利用、现代产业、人居环境、绿色生活方式、生态观念等方面构建生态文明建设水平评价指标体系，开展生态文明建设水平评估，测算珠三角城市群生态文明建设水平，综合评估珠三角城市群生态文明建设取得的成效，识别生态文明建设中存在的问题与不足。

10.1.2　评估方法

基于生态文明建设水平评价指标体系，构建生态文明建设综合评价指数。主要步骤如下：对每个指标的数据进行标准化处理，计算指标权重，评估各级指数，最后形成综合指数。

（1）数据标准化处理

由于原始数据量纲不同，需对实测值进行标准化处理。对于正向指标，其值在一定范围内越大越好；对于逆向指标，其值在一定范围内越小越好。故采用极差标准化方法得出各指标的标准化值：

正向指标：$x' = \dfrac{x - \min(x)}{\max(x) - \min(x)}$

逆向指标：$x' = \dfrac{\max(x) - x}{\max(x) - \min(x)}$

其中，$\min(x)$ 指城市间该指标最小值，$\max(x)$ 指城市间该指标最大值，x' 指标准化结果。

（2）指标权重计算

生态制度、生态环境、生态空间、生态经济、生态生活和生态文化六大领域分指数的值通过加权的方法得到：

---

① 王一超，朱璐平，周丽旋，等. 珠三角城市群生态文明建设水平评价与展望[J]. 环境保护，2023，51（7）：53-58.DOI：10.14026/j.cnki.0253-9705.2023.07.013.（注：本章节主体内容已发表在《环境保护》杂志 2023 年第 7 期。）

$$A_i = \sum_{i=1}^{n} B_i \times W_i$$

式中，A_i为生态制度、生态安全、生态空间、生态经济、生态生活和生态文化六大领域分指数的值；B_i为各级指数下一级的指数值；W_i表示B_i相较于A_i的权重，n为B_i级指标的数量。通过文献调研和专家咨询的方式对指标权重系数进行打分。

10.1.3 指标体系

综合各类规划文件，初步筛选出6个领域共54个指标开展生态文明建设水平评估（表10.1-1）。

表10.1-1 面向美丽湾区的珠三角城市群生态文明建设水平评价指标体系

领域	序号	指标
生态制度	1	党委和政府对生态文明重大目标任务部署情况
	2	生态文明工作占党政实绩考核比例
	3	建立党政领导干部生态环境损害责任追究制度
	4	生态环境分区管控
	5	依法开展规划环境影响评价
	6	生态环境信息公开率
	7	生态文明制度创新
生态环境	8	优良天数比例
	9	$PM_{2.5}$浓度
	10	重污染天数比例
	11	水质达到或优于III类比例
	12	劣V类水体比例
	13	黑臭水体消除比例
	14	近岸海域水质优良（一、二类）比例（涉海市）
	15	国考、省考地表水断面水质优良率
生态空间	16	生态环境状况指数（EI）
	17	国家重点保护野生动植物保护率
	18	林草覆盖率
	19	生态保护红线面积比例
	20	自然保护地面积比例
生态生活	21	城市人均公园绿地面积
	22	集中式饮用水水源地水质优良比例
	23	城镇生活污水处理率
	24	农村生活污水治理率
	25	城镇生活垃圾无害化处理率

领域	序号	指标
生态经济	26	单位地区生产总值能耗
	27	单位地区生产总值能耗下降幅度
	28	单位工业增加值能耗增长速度
	29	单位地区生产总值用水量
	30	危险废物利用处置率
	31	一般工业固体废物综合利用率
	32	单位工业增加值工业颗粒物排放量
	33	单位工业增加值工业二氧化硫排放量
	34	单位工业增加值工业氮氧化物排放量
	35	单位地区生产总值二氧化硫排放量
	36	单位地区生产总值氮氧化物排放量
	37	单位地区生产总值颗粒物排放量
	38	单位地区生产总值挥发性有机物排放量
	39	单位地区生产总值化学需氧量排放量
	40	单位地区生产总值氨氮排放量
	41	单位地区生产总值总氮排放量
	42	单位地区生产总值总磷排放量
	43	城镇化率
	44	R&D 活动人员数
生态经济	45	R&D 经费内部支出
	46	先进制造业增加值
	47	先进制造业增加值占规模以上工业比重
	48	高技术制造业增加值
	49	高技术制造业增加值占规模以上工业比重
生态文化	50	城镇新建绿色建筑比例
	51	绿色出行比例
	52	政府绿色采购比例
	53	党政领导干部参加生态文明培训的人数比例
	54	公众对生态文明建设的满意度

其中，生态制度领域选取党委政府对生态文明重大目标任务部署情况、生态文明工作占党政实绩考核比例、建立党政领导干部生态环境损害责任追究制度、生态环境分区管控、依法开展规划环境影响评价、生态环境信息公开率、生态文明制度创新等 7 个指标；生态环境领域选取优良天数比例、$PM_{2.5}$ 浓度、重污染天数比例、水质达到或优于III类比例、劣 V 类水体比例、黑臭水体消除比例、近岸海域水质优良（一、二类）比例（涉海市）、

国考、省考地表水断面水质优良率等 8 个指标；生态空间领域选取生态环境状况指数（EI）、国家重点保护野生动植物保护率、林草覆盖率、生态保护红线面积比例、自然保护地面积比例等 5 个指标；生态生活领域选取城市人均公园绿地面积、集中式饮用水水源地水质优良比例、城镇生活污水处理率、农村生活污水治理率、城镇生活垃圾无害化处理率等 5 个指标；生态经济领域选取单位地区生产总值能耗、单位地区生产总值用水量、单位地区生产总值二氧化硫排放量、单位地区生产总值氮氧化物排放量、单位地区生产总值颗粒物排放量、先进制造业增加值占规模以上工业比重（%）、高技术制造业增加值占规模以上工业比重（%）等 24 个指标；生态文化领域选取城镇新建绿色建筑比例、绿色出行比例、政府绿色采购比例、党政领导干部参加生态文明培训的人数比例、公众对生态文明建设的满意度等 5 个指标。

10.2 生态文明建设水平评估

综合运用上述方法和指标体系，对 2020 年珠三角城市群 9 个城市的生态文明建设水平进行综合评估，分别获得珠三角城市群 9 个城市生态制度、生态空间、生态环境、生态经济、生态生活、生态文化等六大领域分指数的得分。

10.2.1 生态制度领域分指数评估

珠三角九市的生态制度指数得分差距较大（图 10.2-1）。其中，深圳市得分为 0.98，表现最好，其次是广州市，得分为 0.96。在生态制度类指标中，党委和政府对生态文明重大目标任务部署情况、建立党政领导干部生态环境损害责任追究制度、生态环境分区管控、依法开展规划环境影响评价等指标属于逻辑判断类指标，指标数据主要分为“是”“否”两种，大部分城市的指标数据为“是”，因此这些指标得分相近。城市之间的差异主要来自生态文明制度创新等指标。

在生态文明制度创新方面，深圳市走在全省甚至全国前列，例如，建立了完善的生态系统生产总值核算制度体系，率先实行党政领导班子和领导干部环保实绩考核制度，率先开展环境保护行政执法责任制试点等。广州市是全国最早制定地方性法规保护环境的城市，率先建立了生态环境现代化治理体系、开展了绿色金融改革创新试验区建设等。中山市探索建立区域综合性生态补偿制度，成立了全省首个生态环境损害鉴定评估与修复效果评估评审专家库，达成全省首宗简易程序生态环境损害赔偿协议。相对而言，珠三角地区的其他城市在生态文明制度创新方面举措相对较少，因此得分较低。

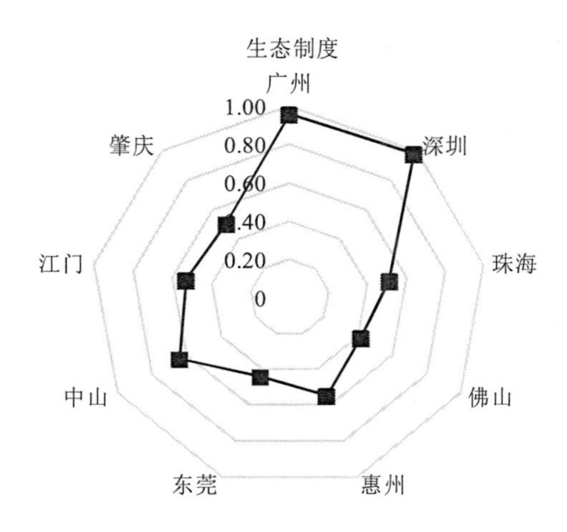

图 10.2-1　珠三角城市群生态制度分指数评价结果

10.2.2　生态空间领域分指数评估

珠三角九市的生态空间指数得分为 0.23～0.89，不同城市之间差异较大（图 10.2-2）。其中，肇庆市最高，为 0.89；惠州市其次，为 0.62；江门市第三，为 0.61；中山市得分最低，为 0.23；佛山市和东莞市得分较低。生态空间指数体现了不同城市在生态系统质量和自然保护地面积等方面的差异。不同城市间差异较大的指标主要是生态环境状况指数（EI）和林草覆盖率，珠三角九市的 EI 为 60.9～84.5，林草覆盖率为 23.1%～70.8%。生态空间指数受自然因素影响较大，例如，肇庆市和惠州市山地丘陵多，林草覆盖率高；中山市、佛山市和东莞市等地区平原和水域多，林草覆盖率较低。

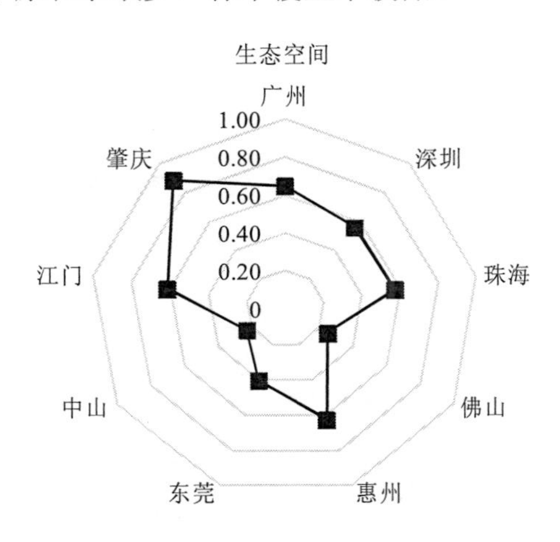

图 10.2-2　珠三角城市群生态空间分指数评价结果

10.2.3 生态环境领域分指数评估

珠三角九市的生态环境指数得分为 0.44～0.93，不同城市之间差异较大（图 10.2-3）。其中，惠州市得分最高，为 0.93；肇庆市次之，为 0.90；珠海市第三，为 0.88；东莞市得分最低，为 0.44；广州市、深圳市、佛山市和江门市得分均低于 0.80。在环境空气质量方面，珠三角九市的优良天数比例基本在 90%以上，$PM_{2.5}$浓度年均值也均保持在 24.0 μ g/m^{3}以下；然而，在水环境质量方面，珠三角九市在近岸海域水质优良（一、二类）比例及国考、省考地表水断面水质优良率等方面表现较差，并且不同城市之间差异较大。不断改善区域水环境质量将是珠三角城市群未来环境治理工作的重点之一。

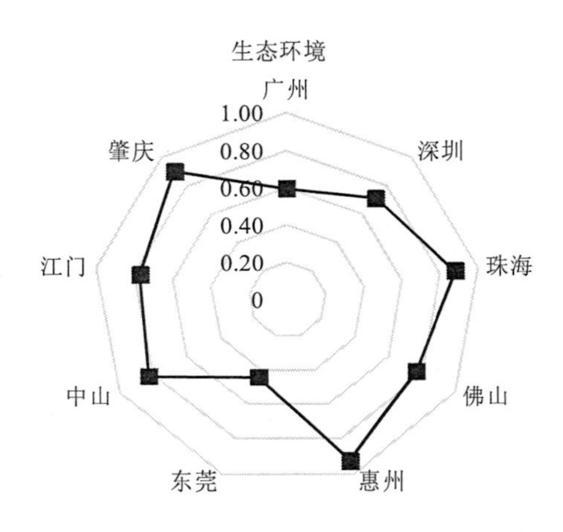

图 10.2-3 珠三角城市群生态环境分指数评价结果

10.2.4 生态经济领域分指数评估

珠三角九市的生态经济指数得分为 0.17～0.97，不同城市之间差异较大（图 10.2-4）。其中，深圳市得分最高，为 0.97；广州市次之，为 0.74；佛山市第三，为 0.68；肇庆市最低，为 0.17；江门市、中山市、惠州市、珠海市得分较低。其中，深圳市、广州市和佛山市在单位工业增加值污染物排放量、单位地区生产总值污染物排放量等污染物排放效率方面明显优于其他城市。深圳市、广州市、东莞市和佛山市在研发投入和先进制造业增加值等方面明显优于其他城市。珠三角九市在单位地区生产总值能耗和水耗等方面存在较大的差异，其中，广州、深圳、珠海、佛山、东莞等城市的能源和水资源利用效率优于其他城市。总体来看，深圳市、广州市和佛山市等经济发达城市在污染物排放效率、先进制造业增加值、能源资源利用效率等方面都要明显优于其他城市，因此生态经济指数较高。

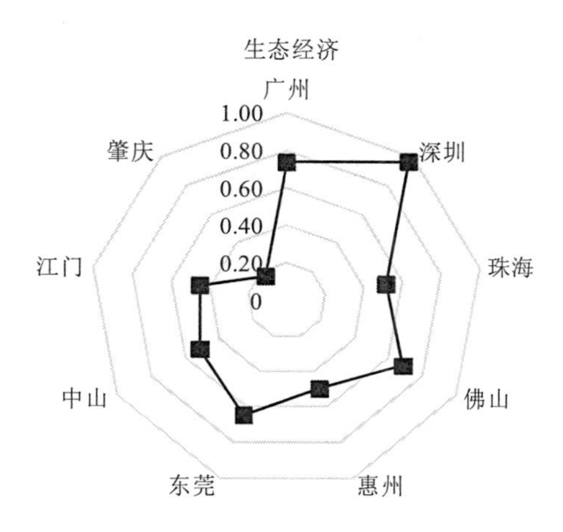

图 10.2-4　珠三角城市群生态经济分指数评价结果

10.2.5　生态生活领域分指数评估

珠三角九市的生态生活指数得分为 0.47～0.90，不同城市之间差异较大（图 10.2-5）。其中，广州市最高，为 0.90；佛山市次之，为 0.86；珠海市第三，为 0.84；中山市最低，为 0.47；江门市、肇庆市和惠州市较低。珠三角九市在集中式饮用水水源地水质优良比例、城镇生活污水处理率、城镇生活垃圾无害化处理率等方面普遍表现较好，但是在城市人均公园绿地面积和农村生活污水治理率等方面存在较大的差异。其中，部分城市的农村生活污水治理率仅为 80%左右，亟须不断改善。

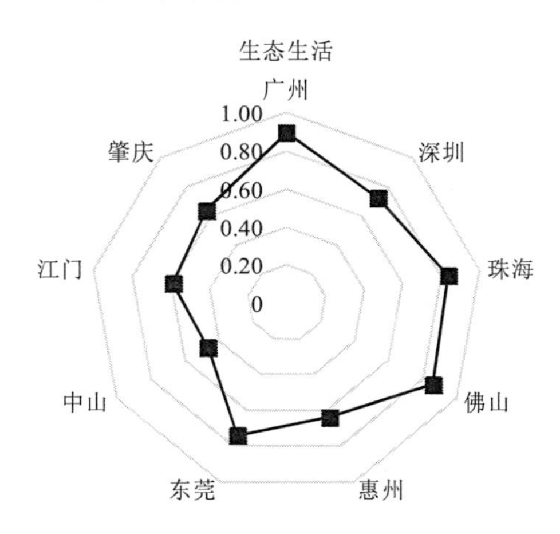

图 10.2-5　珠三角城市群生态生活分指数评价结果

10.2.6 生态文化领域分指数评估

珠三角九市的生态文化指数得分为 0.51～0.88，不同城市之间差异较小（图 10.2-6）。其中，深圳市最高，为 0.88；珠海市次之，为 0.87；江门市第三，为 0.73；佛山、东莞、广州等城市得分较低。珠三角九市的城镇新建绿色建筑比例差异较大，比例为 57.4%～100%。但是，珠三角九市在绿色出行比例、政府绿色采购比例、党政领导干部参加生态文明培训的人数比例、公众对生态文明建设的满意度等方面差异较小，因此不同城市之间生态文化指数总体差异较小。

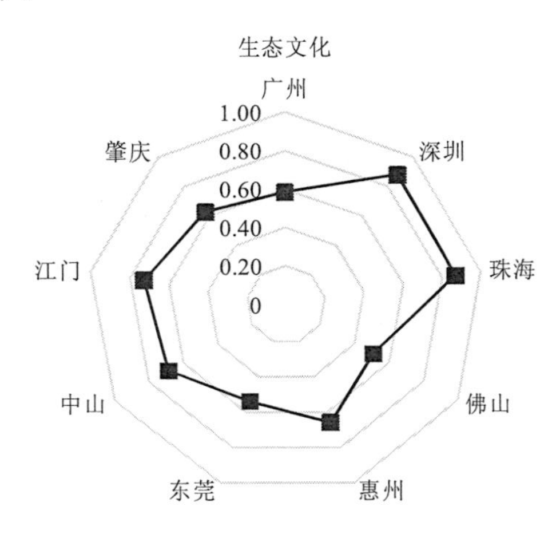

图 10.2-6 珠三角城市群生态文化分指数评价结果

10.2.7 珠三角各市综合指数评估

珠三角九市的生态文明建设水平综合指数得分为 0.54～0.80，不同城市之间差异较小（图 10.2-7）。其中，深圳市得分最高，为 0.80；广州市次之，为 0.72；珠海市第三，为 0.70；东莞市和中山市得分较低。整体来看，深圳市在生态经济、生态文化、生态制度方面优势明显，因此综合指数最高；广州市在生态制度、生态生活、生态经济方面得分较高，因此综合指数较高；珠海市在生态环境、生态生活、生态文化方面表现较好，因此综合指数较高；东莞市在生态制度、生态环境、生态空间和生态文化方面得分较低，因此综合指数最低；中山市在生态空间、生态生活、生态经济方面得分较低，因此综合指数较低。

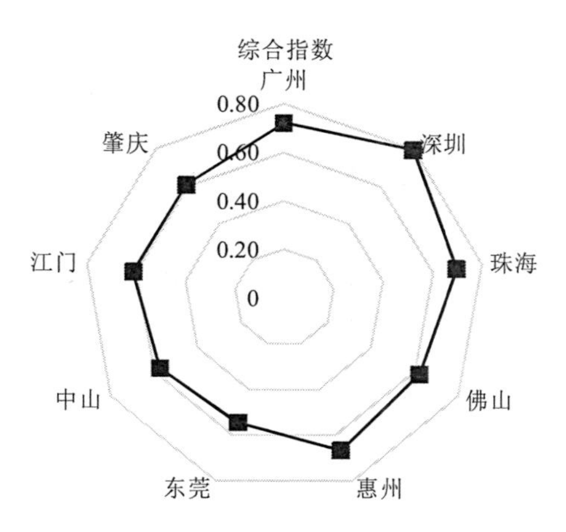

图 10.2-7 珠三角城市群生态文明建设水平综合指数评价结果

第11章 珠三角城市群美丽湾区建设策略

11.1　加大环境治理力度，保持一流生态环境质量

11.1.1　强化系统治理修复，持续提升水环境质量

（1）强化饮用水水源保护

优化供水格局，保障供水安全。开展水功能区和水环境功能区整合优化，实现高低用水功能区之间的相对分离与协调。联合西江、北江、东江水量合理配置，重点拓展西江水源，优化调度东江三大水库，加快实施珠江三角洲水资源配置工程，构建“两横三纵一联通”的水资源配置网络体系。合理调整和整合现有供水格局，形成区域江库连通、相互补给、灵活调度的多层次供水网络。加快推进广佛水源一体化、深莞惠（港）水源一体化和珠中江（澳）水源一体化建设，适时推进佛山市西部与肇庆市东部水源一体化建设，加快实施中山、珠海水源避咸工程，保障供水安全。

推进饮用水水源保护区水质保护。全面完成乡镇及以下集中式饮用水水源保护区划定与勘界定标、规范化建设和清理整治工作。开展乡镇及以下饮用水水源保护区规范化建设情况的监督检查。将乡镇及以下集中式饮用水水源保护区纳入饮用水水源信息管理平台进行统一监管。持续推进市、县级饮用水水源保护区环境问题排查整治，建立完善回头巡查机制，做好水质检测和卫生防护等工作。鼓励有条件的地区采取城镇供水管网延伸或者建设跨村、跨乡镇连片集中供水工程等方式，发展规模集中供水，推动形成城乡一体化的饮用水水源保护机制。

（2）持续深化水环境治理

深化水环境综合治理，持续推进工业、城镇、农业农村、港口船舶等污染源治理。加强农副产品加工、印染、化工等重点行业综合整治，持续推进清洁化改造。推进高耗水行业实施废水深度处理回用，强化工业园区工业废水和生活污水分质分类处理，推进省级以上工业园区“污水零直排区”创建。实施城镇生活污水处理提质增效，推进生活污水管网全覆盖，补足生活污水处理厂弱项，稳步提高生活污水处理厂进水生化需氧量（BOD）浓度，提升生活污水收集和处理效能。加快推进污泥无害化处置和资源化利用。强化农村生活污水治理、畜禽及水产养殖污染防治、种植污染管控。系统推进航运污染整治，加快推进船舶污水治理、老旧及难以达标船舶淘汰，统筹规划建设港口码头船舶污染物接收设施，提升船舶水污染物收集转运处理能力。不满足船舶水污染物排放要求的 400 总吨以下内河船舶应当完成水污染物收集存储设备改造，采取船上储存、交岸接收的方式处置。

开展珠江河口区域水环境及涉水项目管理合作，重点整治珠江东西两岸污染。聚焦国考断面达标、万里碧道建设，围绕“查、测、溯、治”，分类推进入河排污口规范化整治，

以佛山、中山、东莞等市为重点试点推进入河排污口规范化管理体系建设，建立入河排污口动态更新及定期排查机制。加强东江、西江、北江等优良江河及白盆珠等重点水库水质保护，推进一级支流水环境综合整治，全面消除重要水源地入河入库河流劣Ⅴ类断面。强化重污染流域干流和支流、上游和下游、左岸和右岸、中心城区和郊区农村协同治理，构建一体化治水机制。因地制宜采取控源截污、清淤疏浚、生态修复、活水保质等措施，全域推动黑臭水体整治修复。

（3）加强水生态系统修复

开展水生态调查评价。按照物理、化学、生物完整性要求，以东江、西江等典型流域为试点，研究并建立符合广东省流域特征的水生态评价指标体系。遵循“循序渐进、重点突出、总体谋划、分步实施”的原则，开展水生态现状调查评估，重点围绕西江、北江、东江等重要江河干流及其主要一级支流以及白盆珠等珠三角重要水库，分阶段有序推进江河湖库水生态环境调查。到 2023 年，各地市全面掌握本辖区重点江河湖库生态环境现状和水质、生境、水生生物状况，评估江河湖库生态系统健康水平。

加强水生态系统修复，深入开展美丽河湖创建。依托珠江三角洲骨干水系及主要河口湾区，形成具有生态、文化、景观、休闲等综合功能的“湾区引领，十廊串珠”特色廊道。以万里碧道规划确定的重点河段为重点，加强水环境治理和水生态修复，打造一批“水清岸绿、鱼翔浅底”的省级美丽河湖典范。以广州、佛山、东莞、中山等市水网密布地区为重点，加强珠三角水污染治理和水网疏浚贯通，到 2025 年，珠三角核心区水网基本消除劣Ⅴ类断面。加快水系林网建设、湿地生态系统重建和恢复，强化水生态修复与保护，努力打造以西江、北江、东江主干流及绥江、西枝江、潭江、增江河、流溪河等支流沿岸、河口地带防护绿带和珠江三角洲骨干绿道为主体的生态廊道体系，探索构建人水空间和谐、水网连通畅达、生态美丽宜居的珠三角美丽水网。

11.1.2 推进陆海统筹治理，加快建设美丽海湾

（1）统筹陆海污染治理

加强海洋资源环境保护，更加重视以海定陆，加快建立入海污染物总量控制制度和海洋环境实时在线监控系统。实施东江、西江及珠三角河网区污染物排放总量控制，协同推进陆海污染系统治理，全面提升监督管理能力。实施珠江口邻近海域综合治理攻坚战。根据国家重点海域综合治理攻坚行动计划，编制《珠江口邻近海域综合治理攻坚战实施方案》。深入实施陆海统筹的综合治理、系统治理、源头治理，对标国际大湾区海洋生态环境治理先进水平，开展入海排污口排查、入海河流水质改善、沿海城市污水处理提质增效、沿海农业农村污染治理、海水养殖环境整治、船舶港口污染防治、岸滩环境整治、海洋生态系统保护修复等行动。

（2）提升海洋生态系统质量和稳定性

多措并举，落实海洋生态空间和开发利用空间的管控要求，加强陆海生态系统协同保护和修复，构建南部海洋生态保护链，逐步提升海洋生态屏障质量，持续巩固海洋生态安全格局。加强海洋生物多样性调查、监测与评估，组织开展珠江口重点海域生态环境调查与评估。加强海洋渔业资源保护，严格执行海洋伏季休渔制度，在珠江口探索实施更严格的禁休渔制度，加大珠江口产卵场、索饵场和洄游通道的保护力度。建立实施海洋生态修复监管和成效评估制度，加强对海洋生态修复工程项目的分类监管和成效评估。

（3）推进美丽海湾保护与建设

针对不同海湾的生态环境特点和湾区发展定位，一湾一策，统筹推进陆海污染治理、生态保护修复、亲海品质提升，系统实施重点任务和重大工程，推动美丽海湾保护与建设，打造美丽海湾样板。将美丽海湾保护与建设纳入珠三角沿海城市全域美丽建设的总体布局，沿海地级及以上城市编制本辖区美丽海湾保护与建设方案。对惠州市考洲洋、江门市镇海湾等分布有典型海洋生态系统或特别保护生物资源的海湾，重点开展生态系统保护与修复。对东莞市交椅湾、珠海市情侣路等邻近城区且可为城区民众提供亲海空间的海湾，重点加强陆海污染治理，优化生态景观廊道和建设亲海观景平台，打造都市型美丽海湾。对深圳市大鹏湾、珠海市东澳湾等自然禀赋优良、风光优美的海湾，加大对滨海生态旅游资源与景观资源的保护和利用力度，完善滨海旅游和环保设施，打造旅游型美丽海湾。将深圳市大鹏湾打造成美丽海湾典范，积累美丽海湾保护与建设的实践经验，梯次推进珠海市情侣路等美丽海湾建设，打造具有全国示范价值的美丽海湾。

11.1.3　加强协同控制，引领大气环境质量改善

以 O_3 协同防控为重点，强化多污染物协同控制和区域协同治理，突出抓好挥发性有机物和氮氧化物协同治理，持续降低 $PM_{2.5}$ 浓度，推动大气环境质量继续领跑全国。

（1）提升大气污染精细化管理水平及防控能力

实施空气质量精细化管理，提升大气污染精准防控和科学决策能力，建立健全跨地区联动的大气污染源排放清单管理机制和挥发性有机物源谱调查机制，推进珠三角区域和城市源排放清单编制与更新工作常态化。持续完善大气污染联防联控机制，开展珠三角区域大气污染专项治理和联合执法。推动粤港澳大湾区打造大气污染防治先行区，积极探索臭氧区域联防联控技术手段和管理机制。优化污染天气应对机制，逐步扩大污染天气重点行业绩效分级和应急减排的实施范围，完善差异化管控机制。逐步推动珠三角高污染燃料禁燃区全覆盖。到 2025 年，O_3 浓度上升趋势得到基本遏制。

（2）夯实移动源污染防治

加强油路车港联合防控。强化成品油质量产、储、运、销全流程监管，加大生产、存

储、流通环节油品质量监督检查力度。严厉打击非法调制和销售成品油行为，加大对非法流动加油、销售不合规油品、销售未完税油品等违法行为的查处力度。促进油品储运销企业自觉，有效保障油气回收效率。

深化机动车尾气治理。强化机动车排气检测监管平台应用程度，加强在用车排放管理，强化柴油车注册登记前车载诊断系统、污染控制装置的查验及必需的排气检测，加强对用车大户的环保宣传和日常监督检查。

严厉打击在禁用区内使用高排放非道路移动机械的行为，强化非道路移动机械大气污染物排放状况监管。推进施工工地油品直供，强化施工工地机械及工程车使用清洁油品管理。开展物流园区、港口、机场、铁路货场等重点场所非道路移动机械“零排放”或近零排放示范应用。加强船舶排放控制区管理，推动岸电系统建设，引导船舶靠港使用岸电。开展空港污染控制，推进飞机辅助动力装置（APU）替代设施建设和使用，鼓励更新采用新能源地勤车辆和机械设备。

（3）深化工业源污染防治

严格实施挥发性有机物排放企业分级管控，大力推进挥发性有机物源头控制和重点行业深度治理，推动企业开展治理设施升级改造。推进工业园区、企业集群因地制宜统筹规划建设一批集中喷涂中心（共性工厂）、活性炭集中再生中心，实现挥发性有机物集中高效处理。开展无组织排放源排查，加强含挥发性有机物物料全方位、全链条、全环节密闭管理，深入推进泄漏检测与修复（LDAR）工作。

深化工业炉窑和锅炉排放治理，石化、水泥、化工、有色金属冶炼等行业企业依法严格执行大气污染物特别排放限值。严格实施工业炉窑分级管控，逐步开展天然气锅炉低氮燃烧改造，加强 10 蒸吨/h 及以上锅炉及重点工业窑炉的在线监测联网管控。加强生物质锅炉燃料品质及排放管控。到 2025 年，珠三角九市钢铁企业完成超低排放改造。

（4）强化其他大气污染物防控

强化面源污染防控，加强道路扬尘污染控制，全面推行绿色施工，建立完善施工扬尘污染防治长效机制和污染天气扬尘污染应对工作机制，实施建筑工地扬尘精细化管理。加强堆场和裸露土地扬尘污染控制，对煤堆、料堆、灰堆、产品堆场以及混凝土（沥青）搅拌、配送站等扬尘源进行清单化管理并定期更新。加强农业秸秆综合利用和焚烧管控，强化清扫废物、园林废物等露天焚烧的监管执法，全面加强露天烧烤和燃放烟花爆竹的管控。加强大气氨、有毒有害污染物防控，探索建立大气氨规范化排放清单，摸清重点排放源。加强工业烟气中三氧化硫、汞、铅、镉、砷等非常规污染物强效脱除技术研发应用，探索推进养殖业、种植业大气氨减排。

11.1.4　深化土壤污染防治，强化地下水污染防控

（1）加强土壤和地下水污染源系统防控

深入开展土壤和地下水环境调查评估。逐步将重点行业企业用地调查确定的高风险关闭搬迁地块以及城市更新、村镇工业集聚区改造过程中应依法开展调查的地块，纳入建设用地土壤污染状况调查名录。充分发挥环境大数据辅助监管的作用，将注销、撤销排污许可证企业视情况及时纳入调查名录。以北江、西江、流域等地区为重点，深入开展土壤环境和农产品质量协同监测，进一步摸清耕地土壤污染面积、分布及其对农产品质量的影响。选择典型区域开展土壤污染和农产品超标成因分析。以重点行业企业用地调查确定的高风险地块和工业园区为重点，优先推动土壤环境调查评估。持续推进城镇集中式地下水型饮用水水源补给区、化工园区和矿山开采区、危险废物处置场和垃圾填埋场、尾矿库周边地下水环境状况调查评估。根据国家要求，研究建立并公布地下水污染防治重点排污单位名录，指导督促企业落实地下水污染防治相关法定要求。

强化土壤污染源头控制。严格落实“三线一单”生态环境分区管控硬约束，合理确定区域功能定位、空间布局，强化建设项目布局论证，引导重点产业向沿海等环境容量充足地区布局。建立土壤污染重点监管单位规范化管理机制，落实新（改、扩）建项目土壤环境影响评价、污染隐患排查、自行监测、拆除活动污染防治、排污许可等制度。深化涉镉等重点行业企业污染源排查整治，建立污染源排查整治清单，严格执行重金属污染物排放标准和总量控制要求。结合推进新型城镇化、产业结构调整和化解过剩产能等，有序搬迁或依法关闭对土壤造成污染的现有企业。在永久基本农田以及居民区、学校、医疗和养老机构等单位周边，避免新建涉重金属、多环芳烃类等持久性有机污染物企业。全面推进农业面源污染防治，推动畜禽养殖废弃物资源化利用和秸秆综合利用，建立科学有效的灌溉水监测体系，有效降低土壤污染输入。

（2）推进土壤安全利用

深入实施土壤污染防治。坚持保护优先、预防为主、防治结合，系统推进土壤污染防治。加强土壤污染防治源头管控，建立土壤污染重点监管单位规范化管理机制，落实新（改、扩）建项目土壤环境影响评价、污染隐患排查、自行监测和排污许可证制度。在土壤污染重点监管单位生产经营用地用途变更或者其土地使用权收回、转让前，督促土地使用权人依法开展土壤污染状况调查，调查报告纳入不动产登记管理。加快建设运营全省土壤环境信息化管理平台，支撑建设用地地块全生命周期土壤环境监管。探索污染地块“环境修复+开发建设”模式，以开发建设时序为导向，合理设计环境修复时序，鼓励结合地块再开发规划和建筑工程设计方案制定风险管控和修复策略。以广州、佛山等市为重点，结合污染地块分布数量、土壤污染类型、开发利用强度等，建设 1～2 个污染土壤集中治理与资源化

利用处置中心，鼓励有条件的地市提升污染土壤协同处置能力。

严格实施农用地分类管理，以确保农产品质量为目标全面落实安全利用类和严格管控类耕地安全利用和风险管控措施，建立健全农用地土壤环境质量类别动态更新机制，建立优先保护类耕地周边禁入产业清单。各地市制订“十四五”受污染耕地安全利用方案及年度工作计划，明确行政区域内安全利用类耕地和严格管控类耕地的具体落实措施，以县为单位全面推进落实。结合耕地土壤环境质量类别划分成果，在典型地区探索建立常态化精准风险管控工作机制。建设一批受污染耕地安全利用示范县，发挥区域辐射带动作用。

（3）实施地下水污染风险管控

开展地下水污染防治重点区划定工作，实施地下水环境分区管理、分级防治，明确环境准入、隐患排查、风险管控、治理修复等差别化环境管理要求。2022 年年底前，完成珠三角地区地下水污染防治重点区划定。在珠三角开展化工类工业集聚区、危险废物处置场和生活垃圾填埋场等地下水污染风险管控试点，加强地下水污染风险防控。建立地下水污染场地清单，开展修复试点。开展地下水污染分区防治，实施地下水污染源分类监管。加强建设用地土壤与地下水污染协同防治，在土壤污染状况调查报告、防治方案、修复和风险管控措施中逐步纳入地下水污染防治内容。建立完善土壤和地下水污染防治技术评估体系。

11.1.5 强化全过程管控，有效防范环境风险

（1）完善固体废物处理及配套体系设施建设

牢固树立环境风险防范底线思维，强化危险废物、重金属、危险化学品环境风险管控，重视新污染物治理，在重点行业实施工业固体废物排污许可管理。完善固体废物环境监管信息平台，推进固体废物收集、转移、处置等全过程监控和信息化追溯工作。制定完善工业固体废物收集贮存、利用处置等污染控制技术规范。建立和完善跨行政区域联防联控联治和部门联动机制，强化信息共享和协作配合。

大力推进“无废城市”建设，以“无废城市”“无废湾区”建设为抓手，深入推进深圳国家“无废城市”试点建设，加快推进珠三角各地市“无废城市”建设，推动粤港澳大湾区建设成为“无废试验区”。推动“无废园区”“无废社区”等细胞工程，推进中山翠亨新区“无废新区”建设，并形成可复制、可推广的模式。健全工业固体废物污染防治法规保障体系，在重点行业开展工业固体废物纳入排污许可管理试点，建立和完善固体废物综合利用评价制度，强化固体废物全过程监管，建立健全工业固体废物污染防治责任制，建立和完善跨行政区域联防联控联治和部门联动机制，强化信息共享和协作配合。

全面推进固体废物利用处置设施建设，补齐固体废物利用处置能力短板。贯彻实施生产者责任延伸制度，建立健全塑料制品长效管理机制。持续推进生活垃圾分类，加强建筑

垃圾污染防治，强化秸秆、农膜和农药包装废弃物回收利用。

（2）加强重金属和危险化学品环境风险防控

持续推进重金属和危险化学品环境风险管控，动态更新涉重金属重点行业企业全口径清单，严格重点重金属环境准入，推动含有铅、汞、镉、铬等重金属污染物排放的企业开展强制性清洁生产审核。优化涉危险化学品企业布局，规范危险化学品企业安全生产，强化废弃危险化学品等危险废物监管，严格废弃危险化学品安全处置。

11.2 优化国土空间开发，构建复合生态安全格局

面向新时期“山水林田湖草海”综合治理的系统性要求，在全省国土空间格局的基础上，通过加强对生态保护红线管控，加快推进陆海空间统筹，注重对重要廊道上生态节点进行系统生态修复，促进区域绿地建设和区域“绿道”等生态廊道体系构建，支撑形成“一环一带多核网状廊道”的生态安全格局。

11.2.1 构建功能复合的生态空间格局

加快构建一环一带多核网状廊道“1+1+N+X”的生态安全格局，将珠三角生态安全格局建设成为建设珠三角“宜居城乡”家园的重要载体、珠三角城镇群人与自然界和谐共生的世界级典范。

一环，即筑牢一个北部生态绿环。加强对珠三角外层生态圈的保护与管控，重点加强天露山、鼎湖山、南昆山、罗浮山、莲花山等外围连绵山地丘陵的生态保护和生态建设，扩大生态空间有效范围，加强区域生态治理与修复。积极打造“珠三角北部森林城市群”，提升珠三角北部生态绿地生态保护、水源涵养、生物多样性保护、城郊游憩等多元功能，打造结构优、功能强、碳汇高的森林群落，促进从“屏障”式区域静态守护功能走向“绿环”式城乡动态复合功能。

一带，即维育一个蓝色海湾带。加强珠三角海岸带的保护与修复，以珠三角南部近海水域、三大湾区（环珠江口湾区、环大亚湾区、大广海湾区）、海岸山地屏障和近海岛屿为主体打造蓝色海岸带，重点加强海洋生物多样性保护和沿海防护林建设，构建海洋保护区体系。加快典型海洋生态系统修复与建设，提升海岸带生态空间和陆地岸线空间的景观功能和休闲游憩功能，建设珠三角美丽海湾。

多核，即营造多个山体岛链+基塘组成的生态绿核。整合优化自然保护地体系。争取重要生态系统与自然保护极重要区范围进一步扩容和整合，促进自然保护地保护水平提升，建成以“省立公园”为主体的珠三角跨区域自然保护地，构建分级协调管控的自然保护地体系。突出保护珠三角特有桑基鱼塘的人工生态系统。充分结合珠三角基塘特色资源，

协同区域绿核建设连片基塘区，形成佛山南部（丹灶、白泥、西樵、杏坛、龙江等）基塘农田区、东江下游与东莞水道沿岸的基塘农田区、磨刀门水道（中山—江门—珠海段）周边基塘农田区等三大连片基塘区。开发建设城市内部公园绿地。加快建设城市内部绿地空间，中等以上城市建设一定规模的块状绿地，严格限制城市占用绿地情况，积极对山丘林地等孤岛进行复绿还林，扩展生态空间与城镇建设空间的融合边界，发挥城市绿地及绿道的连接作用，以生态绿核促进生态格局优化。

网状廊道，即构建多廊共融的生态廊道网络。依托珠三角现有区域绿道网和碧道系统建设基础，加快构建由绿道、碧道、生态景观林带（含农业带、城际轨道网和高快速路沿线绿化带、水鸟迁徙廊道等）、城市步行与自行车系统等廊道构成的多元廊道，形成蓝绿复合的生态廊道网络。

11.2.2 加强生态保护红线管控

推进区域生态保护红线管控一体化，统一区域生态保护红线监督执法，系统提升区域环境监管水平，搭建起标准统一、上下联动、横向联合、协同有序、运转高效、执行有力的生态保护红线监管一体化平台。

（1）建立协同联动的生态保护红线管控体系

加快推进各级监管机构标准化建设进程，通过机构改革将分散的生态保护职责进行有机整合，构建多级监管网络，实现监管智能和资源的统筹配置，形成跨区域可复制样板。建立组织保障机制，统筹深化完善区域环境合作机制、区域协调机制、监督约束机制、信息共享机制，将责任落实到个人。按照统一规划政策标准制定、统一督察问责的要求，做好珠三角城市群生态保护红线监管顶层设计，探索具有珠三角特色的区域管控新道路，加快实现生态保护红线区域监管的制度化、法治化、规范化建设。编制监管事项目录清单。厘清监管责任、明确监管措施，推动实现监管工作标准化、规范化、精准化，支撑“互联网+监管”系统采集汇聚监管信息，实现监管事项全覆盖。

（2）优化“三线一单”数据监管平台一体化建设

在广东省“三线一单”应用平台基础上，强化空间引导和分区施策，推动珠三角优化发展，进一步完善区域联动功能；做好同省级国土空间基础信息平台和其他有关部门业务平台对接，充分发挥国土空间规划监测、评估和预警功能，实现成果数据可视化查询，强化区域布局管控。构建生态保护红线监管总台账数据库，管理信息实现动态更新，城市间、部门间网络互联互通，确保信息交换和共享不滞后。逐步建立健全违法、违规信息披露制度，搭建起监管全过程信息统一对外发布的网络平台，加强社会公众协同监督。

（3）加快完善生态保护红线管控制度

制订生态保护红线监管具体实施方案，细化分解各项监管工作任务。建立各市间、省直部门间的沟通协调机制，定期召开协调会。有关部门联合定期开展生态保护红线生态系统格局、质量、功能等的监测评估，监测评估数据和成果应及时纳入“三线一单”数据监管平台，实时掌握生态保护红线动态变化，实现对重点区域和重大问题的及时预警和处置。有关部门联合组织开展生态保护红线核查和执法，对发现的问题，及时通报相应层级人民政府，由相关部门依据职责依法依规进行处理。建立成效评估和绩效考核制度，强化对监管情况的全过程跟踪。完善生态保护红线监管成效评估相关标准，出台监管成效量化评估、绩效考核等管理办法。将工作任务和目标纳入各市政府绩效考核，分年度对分解落实的具体工作任务进行考核，考核结果纳入珠三角各地和省直部门领导干部考核内容，并向社会公布。健全公众参与机制，强化公众监督权。及时向社会公开生态保护红线范围、边界、检测评估等信息，鼓励公众和社会组织参与和监督生态保护红线管理，发挥公众监督权，拓宽公众监督的途径。

11.2.3　推进陆海统筹一体化发展

（1）筑牢海岸带生态空间格局

落实国土空间规划要求，统筹划定“三区三线”和陆海功能分区，巩固海岸带生态空间格局，构筑滩净湾美的蓝色海岸带，缓解一定程度开发强度而产生的环境压力，提升区域生态环境调节和供给能力。构建滨海生态防护带与养护区，发挥生态空间在防灾减灾和生态安全中的基础作用。加强生态环境整治与修复，综合整治重点海湾、海岛生态环境，开展蓝色海湾、生态岛礁修复工程。

（2）严格海岸线管控

以海岸线自然属性为基础，结合开发利用现状与需求，对海岸线进行分类分段管控。将自然形态保持完好、生态功能与资源价值显著的自然岸线划为严格保护岸线，按照生态保护红线有关要求管理，确保生态功能不降低、长度不减少、性质不改变。加强海岸线功能管控，坚守自然岸线保有率底线，确保大陆自然岸线保有率不低于 35%，海岛自然岸线保有率不低于 85%。建立自然岸线占补平衡制度，占用自然岸线的按占 1 m 补 1.5 m 的比例进行修复整治，恢复海岸线的自然和生态功能，探索建立先补后占机制。编制海岸线整治修复五年规划及年度计划，开展红树林、珊瑚礁、海草床等典型海洋生态系统恢复工程、海岸修复养护工程和海岛岸线综合治理工程。

（3）协调海域与陆域功能对接

坚持陆海统筹、以海定陆，对海岸带资源开发和生态环境保护统筹谋划，实现海域与陆域功能对接。对海洋限制开发区域，相应陆域禁止开展对海洋生态有较大影响的开发活动。对海洋禁止开发区域，协同建立陆海自然保护区，禁止相近陆域发展工业。建立海岸建筑退缩线制度，海岸线向陆地延伸 100～200 m 或更多，不得新建、扩建、改建建筑物等。确需建设的，应控制建筑物高度、密度，保持通山面海视廊通畅，高度不得高于待保护主体。

（4）巩固陆海生态屏障

积极开展山地、防护林、海湾及海岛等生态系统保护与建设，提升海岸带生态服务功能。维护海岸带现有重要生物资源、典型生态系统、生态功能区及自然遗迹，协同设立陆海自然保护区，逐步提高各类型保护区面积比例。加强山地原生生态系统的保护，形成以防护林为核心的海岸生态防护带，发挥缓冲陆海交互作用、抵御海洋自然灾害的生态缓冲功能。有序建设美丽海湾，提升生活空间品质，保障生态空间价值。分类建设生态岛礁，筛选一批海岛分类实施保护工程，形成各具特色的生态岛礁建设模式和标准，示范引领珠三角生态岛礁建设。

11.2.4 注重跨区域节点生态修复

（1）保护修复粤港澳大湾区外围丘陵浅山生态屏障

重点保护修复南昆山—罗浮山—大桂山、莲花山、鼎湖山、云雾山-天露山等重点生态区天然林资源和生物多样性，建设生物多样性保护优先区，完善野生动植物保护体系，提升动植物栖息生境质量，保护珍稀濒危动植物物种。开展森林恢复工程，综合修复退化林，加强水土流失及石漠化治理。开展矿山生态修复，通过地质环境治理、地形重塑、土壤重构、植被重建等综合治理工程，恢复矿山生态环境。

（2）保护修复重要城市绿地和生态网络

加强白云山—帽峰山、大岭山—梧桐山—象头山—白云嶂、皂幕山、古兜山—黄杨山—五桂山等重要城市绿地生态保护修复，加强速生林改造，优化林分结构，持续提高森林质量，增强森林生态系统功能。巩固提升城市间生态缓冲绿地，引导城乡空间紧凑、集中、高效发展。

（3）建设粤港澳大湾区水鸟生态廊道

依托北江、西江、东江和珠江及其重要支流等发达水网，建设粤港澳大湾区水鸟生态廊道。结合高质量水源林建设、水系沿线湿地保护修复等，开展水鸟聚集区保护、踏脚石质量提升、接受地生境营造、生态断裂点修复、三级生态廊道连通等工程，提升水鸟生态廊道节点质量，使粤港澳大湾区水鸟及其聚集区得到有效保护。

11.2.5 建设区域绿地和区域“绿道”

（1）识别和保护珠三角重要生态斑块

加强对重要自然保护地的保护和巩固。加强对广州白云山—帽峰山绿核、佛山皂幕山绿核、江门古兜山—中山五桂山绿核、深圳—东莞—惠州邻大岭山—塘朗山—清林径—白云嶂绿核等区域绿地的保护。

加强对城际交界地区生态斑块的识别与保护。广州—佛山—肇庆片区应加强对肇清跨界、肇清中心城区外围、肇佛西北江交会及森林公园片区以及南部广佛跨界水系水网片区进行保护与治理；深圳—东莞—惠州片区应加强稳固莲花山南支、北支以及东江构成的两山一水自然格局，顺应茅洲河流域、巍峨山、石马河谷、大亚湾等自然单元，构建区域山水连通的生态连绵带。

（2）打造区域“绿道”升级版

构建“四沿”特色廊道体系。依托珠三角北部连绵山体森林生态屏障体系以及内部生态绿核，结合沿铁路、公路等轨道与高快速路的绿化带、城乡区域的绿道网、融合珠三角水网等主要水系的碧道，以及沿海岸带等地区，加快建设生态景观林带，构建复合城乡—陆海蓝绿空间的线性生态廊道，形成沿山林、沿路、沿绿道、沿水的“四沿”特色生态廊道。

构建“森林生态”廊道体系。依托珠三角外圈层连绵山体森林生态屏障体系，加强重点生态敏感区域保护，构建国家、省、市、县四级生态公益林体系，形成森林生态安全体系，推进外围生态屏障和水网间的生态廊道连通保护。

推进“绿色慢行”廊道建设。结合城市绿化行动，加快对城市街区和滨水空间等慢行空间进行美化、绿化，加强推进步行道、自行车道、人行高架桥等慢行空间与城市公园绿地的无缝衔接，实现城市慢行基础设施建设与城市绿地系统相结合，保障生态绿地入城入乡“接口”，促进城市与乡村绿色空间的连接与共生。

加快“水鸟迁徙”廊道建设。充分保护城市与乡村地区水鸟迁徙栖息地，有效提高区域湿地、郊野绿地、河网等生态环境质量和生态系统稳定性，构筑展现珠三角生物多样性的生物迁徙廊道网络。

11.3　创新绿色低碳发展，培育高效生态经济模式

11.3.1　引领建设珠三角城市群先进制造业集群

（1）增强核心竞争力

强化珠三角城市群科技创新体系能力建设，加快构筑支撑高端引领的先发优势，以硬科技创新为引领，增强珠三角城市群先进制造业核心竞争力，将珠三角核心区打造成为世界领先的先进制造业发展基地，大力推动珠三角城市群高精尖制造业发展，重点支持东莞市建设省制造业供给侧结构性改革创新实验区。大力推进现有制造业转型升级和优化发展，加强各城市间的产业分工协作，促进产业链上下游深度合作，推动互联网、大数据、人工智能和实体经济深度融合，打造贯穿创新链、产业链的创新生态系统，促进珠三角制造业创新发展生态体系建设。

（2）优化产业布局

进一步提高珠三角城市群先进制造业占比。发挥广州、深圳创新研发能力强、运营总部密集的优势，借助国家级、省级制造业创新中心平台，用硬科技的创新来驱动先进制造业的快速发展，同时通过壮大先进制造业为硬科技的再创新注入强劲动力。以珠海、佛山为龙头建设珠江西岸先进装备制造产业带，重点发展高端数控机床、航空装备、卫星及应用、轨道交通装备、海洋工程装备等产业；以深圳、东莞为核心在珠江东岸打造具有全球影响力和竞争力的电子信息等世界级先进制造业产业集群，形成穗莞深惠和广佛中珠两大发展带，重点发展新一代通信设备、新型网络、手机与新型智能终端、高端半导体元器件、物联网传感器、新一代信息技术创新应用等产业；重点支持珠三角城市尤其是核心区城市发挥区域优势和特色产业优势，重点发展低维及纳米材料、先进半导体材料、电子新材料、先进金属材料、高性能复合材料、新能源材料、生物医用材料等前沿新材料。以珠海、佛山、惠州、东莞、中山、江门、肇庆等地产业链齐全的优势，加强珠三角城市群产业对接，提高协作发展水平。

（3）调整产业结构

推动制造业智能化发展，东莞、佛山等制造业强市要发挥龙头作用，聚焦制造业的转型升级，深圳市要发挥国家创新型城市的引领作用，加强先进制造与科技创新的融合，深度对接科技创新走廊建设，提升科创水平。培育一批具有系统集成能力、智能装备开发能力和关键部件研发生产能力的智能制造骨干企业，在佛山、东莞、惠州地区重点培育高端装备制造战略性新兴产业集群。支持电子信息、装备制造、石油化工、新材料、生物医药等优势产业做强做精。加快制造业绿色改造升级，构建全产业链和产品全生命周期的绿色制造体系。重点推进传统制造业绿色改造，开发绿色产品，打造绿色供应链。

11.3.2 发展壮大珠三角城市群绿色产业集群

（1）搭建绿色产业发展平台

积极推进广州经济技术开发区、东莞松山湖高新技术产业开发区等国家绿色产业示范基地建设，尽快形成可复制、可推广的经验模式，推动珠三角城市群对标搭建绿色产业发展促进平台，推动广州南沙、深圳前海、珠海横琴等区域重大战略平台绿色低碳发展，支持港深创新及科技园、中新广州知识城、南沙庆盛科技创新产业基地、横琴粤澳合作中医药科技产业园等重大创新载体建设，不断提升绿色产业发展水平。现有的工业园或产业园区应明确绿色主导产业，提高绿色产业集聚度。逐步扩大珠三角城市群循环化改造试点园区建设数量，积极创建绿色工厂和绿色园区。做大做强绿色环保领域龙头企业，培育一批专业化骨干企业，扶持一批专精特新中小企业，鼓励一批工业产品绿色设计示范企业。

（2）提升绿色生产技术水平

加快构建市场导向的绿色技术创新体系，深入推进“产学研金介”深度融合，加大绿色技术研发、示范、推广力度，依托粤东、粤西、粤北地区发展绿色技术产品的生产制造和综合示范，推动绿色生产新技术快速大规模在珠三角城市群的应用和迭代升级，辐射带动粤东、粤西、粤北地区推广应用。重点打造环保产业集群，重点推动高效节能电气设备、绿色建材、环境保护监测处理设备、固体废物综合利用、污水治理与节能环保服务等跨行业、多领域协同发展。将绿色低碳循环理念有机融入生产全过程，引导企业开展工业产品生态（绿色）设计。以纺织服装、建材、家电、家具、金属制品等为重点，实施清洁生产、能效提升、循环利用等技术升级，提升绿色化水平。鼓励珠三角核心城市开展重点行业、工业园区和企业集群整体清洁生产审核模式试点。

（3）系统推进工业绿色转型

系统推进珠三角城市群工业向产业结构高端化、能源消费低碳化、资源利用循环化、生产过程清洁化、产品供给绿色化、生产方式数字化等方向转型。大力发展战略性新兴产业、高技术产业等高端产业；推动高消费能源城市提升能源低碳消费水平；强化资源在生产过程的高效利用，加强城市间资源协同及综合利用，促进城市群生产与生活系统绿色循环链接；新建企业要高起点打造清洁生产方式，现有企业要持续实施清洁生产技术改造；强化城市群绿色低碳产品及环保装备供给，引导绿色产品消费；深化生产制造过程的数字化应用，赋能绿色制造。

11.3.3　逐步完善绿色低碳循环发展流通体系

（1）推动绿色物流高质量发展

推动珠三角城市群产供销全链条衔接畅通，加快发展绿色物流配送，推动物流向低污染、低消耗、低排放、高效能、高效率、高效益的现代化物流转变。各地市加快建设绿色物流仓储园区，通过采用高效节能设备，加快物联网、云计算和大数据等技术应用，进行物流智能化改造，优化仓储设计等，实现科技节能。推动快递包装的减量，加强绿色可循环包装应用、加大新能源物流车推广力度、加强科技手段在物流环节中赋能，实现重点环节绿色化，加快构建绿色化、智能化、信息化的物流产业链，助力全流程提质增效和低碳减排，推动绿色物流高质量发展。

（2）加强再生资源回收利用

加快落实生产者责任延伸制度，率先引导珠三角重点生产企业建立逆向物流回收体系。拓宽闲置资源共享利用和二手交易渠道，构建废旧物资循环利用体系，鼓励广州、东莞等城市率先建立再生资源区域交易中心。完善废旧家电回收处理体系，推广典型回收模式和经验做法。加快构建废旧物资循环利用体系，加强废纸、废塑料、废旧轮胎、废金属、废玻璃等再生资源回收利用，提升资源产出率和回收利用率。

（3）加快发展绿色产品贸易

优化提升广州南沙自贸区、深圳蛇口自贸区、珠海横琴自贸区等广东自贸试验区示范带动功能，充分发挥深圳、广州等城市资本市场和金融服务功能，积极优化贸易结构，大力发展高质量、高附加值的绿色产品贸易，从严控制高污染、高耗能产品出口。

全面深化珠三角城市群与香港、澳门的合作，共建环保产业园区等，推动环保技术和产业合作项目落地。支持碳排放权交易所规范发展，为碳排放权合理定价，形成粤港澳大湾区碳排放权交易市场。加大排污权、水权、用能权等环境权益交易产品创新力度。

深化绿色“一带一路”合作，协同港澳共建更高层次和水平的国际商贸合作平台。加强绿色标准国际合作，协同港澳通过国别政策沟通积极参与或部分主导国际规则与标准制定，做好绿色贸易规则与进出口政策的衔接。拓宽与港澳及国际节能环保、清洁能源等领域技术装备和服务的合作。

11.4 提升人居环境治理，打造和谐宜居美丽湾区

11.4.1 加强城乡一体化建设，提升公共服务能级

（1）加强城乡饮用水水源安全保障

加强饮用水水源保护区安全监管。强化源头控制，禁止新建排污口。推进饮用水水源保护区规范建设，完善保护区勘界和标识牌建设工作。提升饮用水水源风险防范和应急能力，加强保护区的日常巡查，持续推进饮用水水源保护区环境问题排查整治。督促供水企业配合做好取水口周边的集中式饮用水水源保护区巡查工作，在取水口设置监控设施，对取水口的水质进行实时监测。

补齐全覆盖短板，实现珠三角全域自然村集中供水全覆盖，巩固拓展脱贫攻坚成果。完善水厂配套设施。对供水工程净化、消毒、水质检测等设施进行完善配套改造。推进老旧管网改造。推进县级统管，按照“统一责任主体、统一监督考核、统一规章制度、统一水质检测、统一培训上岗、统一监督考核”的目标，逐步推进建立农村供水县级统管体制机制。推进信息化和法治化建设，提高现代化管理水平，提升规模化农村供水工程在线计量比例。

（2）加快补齐城乡污水设施短板

补齐污水收集系统短板，提高污水收集效能。全面开展市政排水管网排查，全面推进城镇污水管网全覆盖，聚焦“双提升”提高污水管网收集效能。强化污水处理设施弱项，提升污水处理水平，补齐污水处理设施能力短板，开展污水处理差别化精准提升，提升污

水处理设施处理效能。推动污水再生设施建设，促进污水资源化利用。拓宽再生水利用途径，合理布局建设再生水设施，健全污水再生利用体制机制。提高污泥处理处置能力，实现无害化，促进资源化。强化污泥处理处置设施建设，合理选择污泥处理处置技术路线，完善污泥监督管理机制。健全污水处理管控机制，提升智能监管水平。健全管理体制机制，建立完善管网地理信息系统，推进污水处理设施“一网统管”。

（3）推进生活垃圾源头分类深入开展

统筹推进生活垃圾分类工作，广州市、深圳市率先建成生活垃圾分类处理城乡一体化系统；珠三角地区其他城市，争取提前完成基本建成生活垃圾分类处理系统的任务。完善全链条分类体系，加快建立生活垃圾分类投放、分类收集、分类运输、分类处理全链条分类体系。实行分类管理责任人制度，建立市、区、街道、社区、生活垃圾分类管理责任人五级联动机制。完善生活垃圾分类收运体系，建设简便易行的分类投放体系，建设科学合理的分类收集体系，建设完善匹配的分类运输体系。完善农村生活垃圾分类和收运体系规范运营的长效机制，保障乡村生活垃圾收运设施设备正常运行。加强有害垃圾分类和处理，完善有害垃圾收运系统，实行有害垃圾单独投放，规范有害垃圾收运管理和处置，补齐有害垃圾处置设施短板。加强风险管控，有害垃圾中的危险废物应严格按危险废物进行管理。

（4）提升生活垃圾处理能力和资源化利用水平

全面推进焚烧处理设施建设，统筹规划设施布局，加大生活垃圾焚烧处理设施建设力度。到 2025 年年底，珠三角地区城市争取实现原生生活垃圾“零填埋”。高标准建设清洁焚烧项目，强化焚烧飞灰环境管理。提高厨余垃圾资源化利用水平，大力推进处理设施建设，因地制宜选择技术路线，探索多元化运营模式。到 2025 年年底，建成的厨余垃圾处理能力占城市生活垃圾清运量的比例，广州市、深圳市不低于 20%，珠三角地区其他城市不低于 15%。健全可回收物资源化利用体系，统筹规划分拣处理中心，推动可回收物资源化利用设施建设，进一步规范可回收物利用产业链。打造设施共建共享格局，统筹推进区域设施共建。协调推进园区资源共享，促进不同项目之间的设施共建，进一步推进建设集焚烧发电、卫生填埋、厨余垃圾资源化利用、再生资源回收利用于一体的生活垃圾处理产业园区。加强联动探索多方共治，坚持政府主导、社会参与，共同开展生活垃圾处理设施治理工作，多部门、多层级、多主体协同配合，切实发挥政府主导作用。

11.4.2　践行“碧道+”模式，打造绿色生态湾区

（1）推动园林绿化增量提质

实施道路绿化品质提升工程，建设活力共享美丽湾区。进一步完善“生态公园-城市公园-社区公园”的城乡公园体系，使公园 500 m 服务半径覆盖率提高到 85%，努力实现“出门进园”。加强园林绿化管养，提高管理养护水平。强化古树名木精细化管理保护。加强

对区域重点高速（环城高速、机场高速）、快速路沿线以及重点河流沿线的防护绿化的规划和管理，确保现状绿地边界具体坐标、功能不改变，规划绿地规模不减。

将碧道建设和生态保护与修复相结合，沿珠江三角洲主干河道建设连通山海的生态廊道，串联城乡，使城市内部的水系、绿地同城市外围河湖、森林、耕地形成完整的生态网络。推进城市建成区河涌水系连通，打通断头涌，恢复河涌、坑塘、河湖等水体自然连通，促进水体顺畅流动。维持河湖及河口岸线自然状态，加强岸边带生态修复，逐步实施硬质岸线生态化改造。坚持“碧道+”理念，以“安全行洪通道、自然生态廊道、文化休闲漫道”建设为基础，加强产业规划和交通基础设施、公共服务设施建设，加快碧道沿线污染企业退出，系统实施岸线转型，促进产业绿色升级，引导新经济发展。统筹串联流域内产业、旅游、乡村等各类特色资源，形成多种多样的“碧道+”产业群落。

（2）完善城市便民绿色交通设施

构建绿色交通运输体系。优化铁路、城轨、道路网络、停车设施系统等静态交通规划建设，加快区内碧道、绿道建设，加快完善交通枢纽换乘停车设施和公共充换电网络，加强5G等信息化技术应用发展智慧交通，为引领绿色低碳出行方式提供交通运输体系支撑。建设城市交通慢行系统，健全绿道、碧道建设，在新建道路中适当增加自行车道。不断规范共享单车停放、使用管理，改善公众出行体验，补齐公共交通“最后一公里”。积极发展推广新能源汽车，加快公务车、出租车、物流配送、环卫车等城市公共服务车辆电动化替代。鼓励短途班线、市内通勤等客运领域使用电动客运车辆。推进公交、环保、工程服务领域燃料电池汽车示范运行。

（3）全面推进绿色建筑高质量发展

提升建筑节能降碳水平。新建民用建筑全面按照绿色建筑标准进行建设，提升新建建筑节能水平，推动珠三角九市率先实施高于广东省现行标准要求的建筑节能标准。提升既有建筑能效和绿色品质，根据实际情况编制改造计划并组织实施。加强可再生能源建筑推广应用，实施建筑电气化工程。推进绿色建筑高质量发展。加强规划建设全流程管控，强化绿色建筑运行管理，提高绿色建筑品质。推动装配式建筑提质扩面，完善政策体系，加大推广力度，提升装配式建筑品质。促进建筑工程材料绿色发展应用，提升搅拌站绿色化水平，加强绿色建材推广应用。统筹区域能源协同与绿色城市发展。推进区域建筑能源协同发展，推动建筑用能与能源供应、输配响应互动，提高建筑用能链条整体效率，推动绿色城市建设。推广中新广州知识城、深圳光明新区等低碳生态建设实践，依托横琴粤澳深度合作区、前海深港现代服务业合作区等有条件的地区率先开展绿色低碳城区建设，支持珠三角九市建设绿色低碳城市试点。

11.4.3 推进美丽乡村建设，实现乡村生态振兴

（1）统筹规划农村环境基础设施建设

以农村人居环境整治为总抓手，统筹实施农村生活污水治理和垃圾处理处置。以县级行政区为单位深入开展农村人居环境排查，全面排查农村生活污水治理设施和垃圾收运现状，深入了解实际需求，完善已建设施基础信息登记，加强设施建设及运维台账管理。加强农村人居环境综合整治，推进县域农村生活污水治理及垃圾收运统一规划、统一建设、统一运行和统一管理，健全农村环境基础设施建设运行标准规范。完善农村生活污水收集管网建设，加强农村生活污水治理与农村改厕工作衔接，积极推进粪污无害化处理和资源化利用。因地制宜实施雨污分流，推进“厕所革命”，稳步解决“垃圾围村”问题，整治提升村容村貌，切实改善人居环境。到 2025 年，珠三角农村卫生厕所普及率达到 100%，农村生活垃圾分类实现全覆盖。

（2）提升农村生活污水治理水平

以提高农村生活污水治理率、设施有效运行率和村民满意率为目标，加快补齐农村污水处理短板。因地制宜选择治理模式，以镇带村，城镇周边的自然村优先纳入城镇生活污水处理厂处理。加强农村生活污水处理设施建设和运行管理，加强资金及技术保障，建立长效管理机制，强化处理设施和管网的修复工作，提升管网覆盖率及接户率。加强已建农村污水处理设施运营维护管理及进出水各项污染物指标监测。有条件的地区建立农村生活污水处理设施运维智慧监管平台。推进农村黑臭水体治理。统筹推进农村黑臭水体治理与农村生活污水治理、畜禽及水产养殖污染治理、种植业面源污染防治、改厕等工作，强化治理措施衔接、部门工作协调和县级实施整合。建立农村黑臭水体治理长效机制，构建农村黑臭水体治理监管体系，健全运维管理机制。到 2025 年，珠三角地区基本消除较大面积的农村黑臭水体。

（3）推动乡村风貌整体提升

实施乡村美化行动，开展美丽乡村建设。因地制宜建设美丽驿站和风景长廊，系统推进山水林田湖等一体整治提升。稳步提升乡村绿化、美化水平，推进高质量水源林建设。推进乡村绿道建设，构建布局合理、配套完善、人文丰富、景观多样的乡村绿道网。大力建设“美丽田园”，到 2025 年，珠三角地区全部行政村达到美丽宜居村标准。

11.4.4 优化提升城市功能，推进绿色生活创建

（1）推行生活方式绿色化

推动珠三角地区党政机关加大政府绿色采购力度，带头采购更多节能、节水、环保、再生、资源综合利用等绿色产品。优化城市交通出行结构，建设城市交通慢行系统，分类

有序地推进全区充电设施建设，大力发展城市公共交通、自行车和步行等绿色出行方式。完善绿色供应链体系，增加绿色服务供给，开展绿色回收，倡导绿色消费理念，扩大绿色产品消费，在全社会推动形成绿色生产和消费方式。反对奢侈浪费和不合理消费，通过生活方式绿色革命，倒逼生产方式绿色转型。

（2）优化各类要素配置和空间布局

优化生产、生活、生态空间布局和要素配置，科学确定各类城镇建设用地比例。引导产业空间集聚增效，加强与经济发展的空间匹配，加强现代化商务设施配套。提升生活空间品质，做好与人口发展相匹配的居住空间布局，适度提高居住及配套用地的比重。加强城镇开发边界内亲民蓝绿空间建设，织密城市绿地网络，优化城市绿地布局，加强健康化、艺术化的公共活动空间供给，为居民提供更多休闲文艺体验空间。完善城市治理体系和城乡基层治理体系，树立“全周期管理”意识，构建智能精细的现代化城市治理格局。

（3）加强韧性城市建设

着力补齐城市公共卫生应急管理体系短板，提升社区防灾自救能力。加强排水防涝设施建设，推进广州、东莞等城市内涝整治，构建连续完整的生态基础设施体系，进一步提升防洪排涝能力。推行低影响开发模式，综合采取“渗、滞、蓄、净、用、排”等措施，加快推进“自然渗透、自然积存、自然净化”的海绵城市建设。提升体现文化特质的城市空间和建筑风貌，通过织补、连接、创意利用等多种方法保留城市历史记忆。加快推进新型城镇化国家示范县、国家城乡融合发展试验区等示范建设。

11.5 传承岭南特色文化，提升湾区特色生态文化

11.5.1 大力培育生态文化

（1）强化生态文化载体建设

生态文明建设不仅要建设环境优美、生活便利、秩序井然等“看得见，摸得着”的硬件设施，还要以社会主义核心价值观为引领，树立尊重自然、善待自然、顺应自然、保护自然的生态理念，培育崇德向善、文明和谐、理性包容的思想精神文化软环境，坚决反对以牺牲后代人的利益为代价换取当代人的富足，深耕厚植特色生态文化。兼收并蓄去芜存菁，塑造具有地方特色、符合时代要求的“珠三角精神”。

发扬岭南生态文化。基于通山达海、水域密布的地域景观本底，深入挖掘和整理传统岭南生态文化，有效衔接挖掘和保护、整理和修复，保持传统生态文化的完整性、原始性和真实性，展现珠三角地区独特生态文化魅力。建立各式各样生态文化教育科普场所和自

然博物馆，强化自然保护地、名山名川、大江大河的宣传推广力度，对公众开展自然教育、课堂讲解、生态展览、亲近自然体验等生动活泼的生态认知感受教育，让公众充分感受到自然生态系统的文化和服务价值。依托万里碧道、水鸟生态廊道等建设，统筹碧道沿线各类文化资源与遗存的保护与利用，构建人水和谐的岭南水乡特色文化，有机结合流域整治与文化保护传承。

（2）加强特色文化遗产保护与挖掘

进一步巩固提升南粤古驿道保护修复成果，持续开展南粤古驿道保护与活化系列工作，提升体现文化特质的城市空间和建筑风貌，通过织补、连接、创意利用等多种方式保留城市历史记忆。深入挖掘沿线历史、民俗、文化元素，推动历史建筑、农业遗迹、文物古迹、传统村落、民族村寨、灌溉工程遗产、非物质文化遗产等的有效利用。

依托乡村山水田园风光、红色革命遗址、岭南特色乡土文化、基塘农业文化等优势旅游资源，大力发展“生态+旅游”模式，全域推进产区变景区、田园变公园、劳作变体验、农房变客房。着力发展具有岭南特色的森林和野生动物文化、湿地文化、生物多样性文化，强化自然教育，倡导人与自然和谐共生的价值观。大力发展生态文化产业。创新生态文化传播活动形式、推出生态文化精品等实施活动，坚持用先进的文化教育人、吸引人、鼓舞人，打造湾区特色的生态文化。

（3）持续推进生态文明创建活动

开展绿色生活创建行动，扩大绿色产品消费，在全社会推动形成绿色生活方式。建立健全多元共治机制，引导培育环保社会组织健康有序发展，扩大环保志愿者队伍，强化公众参与和社会监督，增强社会组织、公众等社会主体参与生态环境治理的能力，构建全民行动体系。

完善绿色细胞工程，开展节约型机关、绿色社区、绿色商场、绿色学校、绿色家庭、绿色出行等创建行动。完善居民用电、用水、用气阶梯价格政策。推广绿色农房建设方法和技术。完善绿色产品认证与标识制度。建立完善、配合落实支持节水节能、环保、资源综合利用产业的税收优惠政策。建立健全政府绿色产品采购管理制度。建立完善绿色产品和新能源汽车推广机制，在有条件的地方对消费者购置节能型产品给予支持。鼓励公共交通、环卫、通勤、邮政物流等领域新增和更新车辆采用新能源或清洁能源汽车。

11.5.2 增强全社会生态环境保护意识

（1）拓宽生态文化宣教覆盖面

把生态环境保护教育融入国民教育体系以及党政领导干部培训体系。加强资源环境基本国情教育和生态价值观教育。强化公众绿色教育，推进生态文明教育进家庭、进社会、进工厂、进机关、进农村，提高公民生态道德素质，使勤俭节约、珍惜资源、保护生态环境、维护生态权益成为全体公民的自觉行为。将勤俭节约、绿色低碳的理念融入家庭教育、学前教育、中小学教育、未成年人思想道德建设教学体系，组织开展第二课堂等社会实践，推进自然教育，加强体验式、沉浸式、互动式生态环境教育设施和场所建设，探索开发生态环境教育研学线路。将绿色低碳生活消费观念作为基础教育、职业教育和干部教育培训体系的重要内容。

（2）推进生态文化宣传与教育

加强生态环境和野生动植物保护宣传教育及宣教能力建设，坚持面向广大基层的宣传形式，组织开展提升全社会文明程度以及公众生态环境素质的宣传活动，充分发挥世界环境日、世界地球日、国际生物多样性日、全国低碳日、全国节能宣传周、中国水周、保护野生动物宣传月等重大生态环境主题宣传活动的平台作用，运用好网络、报刊、电视、橱窗、板报、新媒体等媒介，强化生态环境保护、绿色低碳生活的宣传推广。做好“广东省环境文化节”“绿色创建”等大型活动，加强生态环境公益广告宣传，积极传播生态环境治理正能量，形成宣传冲击力和感染力，努力打造一批环保公益活动品牌。

11.5.3 推进生态环境保护全民行动

（1）深入践行绿色低碳生活

推动绿色消费，反对铺张浪费和过度消费行为。推行绿色办公、绿色居住，鼓励绿色低碳出行，减少使用一次性制品。严厉整治过度包装行为。践行勤俭节约，制止餐饮浪费，开展餐饮浪费的监测和评估，引导餐饮经营者转变经营理念和创新经营方式。建立健全制止餐饮浪费的标准化服务体系和行业规范，改变“自己掏钱、丰俭由我”的错误观念，形成“节约光荣、浪费可耻”的社会氛围。

（2）强化全社会参与和监督

建立健全多元共治机制，引导培育环保社会组织健康有序发展，扩大环保志愿者队伍，强化公众参与和社会监督，增强社会组织、公众等社会主体参与生态环境治理的能力，构建全民行动体系。推动排污企业依法依规向社会公开环境信息，履行污染治理主体责任。通过工会、妇联、共青团等群团组织，积极动员广大群众参与生态环境保护。发挥协会、学会、商会桥梁纽带作用，促进环保自律。加大信息公开力度，畅通环保监督渠道。深入推进环保设施和城市污水垃圾处理设施向公众常态化开放，逐步拓展至石化、电力、钢铁等重点行业企业，增强公众的科学认识和监督意识。广泛宣传报道生态环境保护重大进展和先进典型，提升全社会对生态文明建设的关注，设立“曝光台”或专栏，对各类破坏生态环境问题、突发环境事件、环境违法行为进行曝光和跟踪。

11.6　创新环境治理体系，完善区域统筹监管模式

建立湾区生态环境协同治理合作机构，完善生态建设和环境保护合作机制，统筹湾区生态环境治理问题，实现目标统一、规划统一、标准统一以及法律体系统一。开展湾区生态环境保护顶层规划，建立相对一致、更加严格的环境保护目标和环境质量标准体系。针对湿地保护、近岸海域治理、跨域水环境治理、大气环境治理等出台系列专项行动计划。研究制定跨区域生态合作法律法规，在湿地保护、海岸线保护等领域专项立法，推进将环保执法纳入公安部门，建立湾区环境联合监测监察制度、跨界河流与大气联合共治制度、环境基础设施共建制度、环境应急协作处理制度等。

11.6.1　建立生态文明建设绩效贡献评价制度

加强生态文明建设指标管理，对珠三角城市群开展生态文明建设绩效贡献评价。以污染防治攻坚成效、生态环境质量改善考核、绿色生态经济发展水平、城市宜居程度等数据为基础，渗透各地市空间格局、产业结构、生产方式、生活方式等方面，对绿色规划、绿色设计、绿色投资、绿色建设、绿色生产、绿色流通、绿色生活、绿色消费的各环节领域作出全面评价。通过绩效评价结果，合理设置奖惩机制，激发珠三角城市群全面绿色转型活力。

11.6.2　推动建立生态共管的合作机制

统筹建立并实施珠三角城市群“三线一单”生态环境分区管控制度。健全水资源承载力监测预警机制，加强流域水资源统一管理和联合调度，落实最严格的水资源管理制度，实施节水行动。积极利用珠三角各城市的区位优势和生态资源，探索建立好资源有偿使用和生态环境补偿的制度体系，发挥区域协商合作机制作用，支持珠三角城市市、县（区）政府之间自主协商签订流域横向生态补偿协议，探索珠三角城市群大气污染治理生态补偿政策，支持生态资源薄弱区向生态资源富裕区购买生态服务价值。严格执行生态损害赔偿制度。

探索建立珠三角生态环境治理联席会议，并设立环境联合执法、环保产业合作等专项合作小组，就行政区域交界的环境纠纷、生态破坏、环境污染等问题进行联合执法，就行政区域间的环保产业布局、环保设施建设开展协商合作。根据重点流域管理需求，就上下游、左右岸共用流域的行政区域组织签订“环境污染防治协议”或“跨界环境保护公约”。

11.6.3 推动建立污染共治的合作机制

推进珠三角城市群跨市水体环境治理。联合推动河长制，完善联合巡河和联合执法常态化机制。共同推进珠江等流域水污染防治，加强工业污染、入河排污口、畜禽养殖、环境风险隐患点等协同管理。完善跨地市饮用水水源地保护和风险联合防控体系。深化大气污染联防联控。建立污染天气共同应对机制，逐步统一区域污染天气预警分级标准，推进应急响应一体联动，开展跨区域人工影响天气作业。探索实施珠三角城市群 $PM_{2.5}$、O_3 污染连片整治。加强固体废物、危险废物协同治理。推动固体废物区域转移合作，建立危险废物跨市转移“白名单”制度。推动珠三角城市群统筹规划建设工业固体废物资源回收基地、危险废物资源处置中心，共享处置设施。依法严厉打击危险废物非法跨界转移、倾倒等违法行为。

11.6.4 推动建立执法共举的合作机制

完善珠三角城市群生态环境跨区域联合执法机制，重点打击跨界水、大气和固体废物违法转移、破坏交界区域生态环境等环境违法行为，开展交界区域生态环境保护联合督察。探索统一珠三角城市群生态环境执法自由裁量标准。健全突发环境事件协作处置机制，强化应急预案对接、应急资源共享，联合开展环境事故应急演练，推动突发事件发生后共同处置。加强生态环境监管政策协同，推动各地市对管控对象界定标准和管控尺度的一致性。

11.6.5 推动建立信息共享的良好局面

加强跨界流域、毗邻区域共享重点排污单位信息，共享环境风险源信息，共享企业环境信用评价信息。推动珠三角城市群针对共同流域、共同河段开展污染成因、溯源和防治对策会商；针对大气污染、重污染天气开展成因、溯源和防治对策会商；加强固体废物环境管理经验和利用处置技术交流。联合申报国家级和广东省级生态环境领域科技项目，为珠三角城市群生态环境共保联治提供决策支持。